普通高等教育"十一五"国家级规划教材配套教材

物理化学学习指导

（第三版）

董元彦　路福绥　唐树戈　郑新生　尹业平　主编

科学出版社

北　京

内 容 简 介

本书是《物理化学》(第五版)(董元彦等,科学出版社,2013)的配套参考书,全书共12章。各章结构为学习要求、内容概要、例题和习题解答、练习题四个部分。最后还给出了8套模拟试卷及其答案。

本书可供高等农林院校本科学生学习物理化学和准备参加硕士研究生入学考试的学生使用,也可供其他院校的学生和教师参考。

图书在版编目(CIP)数据

物理化学学习指导/董元彦等主编. —3版. —北京:科学出版社,2013.3
普通高等教育"十一五"国家级规划教材配套教材
ISBN 978-7-03-036901-7

Ⅰ.①物… Ⅱ.①董… Ⅲ.①物理化学-高等学校-教学参考资料
Ⅳ.①O64

中国版本图书馆CIP数据核字(2013)第041505号

责任编辑:赵晓霞 杨向萍 丁 里/责任校对:包志虹
责任印制:赵 博/封面设计:迷底书装

科学出版社 出版
北京东黄城根北街16号
邮政编码:100717
http://www.sciencep.com

三河市骏杰印刷有限公司印刷
科学出版社发行 各地新华书店经销
*
2004年3月第 一 版 开本:720×1000 1/16
2008年1月第 二 版 印张:16
2013年3月第 三 版 字数:305 000
2025年7月第十二次印刷

定价:59.00元

(如有印装质量问题,我社负责调换)

《物理化学学习指导》(第三版)

编写委员会

主　编　董元彦　路福绥　唐树戈　郑新生　尹业平

副主编　杨丽华　杨亚提　吕晓丽　刘有芹　王嘉讯

编　委(按姓氏汉语拼音排序)

常青云　董元彦　范海林　高书涛　李　鹤

李丽芳　李培强　梁大栋　刘有芹　路福绥

吕晓丽　马海龙　马亚团　牟　林　唐树戈

王嘉讯　武伟红　杨丽华　杨亚提　尹业平

原　弘　张东方　张瑾华　赵海双　郑新生

第三版前言

为了配合董元彦等编著的《物理化学》,我们先后编写了《物理化学学习指导》第一版和第二版,这次再版是为了与《物理化学》(第五版)配套,修订时依然保持学习要求、内容概要、例题和习题解答、练习题和模拟试卷5个部分,满足学生复习备考和准备硕士研究生入学考试的需要。

本次修订,对例题和习题进行了增删,避免简单化,注重启发性,更加理清了物理化学的学习思路。通过学习要求和内容概要的介绍,明确每一章的知识框架和体系,通过例题解析,说明物理化学基本公式和概念的使用条件和方法,对照习题解答明确自己在解题过程中存在的误区和错误,然后通过自测练习题检验自己的学习情况,最后通过模拟试卷进行综合练习,达到对物理化学的理解和方法的掌握。

参加本次修订的有:唐树戈、牟林(沈阳农业大学,第1、2章),吕晓丽、梁大栋、范海林(吉林农业大学,第3章),董元彦、郑新生、原弘、尹业平、王嘉讯、张瑾华、张东方(华中农业大学,第4、7、11、12章),刘有芹(华南农业大学,第5章),杨丽华、武伟红、高书涛、常青云(河北农业大学,第6章),杨亚提、赵海双、马亚团、马海龙、李鹤(西北农林科技大学,第8章),路福绥、李丽芳、李培强(山东农业大学,第9、10章)。全书由董元彦、郑新生、原弘定稿。

由于编者水平有限,书中的疏漏或不妥之处在所难免,欢迎读者批评指正。

编　者

2012年12月

第二版前言

本书是普通高等教育“十一五”国家级规划教材《物理化学》(第三版修订版)的配套学习指导书。《物理化学学习指导》第一版于 2004 年 3 月由科学出版社出版，经过几年的教学使用，受到师生普遍欢迎。特别是书中编有多套模拟试卷供综合练习，为学生复习备考以及准备硕士研究生学位入学考试提供了很大的帮助。

作为普通高等教育“十一五”国家级规划教材，《物理化学》(第三版修订版)修订时增加了结构化学基础、光谱学简介等内容，同时对各章节进行了调整、增删。结合《物理化学》(第三版修订版)的编写情况，本书编委会对《物理化学学习指导》同步进行了修订再版，章节次序与《物理化学》(第三版修订版)一致，在保持第一版特色的前提下，对部分内容做了调整和增删。本书为学生指明了课程的重点和难点，通过典型例题，给出解题的思路，讲授解题的方法和技巧。

参加本书编写的有董元彦、郑新生、尹业平、王嘉讯、张瑾华(华中农业大学，第 8、11、12 章)，路福绥、李丽芳(山东农业大学，第 10 章)，唐树戈、卜平宇、佘世雄(沈阳农业大学，第 1、2 章)，杨丽华、武伟红、高书涛(河北农业大学，第 5、6 章)，杨亚提、赵海双、马亚团、张红俊、李鹤(西北农林科技大学，第 9 章)，吕晓丽、范海林、梁大栋(吉林农业大学，第 3、4、7 章)。全书由董元彦、路福绥、唐树戈、尹业平定稿。

感谢科学出版社的编辑同志，他们为本书的出版做了大量的工作。由于编者水平所限，书中不当之处在所难免，欢迎读者批评指正。

编　者

2007 年 10 月

第一版前言

物理化学是化学科学的一门重要分支科学，该课程是农林院校的重要基础课程。该课程理论性强、逻辑性强、公式很多，学生在学习中普遍感到困难。针对学生的困难和课程的特点，结合教师多年的教学经验，我们为农林院校“21世纪高等院校教材”《物理化学》(第三版)编写这本配套的学习指导书，该书同时可与“面向21世纪课程教材”《物理化学》(第二版)配套使用。

书中明确地指出了农林院校对物理化学课程的学习要求，概要地归纳了各章的主要内容，从易到难列举各种类型的例题，并解答了教材中的全部习题，还提供多种类型的练习题。为方便学生学习和满足研究生报考者复习的需要，本书还收集、整理了若干套模拟试卷，以供学生参考。

参加本书编写的有李宝华、唐树戈、卜平宇、夏泉(沈阳农业大学，第1、2章)，吕晓丽、梁大栋(吉林农业大学，第3、4章)，杨丽华、张红燕(河北农业大学，第5、6章)，董元彦、尹业平、王嘉讯(华中农业大学，第7～11章)，赵海双、马亚团(西北农业大学，第12、13章)，路福绥、李丽芳(山东农业大学，第14、15章)。全书由董元彦、李宝华、路福绥、尹业平定稿。

感谢科学出版社和编辑刘俊来、杨向萍等同志，他们为本书的出版做了大量的工作。

由于编者水平所限，书中不当之处在所难免，欢迎读者批评指正。

编　者

2004年2月

目　　录

第 1 章　化学热力学基础

1.1　学 习 要 求

(1) 掌握化学热力学的基本概念和基本公式。

(2) 复习热化学内容；掌握基尔霍夫(Kirchhoff)公式。

(3) 掌握熵变的计算；了解熵的统计意义。

1.2　内 容 概 要

1.2.1　热力学基本概念

1. 体系和环境

热力学中，将研究的对象称为体系(system)。热力学体系是大量微观粒子构成的宏观体系。

体系之外与体系密切相关的周围部分称为环境(surrounding)。体系与环境之间可以有明显的界面，也可以是想象的界面。

(1) 敞开体系(open system)。体系与环境间既有物质交换，又有能量交换。

(2) 封闭体系(closed system)。体系与环境间只有能量交换，没有物质交换。体系中物质的量守恒。

(3) 孤立体系(isolated system)。体系与环境间既无物质交换，又无能量交换。

2. 体系的性质

用来描述体系状态的宏观物理量称为体系的性质(property of system)，如 T、V、p、U、H、S、G、F 等。

(1) 广度性质(extensive properties)。体系这种性质的数值与体系物质含量成正比，具有加和性。

(2) 强度性质(intensive properties)。这种性质的数值与体系物质含量无关，无加和性，如 T、p、ρ(密度)等。

3. 状态及状态函数

状态(state)是体系的物理性质及化学性质的综合表现，即体系在一定条件下存在的形式。热力学中常用体系的宏观性质来描述体系的状态。

体系性质的数值又取决于体系的状态，它们是体系状态的单值函数，所以体系的性质又称状态函数(state function)。

根据经验知，一个纯物质封闭体系的状态可由两个状态变量来确定，T、p、V是最常用的确定状态的三个变量。例如，若纯物质封闭体系的状态用其中的任意两个物理量(如 T、p)来确定，则其他的性质可写成 T、p 的函数 $Z=f(T、p)$。

状态函数的微小变化，在数学上是全微分，并且是可积分的。体系由状态 1 变到状态 2，状态函数的改变量只与体系的始、终态有关，与变化过程无关。

4. 过程与途径

状态变化的经过称为过程(process)。

完成变化的具体步骤称为途径(path)。

化学反应

$$a\mathrm{A}+d\mathrm{D}=\!=\!=g\mathrm{G}+h\mathrm{H}$$

即

$$0=\sum \nu_\mathrm{B} R_\mathrm{B}$$

式中：R_B 表示反应物或产物；ν_B 为物质 B 的化学计量数(对于反应物，ν_B 是负值，即 $\nu_\mathrm{A}=-a$，$\nu_\mathrm{D}=-d$；对于产物 ν_B 是正值，即 $\nu_\mathrm{G}=g$，$\nu_\mathrm{H}=h$)。ν_B 的量纲为 1。在反应开始时，物质 B 的物质的量为 $n_{\mathrm{B},0}$，反应到 t 时刻，物质 B 的物质的量为 $n_{\mathrm{B},t}$，反应进度 ξ 定义为

$$\xi=\frac{\Delta n_\mathrm{B}}{\nu_\mathrm{B}}=\frac{n_{\mathrm{B},t}-n_{\mathrm{B},0}}{\nu_\mathrm{B}}\quad \mathrm{mol}$$

反应的微小变化

$$\mathrm{d}\xi=\frac{\mathrm{d}n_{\mathrm{B},t}}{\nu_\mathrm{B}}$$

即

$$\mathrm{d}n_{\mathrm{B},t}=\nu_\mathrm{B}\mathrm{d}\xi$$

或有限变化

$$\Delta n_{\mathrm{B},t}=\nu_\mathrm{B}\Delta\xi$$

5. 热力学平衡态

体系在一定外界条件下，经足够长的时间后，可观察的体系性质均不随时间变

化，这种状态称为定态。若将体系与环境隔离，体系中各部分可观察的体系性质仍不随时间变化，体系所处的状态称为热力学平衡态(thermodynamic equilibrium)。

体系的热力学平衡态应同时包括以下几个平衡：①热平衡(thermal equilibrium)，体系各部分的温度 T 相等且与环境温度相等；②力平衡(mechanic equilibrium)，体系各部分的压力相等且体系与环境的边界不发生相对位移；③相平衡(phase equilibrium)，体系内各相的组成和数量不随时间变化；④化学平衡(chemical equilibrium)，体系的组成不随时间变化。

6. 热与功

因体系与环境间有温度差所引起的能量流动称为热(heat)，用 Q 表示。本书规定：体系吸热，Q 为正值；体系放热，Q 为负值。

体系与环境间因压力差或其他机电“力”引起的能量流动称为功(work)，功以符号 W 表示。本书规定：环境对体系做功，$W>0$；体系对环境做功，$W<0$。

热力学中，体积功(volume work)最为重要。体积功是因体系体积发生变化做的功。设体系反抗外压力 p_e，体积膨胀了 dV，因为压力 p 的作用方向与体积变化方向相反，故体系所做功是负值。计算体积功的通式是

$$\delta W = -p_e dV$$

在可逆过程中，可用体系的压力 p 代替环境压力 p_e，即 $p=p_e$。

$$W = -\int_{V_1}^{V_2} p dV$$

一些特定情况下，体积功的计算如下：

恒外压过程

$$W = -p_e \Delta V$$

定容过程

$$W = -\sum_i p_e dV_i = 0$$

理想气体的定温可逆过程

$$W = -\int_{V_1}^{V_2} p dV = -nRT\ln\frac{V_2}{V_1} = -nRT\ln\frac{p_1}{p_2}$$

理想气体自由膨胀($p_e=0$)过程

$$W = 0$$

除体积功以外，电功、表面功等称为其他功，用符号 W' 表示，W' 也称非体积功(nonvolume work)。

1.2.2 热力学能和热力学第一定律

封闭体系的一种性质，它在指定始、终态间的变化的改变值恒等于过程的

$Q+W$，而与途径无关，这个性质称为热力学能(thermodynamic energy)，用符号 U 表示。体系的热力学能的绝对值无法知道。

封闭体系热力学第一定律(first law of thermodynamics)就是能量守恒定律在热力学中的应用，其数学表达式为

$$dU = \delta Q + \delta W \quad 或 \quad \Delta U = Q + W$$

1.2.3 焓

焓(enthalpy)定义为 $H \equiv U + pV$，焓是状态函数，广度量，绝对值无法确定。

1.2.4 热和热容

定容热：$Q_V = \Delta U$；$\delta Q_V = dU$　　封闭体系无其他功定容过程

定压热：$Q_p = \Delta H$；$\delta Q_p = dH$　　封闭体系无其他功定压过程

相变热：$\Delta H = Q_p$　　定温定压下封闭体系相变过程

热容(heat capacity)：体系无相变、无化学变化时温度改变 1K 所需的热。

定容摩尔热容(molar heat capacity at constant volume)

$$C_{V,\mathrm{m}} = \frac{\delta Q_{V,\mathrm{m}}}{dT} = \left(\frac{\partial U_\mathrm{m}}{\partial T}\right)_V$$

定压摩尔热容(molar heat capacity at constant pressure)

$$C_{p,\mathrm{m}} = \frac{\delta Q_{p,\mathrm{m}}}{dT} = \left(\frac{\partial H_\mathrm{m}}{\partial T}\right)_p$$

理想气体(ideal gas)：$C_{p,\mathrm{m}} - C_{V,\mathrm{m}} = R$

摩尔热容与温度的经验公式

$$C_{p,\mathrm{m}} = a + bT + cT^2$$

$$C_{p,\mathrm{m}} = a + b'T + c'T^{-2}$$

1.2.5 热力学第一定律在理想气体中的应用

1. 焦耳实验

由理想气体自由膨胀(向真空膨胀)直接观测结果 $dT=0$(体系与环境无热量交换)，得出结论

$$\left(\frac{\partial U}{\partial V}\right)_T = \left(\frac{\partial U}{\partial p}\right)_T = 0 \qquad \left(\frac{\partial H}{\partial V}\right)_T = \left(\frac{\partial H}{\partial p}\right)_T = 0$$

理想气体的热力学能 U 及焓 H 只是温度的函数，与体积、压力的变化无关。

2. 理想气体 ΔU、ΔH 的计算

定温过程

$$\Delta U=0,\quad \Delta H=0,\quad -Q=W=-nRT\ln\frac{V_2}{V_1}=-nRT\ln\frac{p_1}{p_2}$$

无化学变化、无相变的任意变温过程

$$\mathrm{d}U=nC_{V,\mathrm{m}}\mathrm{d}T\quad \Delta U=\int_{T_1}^{T_2}nC_{V,\mathrm{m}}\mathrm{d}T$$

$$\mathrm{d}H=nC_{p,\mathrm{m}}\mathrm{d}T\quad \Delta H=\int_{T_1}^{T_2}nC_{p,\mathrm{m}}\mathrm{d}T$$

3. 理想气体绝热可逆过程方程

$Q=0$，$\Delta U=W=\int_{T_1}^{T_2}nC_{V,\mathrm{m}}\mathrm{d}T$　（理想气体绝热可逆或不可逆过程）

$R\ln\frac{V_2}{V_1}=-C_{V,\mathrm{m}}\ln\frac{T_2}{T_1}$，$C_{p,\mathrm{m}}\ln\frac{V_1}{V_2}=C_{V,\mathrm{m}}\ln\frac{p_2}{p_1}$　（理想气体绝热可逆过程）

1.2.6 热力学第一定律在化学变化中的应用

1. 化学反应热效应

化学反应

$$a\mathrm{A}+d\mathrm{D}=\!=\!=g\mathrm{G}+h\mathrm{H}$$

$\Delta_\mathrm{r}H_\mathrm{m}=\frac{\Delta H}{\Delta\xi}=\frac{\nu_\mathrm{B}\Delta H}{\Delta n_\mathrm{B}}=Q_{p,\mathrm{m}}$　化学反应摩尔焓变是当 $\Delta\xi=1\mathrm{mol}$ 时的定压热

$\Delta_\mathrm{r}U_\mathrm{m}=\frac{\Delta U}{\Delta\xi}=\frac{\nu_\mathrm{B}\Delta U}{\Delta n_\mathrm{B}}=Q_{V,\mathrm{m}}$　化学反应摩尔热力学能变化是当 $\Delta\xi=1\mathrm{mol}$ 的定容热

2. 化学反应的 $\Delta_\mathrm{r}H_\mathrm{m}$ 与 $\Delta_\mathrm{r}U_\mathrm{m}$ 的关系

$\Delta_\mathrm{r}H_{\mathrm{m},T}=\Delta_\mathrm{r}U_{\mathrm{m},T}+p\Delta V\approx\Delta_\mathrm{r}U_{\mathrm{m},T}$　无气相物质的化学反应体系

$\Delta_\mathrm{r}H_{\mathrm{m},T}=\Delta_\mathrm{r}U_{\mathrm{m},T}+RT\sum\nu_{\mathrm{B,g}}$　有气相物质的化学反应体系

3. 化学反应摩尔焓变 $\Delta_\mathrm{r}H_\mathrm{m}$ 与温度的关系——基尔霍夫公式

$$\mathrm{d}\Delta_\mathrm{r}H_\mathrm{m}^\ominus=\sum\nu_\mathrm{B}C_{p,\mathrm{m,B}}^\ominus\mathrm{d}T$$

$$\Delta_\mathrm{r}H_{\mathrm{m},T_2}^\ominus=\Delta_\mathrm{r}H_{\mathrm{m},T_1}^\ominus+\int_{T_1}^{T_2}\sum\nu_\mathrm{B}C_{p,\mathrm{m}}^\ominus\mathrm{d}T$$

4. 计算 $\Delta_\mathrm{r}H_\mathrm{m}^\ominus$

热力学规定：温度为 T、$p^\ominus=100\mathrm{kPa}$ 的纯物质状态，即 $p^\ominus$ 下的纯固体、纯液体状态；$p^\ominus$ 下的纯气体的理想气体状态为物质的标准态。

指定温度 T 及标准状态下，由稳定单质生成 1mol 产物时的反应焓变，称为标准摩尔生成焓(standard molar enthalpy of formation)，符号 $\Delta_f H_m^\ominus$。

$$\Delta_r H_{m,T}^\ominus = \sum \nu_B \Delta_f H_{m,B,T}^\ominus$$

指定温度 T 及标准状态下，完全燃烧 1mol 物质时的反应热称为该化合物的标准摩尔燃烧焓(standard molar enthalpy of combustion)，符号 $\Delta_c H_m^\ominus$。

$$\Delta_r H_{m,T}^\ominus = -\sum \nu_B \Delta_c H_{m,B,T}^\ominus$$

赫斯(Гecc)定律：一个化学反应不管一步完成或几步完成，反应的热效应是相同的。

赫斯定律不仅适用于反应热的计算，而且适用于一切状态函数变化值的计算。

5. 自发过程及其不可逆性

(1) 自发过程(spontaneous process)。不靠外力就能自动进行的过程。自发过程都有确定的方向，它的逆过程绝不会自发进行。若靠外力干涉，使原过程逆向进行，体系恢复原状，则在环境中会留下无论如何也不能消除的后果。这种不能消除的后果就是自发过程的不可逆性，即一切自发过程都是不可逆的。

(2) 可逆过程(reversible process)。可逆过程是由一连串近平衡态的微小变化组成的。变化的动力与阻力相差无限小，因而可逆变化进行得无限缓慢。

循原过程相反方向无限缓慢变化，可使体系与环境同时恢复原状，可逆过程的后果是可以消除的。

可逆过程中，体系对环境做功最大，环境对体系做功最小。

过程在热力学上是否可逆，最终归结为过程热、功的转换问题。由于热不能完全变为功，因此凡是涉及功和热转换的过程都是不可逆的。

1.2.7 热力学第二定律

对热力学第二定律有两种表述。

开尔文(Kelvin)的表述："不可能从单一热源取热使之完全变为功而不产生其他变化"。单一热源取热使之完全变为功虽不违背热力学第一定律，但涉及热、功转换现象。此表述也可说成"第二类永动机不可能制成"。

克劳修斯(Clausius)的表述："热不能自动地由低温热源传到高温热源而不发生其他变化"。

两种表述都断言：一切自发过程都是不可逆的。

1.2.8 熵

熵(entropy)是体系的性质，是状态函数，以符号 S 表示

$$dS \equiv \frac{\delta Q_R}{T}$$

式中：δQ_R 为可逆过程的热；T 为可逆过程体系的温度。

熵的微观解释：体系任一平衡的宏观状态都与一定的微观状态数（称混乱度，disorder）相对应。混乱度（Ω）——微观状态数（number of complexion），是体系的单值函数，熵与混乱度的关系可由玻耳兹曼（Boltzmann）公式表示为

$$S = k\ln\Omega$$

1. 克劳修斯不等式

$$dS \geqslant \frac{\delta Q}{T} \quad 或 \quad \Delta S \geqslant \sum \frac{\delta Q}{T}$$

“=”适用于可逆过程，“>”适用于不可逆过程。克劳修斯不等式（Clausius inequality）表示：可逆过程的热温商 $\left(\frac{\delta Q}{T}\right)_R$ 等于体系的熵变 dS；不可逆过程的热温商 $\frac{\delta Q}{T}$ 小于体系的熵变 dS。

2. 熵增加原理

将克劳修斯不等式用于孤立体系时，有 $\frac{\delta Q}{T}=0$，所以

$$dS_{孤} \geqslant 0 \qquad (> 表示自发过程，= 表示可逆过程)$$

此式称为熵增加原理（principle of entropy increasing），也是热力学第二定律（second law of thermodynamics）的熵表述。

1.2.9　热力学第三定律及规定熵、标准熵

1. 热力学第三定律

热力学第三定律（third law of thermodynamics）表述为在热力学温度为零时，任何纯物质完美晶体的熵都等于零，即

$$\lim_{T\to 0} S_T = 0 \quad 或 \quad S_{0K} = 0$$

2. 规定熵

将纯物质 B 在定压下从 0K 加热到 TK 时，过程的熵变即为物质 B 的规定熵（conventional entropy），符号为 S_T，即

$$\Delta S = S_T - S_{0K} = S_T = \int_0^T nC_{p,m}\frac{dT}{T}$$

3. 标准熵

1mol 纯物质 B 在指定温度及标准状态的规定熵称为标准熵(standard entropy),符号为 $S_{\text{m,B}}^{\ominus}$,单位是 $\text{J}\cdot\text{mol}^{-1}\cdot\text{K}^{-1}$。由热力学数据表可查得 $T=298\text{K}$ 时的标准熵,即 $S_{\text{m,B}}^{\ominus}$。

1.2.10 熵变 ΔS 的计算

1. 体系单纯 p、V、T 变化过程的 ΔS

定压变温过程

$$\Delta S = \int_{T_1}^{T_2} \frac{nC_{p,\text{m}}\text{d}T}{T}$$

若 $C_{p,\text{m}}$ 为常数,则

$$\Delta S = nC_{p,\text{m}}\ln\frac{T_2}{T_1}$$

同理,定容变温过程

$$\Delta S = \int_{T_1}^{T_2} \frac{nC_{V,\text{m}}\text{d}T}{T}$$

若 $C_{V,\text{m}}$ 为常数,则

$$\Delta S = nC_{V,\text{m}}\ln\frac{T_2}{T_1}$$

理想气体单纯 p、V、T 变化过程的 ΔS 为

$$\Delta S = nC_{p,\text{m}}\ln\frac{T_2}{T_1} + nR\ln\frac{p_1}{p_2} \quad \text{或} \quad \Delta S = nC_{V,\text{m}}\ln\frac{T_2}{T_1} + nR\ln\frac{V_2}{V_1}$$

理想气体混合过程的 ΔS 为

$$\Delta S = -nR\sum x_\text{B}\ln x_\text{B} \quad \text{或} \quad \Delta S = -R\sum n_\text{B}\ln x_\text{B}$$

2. 相变过程的熵变 ΔS

在两相平衡共存的温度和压力下的相变是可逆相变

$$\alpha(T,p) \longrightarrow \beta(T,p)$$

$$\Delta S = \frac{Q_\text{R}}{T} = \left(\frac{n\Delta_\alpha^\beta H_\text{m}}{T}\right)_{\text{相变}}$$

不可逆相变 $\Delta S \neq \dfrac{Q_\text{R}}{T}$,需设计一可逆过程完成始、终态间的变化,通过此过程求熵变。

3. 化学变化的熵变 ΔS

298K、$p^{\ominus}$下，化学反应

$$a\mathrm{A}+d\mathrm{D}=\!=\!=g\mathrm{G}+h\mathrm{H}$$

$$\Delta S_{298\mathrm{K}}^{\ominus}=\sum\nu_{\mathrm{B}}S_{\mathrm{B,m}}^{\ominus}$$

式中：$S_{\mathrm{B,m}}^{\ominus}$为物质 B 在 298K、$p^{\ominus}$下的标准熵，可由热力学数据表查得。

其他 T、$p^{\ominus}$下的 $\Delta S_{T}^{\ominus}$为

$$\Delta S_{T}^{\ominus}=\Delta S_{298\mathrm{K}}^{\ominus}+\int_{298}^{T}\frac{\sum\nu_{\mathrm{B}}C_{p,\mathrm{m,B}}\mathrm{d}T}{T}$$

式中：$C_{p,\mathrm{m,B}}$为物质 B 的定压摩尔热容。

1.3　例题和习题解答

【例 1-1】 理想气体自由膨胀过程中，先进入真空的气体会对余下的气体产生压力，而且随进入真空气体的量越大，压力越大，余下气体膨胀反抗的压力会更大，为什么体积功还是零？

答 热力学讲的体积功是指体系反抗外压做的功，$W=\int -p_{\mathrm{e}}\mathrm{d}V$。体系膨胀过程中，$p_{\mathrm{e}}=0$，所以功等于零。体系内一部分物质对另一部分的压力引起的作用，在热力学定律中不予考虑。热力学定律是对体系整体而言。

【例 1-2】 温度为 100℃、压力为 4×10^{4}Pa 的 1mol 水蒸气变为 100℃ 及 101.325kPa 时的水，试计算该过程的 ΔU 和 ΔH。设水蒸气为理想气体，水的摩尔汽化热为40.67kJ · mol^{-1}。

解 要计算在不同压力下相变的 ΔU 和 ΔH，需将此过程设计成下列可逆变化：(i)定温可逆变压；(ii)可逆相变。

H_2O(g) (100℃，4×10^4Pa) $\xrightarrow{\Delta U}$ H_2O(l) (100℃，101.325kPa)

(i) ΔU_1 ↓　　　　　　　　　　↑ (ii) ΔU_2

$\longrightarrow$ H_2O(g)(100℃，101.325kPa) $\longrightarrow$

过程(i)　水蒸气为理想气体，温度不变，则 $\Delta U_1=\Delta H_1=0$。

过程(ii)

$$\Delta H_2=-1\times40.67=-40.67(\mathrm{kJ})$$

$$\begin{aligned}\Delta U_2&=\Delta H_2-p\Delta V=\Delta H_2-p(V_1-V_{\mathrm{g}})\\&\approx\Delta H_2+pV_{\mathrm{g}}=\Delta H_2+RT\\&=-40.67+8.314\times373\times10^{-3}=-37.57(\mathrm{kJ})\end{aligned}$$

$$\Delta U=\Delta U_1+\Delta U_2=-37.57\mathrm{kJ}$$

$$\Delta H=\Delta H_1+\Delta H_2=-40.67\text{kJ}$$

【例 1-3】 1mol 某理想气体，$C_{p,\mathrm{m}}=29.36\text{J}\cdot\text{mol}^{-1}\cdot\text{K}^{-1}$，在绝热条件下，由 273K、100kPa 膨胀到 203K、10kPa，求该过程 Q、W、ΔH、ΔS。

解 理想气体绝热过程 $Q=0$，因此

$$\Delta U=\int nC_{V,\mathrm{m}}\mathrm{d}T=\int_{T_1}^{T_2} n(C_{p,\mathrm{m}}-R)\mathrm{d}T$$

$$=1\times(29.36-8.314)\times(203-273)=-1473(\text{J})$$

$$\Delta H=\int nC_{p,\mathrm{m}}\mathrm{d}T=1\times 29.36\times(203-273)=-2055(\text{J})$$

$$W=\Delta U=-1473\text{J}$$

为求 ΔS，需将该过程设计成(i)定温可逆过程和(ii)定压可逆过程。

$$273\text{K、}100\text{kPa}\xrightarrow{\Delta S}203\text{K、}10\text{kPa}$$

ΔS_1 (i) ↘　　↗ (ii) ΔS_2

273K、10kPa

过程(i)

$$\Delta S_1=\int\frac{\mathrm{d}U+p\mathrm{d}V}{T}=\int\frac{p}{T}\mathrm{d}V=\int\frac{nR}{V}\mathrm{d}V=nR\ln\frac{V_2}{V_1}=nR\ln\frac{p_1}{p_2}$$

$$=1\times 8.314\times\ln\frac{100}{10}=19.14(\text{J}\cdot\text{K}^{-1})$$

过程(ii)

$$\Delta S_2=\int\frac{\mathrm{d}U+p\mathrm{d}V}{T}=\int\frac{\mathrm{d}H}{T}\mathrm{d}T=\int\frac{nC_{p,\mathrm{m}}}{T}\mathrm{d}T=nC_{p,\mathrm{m}}\ln\frac{T_2}{T_1}$$

$$=1\times 29.36\times\ln\frac{203}{273}=-8.70(\text{J}\cdot\text{K}^{-1})$$

因此

$$\Delta S=\Delta S_1+\Delta S_2=19.14-8.70=10.44(\text{J}\cdot\text{K}^{-1})$$

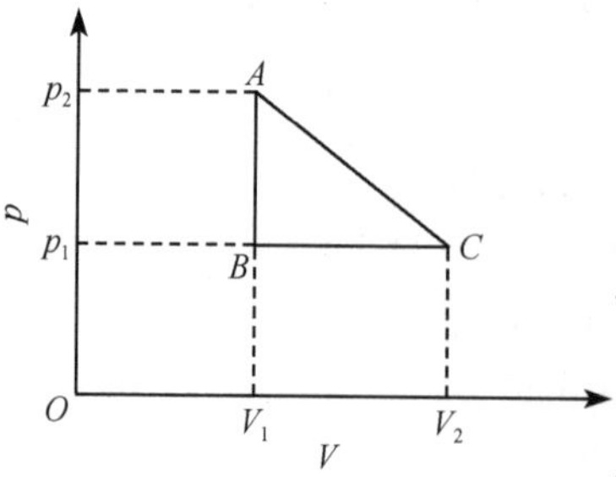

【例 1-4】 1mol 单原子理想气体从状态 A 出发，沿 $ABCA$ 经历一循环，$T_A=400\text{K}$，$V_2=2V_1$，$p_2=2p_1$。求(1) AB 定容过程 Q、W、ΔU、ΔS；(2) BC 定压过程 Q、ΔS；(3) CA 过程 Q、W；(4)整个过程 ΔG、ΔS、W。

解 (1) AB 过程是一个定容过程，但不是定温过程，$p_AV_A=nRT_A$，$p_BV_B=nRT_B$，$p_A=2p_B$，$V_A=V_B$，因此

$$T_B = \frac{p_B}{p_A}T_A = \frac{1}{2}T_A$$

$$= \frac{1}{2} \times 400 = 200(\mathrm{K})$$

$$\Delta U = \int nC_{V,\mathrm{m}}\mathrm{d}T = nC_{V,\mathrm{m}}\Delta T$$

$$= 1 \times \frac{3}{2} \times 8.314 \times (200 - 400)$$

$$= -2494(\mathrm{J})$$

由于 $\mathrm{d}V=0$，因此

$$W_{AB} = 0 \qquad \Delta U = Q_1 = -2494\mathrm{J}$$

$$\Delta S_{AB} = \int \frac{\mathrm{d}U}{T}\mathrm{d}T = nC_{V,\mathrm{m}}\ln\frac{T_2}{T_1} = 1 \times \frac{3}{2} \times 8.314 \times \ln\frac{200}{400} = -8.64(\mathrm{J \cdot K^{-1}})$$

(2) BC 过程是定压过程，也不是定温过程

$$p_BV_B = nRT_B \quad p_CV_C = nRT_C \quad p_B = p_C \quad 2V_B = V_C$$

$$T_C = \frac{V_C}{V_B}T_B = 2T_B = 2 \times 200 = 400(\mathrm{K})$$

$$\Delta H = \int nC_{p,\mathrm{m}}\mathrm{d}T = nC_{p,\mathrm{m}}(T_C - T_B)$$

$$= 1 \times \frac{5}{2} \times 8.314 \times (400 - 200) = 4157(\mathrm{J})$$

$$\Delta H = Q_2 = 4157\mathrm{J}$$

虽然该过程是一个定压过程，但熵是一个状态函数，可以用可逆过程熵变的公式计算。

$$\Delta S_{BC} = \int \frac{\mathrm{d}U + p\mathrm{d}V}{T}\mathrm{d}T = \int \frac{\mathrm{d}H}{T}\mathrm{d}T = nC_{p,\mathrm{m}}\ln\frac{T_2}{T_1}$$

$$= \frac{5}{2} \times 8.314 \times \ln\frac{400}{200} = 14.41(\mathrm{J \cdot K^{-1}})$$

(3) CA 过程是定温压缩过程

$$\Delta U = \Delta H = 0$$

$$W = -\int p_\mathrm{e}\mathrm{d}V = -\int \frac{nRT}{V}\mathrm{d}V = -nRT\ln\frac{V_1}{V_2}$$

$$= -1 \times 8.314 \times 400 \times \ln\frac{1}{2} = 2305(\mathrm{J})$$

$$Q_3 = -W = -2305\mathrm{J}$$

$$\Delta S_{AC} = \Delta S_{AB} + \Delta S_{BC} = -8.64 + 14.41 = 5.77(\mathrm{J \cdot K^{-1}})$$

(4) 整个循环过程

$$\Delta G = \Delta S = 0$$

$$Q = Q_1 + Q_2 + Q_3 = -2494 + 4157 - 2305 = -642(\mathrm{J})$$

$$W = -Q = 642\mathrm{J}$$

【习题 1-1】 气体体积功的计算式 $W = -\int p_{外}\,\mathrm{d}V$ 中，为什么要用环境的压力 $p_{外}$？在什么情况下可用体系的压力 $p_{体}$？

答 因为体积功是反抗外压而做功，所以要用 $p_{外}$；当是可逆过程时，体系压力与外压相差无限小时，此时可用体系的压力。

【习题 1-2】 298K 时，5mol 的理想气体，在(1)定温可逆膨胀为原体积的 2 倍；(2)定压下加热到 373K。已知 $C_{V,\mathrm{m}} = 28.28\mathrm{J \cdot mol^{-1} \cdot K^{-1}}$。计算两过程的 Q、W、ΔU 和 ΔH。

解 (1) 理想气体定温可逆膨胀时

$$W = -\int_{V_1}^{V_2} p\mathrm{d}V = -\int_{V_1}^{V_2} \frac{nRT}{V}\mathrm{d}V = -nRT\ln\frac{V_2}{V_1}$$

其中 $V_2 = 2V_1$，$T = 298\mathrm{K}$，$n = 5\mathrm{mol}$，所以

$$W = -5 \times 8.314 \times 298 \times \ln\frac{2}{1} = -8587(\mathrm{J})$$

$\Delta U = 0$，$\Delta H = 0$，所以

$$Q = -W = 8587\mathrm{J}$$

(2) $$Q_p = \Delta H = \int_{T_1}^{T_2} nC_{p,\mathrm{m}}\mathrm{d}T = nC_{p,\mathrm{m}}(T_2 - T_1)$$

其中

$$C_{p,\mathrm{m}} = C_{V,\mathrm{m}} + R$$

所以

$$C_{p,\mathrm{m}} = 28.28 + 8.314 = 36.59(\mathrm{J \cdot mol^{-1} \cdot K^{-1}})$$

所以

$$Q_p = \Delta H = 5 \times 36.59 \times (373 - 298) \times 10^{-3} = 13.72(\mathrm{kJ})$$

$$\Delta U = \int_{T_1}^{T_2} nC_{V,\mathrm{m}}\mathrm{d}T = nC_{V,\mathrm{m}}(T_2 - T_1)$$

$$= 5 \times 28.28 \times (373 - 298) \times 10^{-3} = 10.60(\mathrm{kJ})$$

$$W = \Delta U - Q = 10.60 - 13.72 = -3.12(\mathrm{kJ})$$

【习题 1-3】 容器内有理想气体，$n = 2\mathrm{mol}$，$p = 10p^{\ominus}$，$T = 300\mathrm{K}$。(1)在空气中膨胀了 $1\mathrm{dm^3}$，做功多少？(2)对抗 $1p^{\ominus}$ 定外压膨胀到容器内压力为 $1p^{\ominus}$，做了多少功？(3)膨胀时外压总比气体的压力小 $\mathrm{d}p$，问容器内气体压力降到 $1p^{\ominus}$ 时，气体

做多少功？

解　(1) 在空气中膨胀，即恒定外压 $p_e = p^{\ominus}$，则

$$W_1 = -p_e\Delta V = -10^5 \times 1 \times 10^{-3} = -100(\text{J})$$

(2) 由理想气体状态方程 $V_1 = \dfrac{nRT}{p_1}, V_2 = \dfrac{nRT}{p_2}$，有

$$\Delta V = V_2 - V_1 = nRT\left(\frac{1}{p_2} - \frac{1}{p_1}\right)$$

$$W_2 = -p_e\Delta V = -10^5 \times 2 \times 8.314 \times 300 \times \left(\frac{1}{10^5} - \frac{1}{10^6}\right) = -4504(\text{J})$$

(3) 该过程为定温可逆过程

$$W_3 = -nRT\ln\frac{p_1}{p_2} = -2 \times 8.314 \times 300 \times \ln\frac{10^6}{10^5} \times 10^{-3} = -11.49(\text{kJ})$$

【习题 1-4】　1mol 理想气体在 300K 下，从 1dm^3 定温可逆地膨胀至 10dm^3，求此过程的 Q、W、ΔU 及 ΔH。

解　理想气体定温可逆过程

$$W = -nRT\ln\frac{V_2}{V_1} = -1 \times 8.314 \times 300 \times \ln\frac{10}{1} = -5743(\text{J})$$

理想气体定温下 $\Delta U = 0, \Delta H = 0$，所以

$$Q = -W = 5743\text{J}$$

【习题 1-5】　1mol H_2 由始态 25℃及 $p^{\ominus}$ 可逆绝热压缩至 5dm^3。求(1)最后温度；(2)最后压力；(3)过程做功。

解　(1) 设氢气为理想气体，则 1mol H_2 25℃时的体积为

$$V_1 = \frac{nRT}{p} = \frac{1 \times 8.314 \times 298}{100.00} = 24.8(\text{dm}^3) \quad V_2 = 5\text{dm}^3$$

理想气体绝热可逆压缩时 $\delta Q = 0, \text{d}U = \delta W$，则

$$\text{d}U = nC_{V,\text{m}}\text{d}T = -p\text{d}V$$

根据理想气体绝热过程方程式

$$R\ln\frac{V_2}{V_1} = -C_{V,\text{m}}\ln\frac{T_2}{T_1}$$

对于双原子理想气体 $C_{V,\text{m}} = \dfrac{5}{2}R, C_{p,\text{m}} = \dfrac{7}{2}R$，所以

$$R\ln\frac{5}{24.8} = -\frac{5}{2}R\ln\frac{T_2}{298} \quad T_2 = 563\text{K}$$

(2) 根据理想气体绝热过程方程式

$$C_{p,\text{m}}\ln\frac{V_1}{V_2} = C_{V,\text{m}}\ln\frac{p_2}{p_1}$$

$$\frac{7}{2}R\ln\frac{24.8}{5}=\frac{5}{2}R\ln\frac{p_2}{100.00},\quad p_2=936.2\text{kPa}$$

(3) $W=\Delta U=\int_{T_1}^{T_2}C_{V,\mathrm{m}}\mathrm{d}T=C_{V,\mathrm{m}}(T_2-T_1)=\frac{5}{2}\times 8.314\times(565-298)$

$=5508(\mathrm{J})$

【习题 1-6】 40g 氦在 $3p^{\ominus}$下从 25℃加热到 50℃。试求该过程的 ΔH、ΔU、Q 和 W。设氦是理想气体。

解
$$Q_p=\Delta H=\int_{T_1}^{T_2}nC_{p,\mathrm{m}}\mathrm{d}T=nC_{p,\mathrm{m}}(T_2-T_1)$$

单原子理想气体 $C_{p,\mathrm{m}}=\frac{5}{2}R$，$C_{V,\mathrm{m}}=\frac{3}{2}R$，所以

$$Q_p=\frac{40}{4}\times\frac{5}{2}\times 8.314\times(323-298)=5196(\mathrm{J})$$

$$\Delta U=\int_{T_1}^{T_2}nC_{V,\mathrm{m}}\mathrm{d}T=nC_{V,\mathrm{m}}(T_2-T_1)$$

$$=\frac{40}{4}\times\frac{3}{2}\times 8.314\times(323-298)=3118(\mathrm{J})$$

$$W=\Delta U-\Delta H=3118-5196=-2078(\mathrm{J})$$

【习题 1-7】 已知水在 100℃时蒸发热为 2259.4J · g^{-1}，则 100℃时蒸发 30g 水，过程的 ΔU、ΔH、Q 和 W 为多少(计算时可忽略液态水的体积)？

解
$$Q_p=\Delta H=C_{p,\mathrm{g}}m=2259.4\times 30=67\ 782(\mathrm{J})$$

将水蒸气视为理想气体，气体体积为 $V_\mathrm{g}=\frac{nRT}{p}$，其中 $p=p_\mathrm{e}$，忽略液态水的体积，那么

$$W=-p_\mathrm{e}\Delta V=-p_\mathrm{e}(V_\mathrm{g}-V_\mathrm{l})=-p_\mathrm{e}\frac{nRT}{p_\mathrm{e}}=-nRT$$

$$=-30\div 18\times 8.314\times 373=-5169(\mathrm{J})$$

$$\Delta U=\Delta H+W=\Delta H-p\Delta V=67\ 782-5169=62\ 613(\mathrm{J})$$

【习题 1-8】 1200K、标准压力下，进行 1mol 反应 $CaCO_3(s)$══$CaO(s)+CO_2(g)$，吸热 180kJ，计算该过程的 W、ΔU、ΔH。

解(1)
$$W=-p_\mathrm{e}(V_{产}-V_{反})\approx -p_\mathrm{e}V_{产}=-nRT$$
$$=-1\text{mol}\times 8.314\text{J}\cdot\text{K}^{1}\cdot\text{mol}^{-1}\times 1200\text{K}=-9976.8\text{J}$$

(2)
$$Q_p=\Delta H=180\text{kJ}$$

(3)
$$\Delta U=Q+W=-9.976\text{kJ}+180\text{kJ}=170.023\text{kJ}$$

【习题 1-9】 298K 时将 1mol 液态苯氧化为 CO_2 和液态 H_2O，其定容热为 $-3267\text{kJ}\cdot\text{mol}^{-1}$，求定压反应热。

解
$$C_6H_6(l)+7\frac{1}{2}O_2(g)══6CO_2(g)+3H_2O(l)$$

$$\Delta_r U_m = Q_V = -3267 \text{kJ} \cdot \text{mol}^{-1}$$

$$\Delta_r H_m = \Delta_r U_m + \sum \nu_{B,g} RT = -3267 + \left(6 - 7\frac{1}{2}\right) \times 8.314 \times 298 \times 10^{-3}$$
$$= -3271(\text{kJ} \cdot \text{mol}^{-1})$$

【习题 1-10】 有 2mol 理想气体，$C_{V,m} = 32.97 \text{J} \cdot \text{K}^{-1} \cdot \text{mol}^{-1}$，由 323K、$100\text{dm}^3$ 加热膨胀至 423K、150dm^3，求此过程的熵变。

解

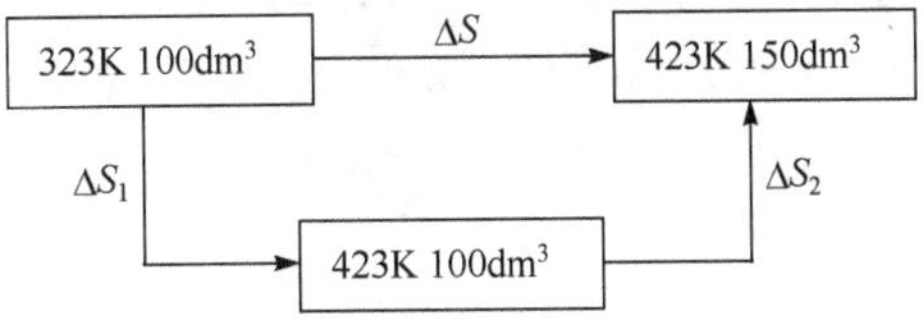

$$\Delta S_1 = \int_{T_1}^{T_2} n C_{V,m} \text{d}T/T = 2\text{mol} \times 32.97 \text{J} \cdot \text{K}^{-1} \cdot \text{mol}^{-1} \times \ln\frac{423}{323} = 17.78 \text{J} \cdot \text{K}^{-1}$$

$$\Delta S_2 = nR\ln(V_2/V_1) = 2\text{mol} \times 8.314 \text{J} \cdot \text{K}^{-1} \cdot \text{mol}^{-1} \times \ln(150\text{dm}^3/100\text{dm}^3)$$
$$= 6.742 \text{J} \cdot \text{K}^{-1}$$

$$\Delta S = \Delta S_1 + \Delta S_2 = 17.78 \text{J} \cdot \text{K}^{-1} + 6.742 \text{J} \cdot \text{K}^{-1} = 24.52 \text{J} \cdot \text{K}^{-1}$$

【习题 1-11】 300K 时 2mol 理想气体由 1dm^3 可逆膨胀至 10dm^3，计算此过程体系的熵变。

解 $\Delta S_{体} = nR\ln\frac{V_2}{V_1} = 2 \times 8.314 \times \ln\frac{10}{1} = 38.29(\text{J} \cdot \text{K}^{-1})$

【习题 1-12】 已知反应及有关数据如下：

	$C_2H_4(g)$ +	$H_2O(g)$ ══	$C_2H_5OH(l)$
$\Delta_f H_m^\ominus/(\text{kJ} \cdot \text{mol}^{-1})$	52.3	−241.8	−277.6
$C_{p,m}/(\text{J} \cdot \text{mol}^{-1} \cdot \text{K}^{-1})$	43.6	33.6	111.5

求(1)298K 时反应的 $\Delta_r H_m^\ominus$；(2)反应物的温度为 288K，产物温度为 348K 时反应的 $\Delta_r H_m^\ominus$。

解 (1) $\Delta_r H_m^\ominus = \sum \nu_B \Delta_f H_m^\ominus = -277.6 - (52.3 - 241.8)$
$= -88.1(\text{kJ} \cdot \text{mol}^{-1})$

(2) 将反应过程设计成下列过程：

288K $C_2H_4(g) + H_2O(g)$

↓ $\Delta H_2^\ominus$

298K $C_2H_4(g) + H_2O(g)$ $\xrightarrow{\Delta H_1^\ominus = -88.1\text{kJ} \cdot \text{mol}^{-1}}$ $C_2H_5OH(l)$

↓ $\Delta H_3^\ominus$

348K $C_2H_5OH(l)$

$$\Delta H_1^{\ominus}=-88.1\text{kJ}\cdot\text{mol}^{-1}$$

$$\Delta H_2^{\ominus}=\sum C_{p,\text{m}(反)}\Delta T=(43.6+33.6)\times(298-288)\times10^{-3}$$
$$=0.772(\text{kJ}\cdot\text{mol}^{-1})$$

$$\Delta H_3^{\ominus}=\sum C_{p,\text{m}(产)}\Delta T=111.5\times(348-298)\times10^{-3}=5.575(\text{kJ}\cdot\text{mol}^{-1})$$

$$\Delta H^{\ominus}=\Delta H_1^{\ominus}+\Delta H_2^{\ominus}+\Delta H_3^{\ominus}=-88.1+0.772+5.575=-81.8(\text{kJ}\cdot\text{mol}^{-1})$$

【习题 1-13】 定容下，理想气体 1mol N_2 由 300K 加热到 600K。求体系的 ΔS。已知 $C_{p,\text{m},N_2}=(27.00+0.006T)\text{J}\cdot\text{mol}^{-1}\cdot\text{K}^{-1}$。

解 $\Delta S=\int_{T_1}^{T_2}\frac{nC_{V,\text{m}}\text{d}T}{T}=\int_{T_1}^{T_2}\frac{n(C_{p,\text{m}}-R)\text{d}T}{T}$

$$=\int_{T_1}^{T_2}1\times(27.00+0.006T-8.314)\frac{\text{d}T}{T}=14.76(\text{J}\cdot\text{K}^{-1})$$

【习题 1-14】 若习题 1-13 是在定压下进行，求体系的熵变。

解 理想气体定压过程熵变

$$\Delta S=\int_{T_1}^{T_2}\frac{nC_{p,\text{m}}\text{d}T}{T}=\int_{T_1}^{T_2}1\times(27.00+0.006T)\frac{\text{d}T}{T}=20.51(\text{J}\cdot\text{K}^{-1})$$

【习题 1-15】 101.3kPa 下，2mol 甲醇在正常沸点 337.2K 时汽化，求体系和环境的熵变各为多少？已知甲醇的汽化热 $\Delta H_\text{m}=35.1\text{kJ}\cdot\text{mol}^{-1}$。

解 101.3kPa、337.2K 甲醇汽化，发生可逆相变

$$\Delta S_{体}=\frac{Q_\text{R}}{T}=\frac{n\Delta H_\text{m}}{T}=\frac{2\times35.1}{337.2}=0.208(\text{kJ}\cdot\text{K}^{-1})$$

$$\Delta S_{环}=-\frac{n\Delta H_\text{m}}{T}=-0.208(\text{kJ}\cdot\text{K}^{-1})$$

【习题 1-16】 绝热瓶中有 373K 的热水，因绝热瓶绝热稍差，有 4000J 热流入温度为 298K 的空气中。求(1)绝热瓶的 $\Delta S_{体}$；(2)环境的 $\Delta S_{环}$；(3)总熵变 $\Delta S_{总}$。

解 (1) $\Delta S_{体}=\frac{Q_{体}}{T_{体}}=\frac{-4000}{373}=-10.72(\text{J}\cdot\text{K}^{-1})$

(2) $\Delta S_{环}=\frac{Q_{环}}{T_{环}}=\frac{4000}{298}=13.42(\text{J}\cdot\text{K}^{-1})$

(3) $\Delta S_{总}=\Delta S_{体}+\Delta S_{环}=-10.27+13.42=2.7(\text{J}\cdot\text{K}^{-1})$

【习题 1-17】 在 298K 及 $p^{\ominus}$ 下，用过量 100% 的空气燃烧 1mol CH_4，若反应热完全用于加热产物，求燃烧所能达到的最高温度。所需热力学数据如下所示。

	CH_4	O_2	CO_2	$H_2O(g)$	N_2
$\Delta_f H_m^{\ominus}/(\text{kJ}\cdot\text{mol}^{-1})$	−74.81	0	−393.51	−241.82	
$C_{p,\text{m}}/(\text{J}\cdot\text{mol}^{-1}\cdot\text{K}^{-1})$		28.17	26.75	29.16	27.32

解　甲烷燃烧的化学反应如下：

	$CH_4(g)$	$+2O_2(g)$	$=\!=\!=CO_2(g)$	$+2H_2O(g)$	$N_2(g)$
$\Delta_f H_m^\ominus/(kJ \cdot mol^{-1})$	-74.81	0	-393.51	-241.82	
$C_{p,m}/(J \cdot mol^{-1} \cdot K^{-1})$		28.17	26.75	29.16	27.32

空气过量 100%时，O_2 量为 $2\times(1+100\%)=4mol$，甲烷燃烧后剩余各气体的量为

$O_2(g)$：2mol　$CO_2(g)$：1mol　$H_2O(g)$：2mol

$N_2(g)$：$4\times0.79/0.21=15.05(mol)$

$$\Delta_r H_m^\ominus = \sum \nu_B \Delta_f H_m^\ominus$$

$$=-393.51-2\times241.82-(-74.81)=-802.34(kJ \cdot mol^{-1})$$

若该反应热完全用于加热产物，则

$$\Delta_r H_m^\ominus = \int_{298}^{T}(n_{O_2}C_{p,m,O_2}+n_{CO_2}C_{p,m,CO_2}+n_{H_2O}C_{p,m,H_2O}+n_{N_2}C_{p,m,N_2})dT$$

$$=(2\times28.17+1\times26.75+2\times29.16+15.05\times27.32)\times(T-298)$$

$$=802.34\times10^3(kJ \cdot mol^{-1})$$

解得

$$T=1747K$$

【习题 1-18】　在 110℃、10^5Pa 下使 1mol $H_2O(l)$蒸发为水蒸气，计算这一过程体系和环境的熵变。已知 $H_2O(g)$和 $H_2O(l)$的热容分别为 $1.866J \cdot g^{-1} \cdot K^{-1}$ 和 $4.184J \cdot g^{-1} \cdot K^{-1}$，在 100℃、$10^5$Pa 下 $H_2O(l)$的汽化热为 $2255.176\ J \cdot g^{-1}$。

解

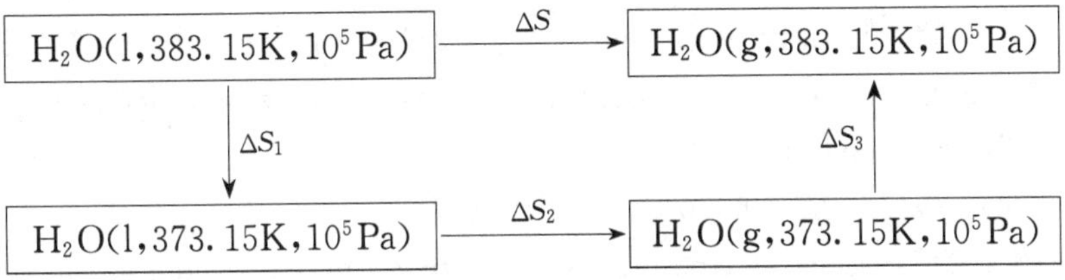

$$\Delta S_1=\int_{T_1}^{T_2} nC_{p,m}(l)\frac{dT}{T}=-1.99(J \cdot K^{-1})$$

$$\Delta S_2=\frac{\Delta_V H_m}{T}=\frac{2255.176\times18}{373.15}=108.79(J \cdot K^{-1})$$

$$\Delta S_3=\int_{T_1}^{T_2} nC_{p,m}(g)\frac{dT}{T}=0.89J \cdot K^{-1}$$

$$\Delta S_{体}=\Delta S_1+\Delta S_2+\Delta S_3=107.69J \cdot K^{-1}$$

$$\Delta H_1=\int_{T_1}^{T_2} nC_{p,m}(l)dT=1\times4.184\times18\times(373.15-383.15)=-753.1(J)$$

$$\Delta H_2 = n\Delta_V H_m = 1 \times 2255.176 \times 18 = 40\,593(\text{J})$$

$$\Delta H_3 = \int_{T_1}^{T_2} nC_{p,m}(\text{g})\text{d}T = 1 \times 1.866 \times 18 \times (383.15 - 373.15) = 335.9(\text{J})$$

$$\Delta H = \Delta H_1 + \Delta H_2 + \Delta H_3 = 40\,176\text{J}$$

$$\Delta S_{环} = -\frac{\Delta H}{T} = -\frac{40\,176}{383.15} = -104.86(\text{J}\cdot\text{K}^{-1})$$

$$\Delta S_{总} = \Delta S_{体} + \Delta S_{环} = 2.83(\text{J}\cdot\text{K}^{-1}) > 0$$

【习题 1-19】 298K 将 1mol N_2 从 100kPa 经不同途径压缩至 600kPa，求该过程体系和环境的熵变。

(1) 等温可逆压缩；(2) 用 600kPa 的外压等温压缩到终态。

解 (1) $\Delta S_{体} = nR\ln(V_2/V_1) = nR\ln(p_1/p_2)$

$= 1\text{mol} \times 8.314\text{J}\cdot\text{K}^{-1}\cdot\text{mol}^{-1} \times \ln(100\text{kPa}/600\text{kPa})$

$= -14.88\text{J}$

$\Delta S_{环} = -Q_{体}/T = -nR\ln(p_1/p_2)$

$= -1\text{mol} \times 8.314\text{J}\cdot\text{K}^{-1}\cdot\text{mol}^{-1} \times \ln(100\text{kPa}/600\text{kPa})$

$= 14.88\text{J}$

(2) $\Delta S_{体} = -14.88\text{J}$

$W = -p_e(V_2 - V_1) = -p_e(nRT/p_2 - nRT/p_1)$

$= -600\text{kPa} \times (1 \times 8.314 \times 298/600 - 1 \times 8.314 \times 298/100)\ \text{dm}^3$

$= 12387.86\text{J}$

$\Delta S_{环} = -Q_{体}/T = W/T = 12387.86\text{J}/298\text{K} = 41.57\text{J}$

【习题 1-20】 1mol ideal gas with $C_{V,m} = 21\text{J}\cdot\text{mol}^{-1}\cdot\text{K}^{-1}$, was heated from 300K to 600K by (1) reversible isochoric process, (2) reversible isobaric process. Calculate the ΔU separately.

解 $\Delta U_1 = nC_{V,m}\Delta T = 6300\text{J}$ $\Delta U_2 = \Delta U_1$

【习题 1-21】 Calculate the heat of vaporization of 1 mol liquid water at 20℃, 101.325kPa. $\Delta_{vap}H_m^{\ominus}(\text{water}) = 40.67\text{kJ}\cdot\text{mol}^{-1}$, $C_{p,m}(\text{water}) = 75.3\text{J}\cdot\text{mol}^{-1}\cdot\text{K}^{-1}$, $C_{p,m}(\text{water vapor}) = 33.2\text{J}\cdot\text{mol}^{-1}\cdot\text{K}^{-1}$ at 100℃, 101.325kPa.

解 由基尔霍夫公式

$$\Delta H_{293\text{K}} = \Delta H_{373\text{K}} + \int_{373}^{293}(33.2 - 75.3)\text{d}T$$

$$= 40.67 + (33.2 - 75.3) \times (293 - 373) \times 10^{-3}$$

$$= 44.04(\text{kJ}\cdot\text{mol}^{-1})$$

1.4 练 习 题

1.4.1 选择题

1. 273K，$p^{\ominus}$时，冰融化为水的过程中，下列关系式正确的有________。

A. $W<0$　　B. $\Delta H=Q_p$　　C. $\Delta H<0$　　D. $\Delta U<0$

2. 体系接受环境做功为160J，热力学能增加了200J，则体系________。

A. 吸收热量40J　　B. 吸收热量360J

C. 放出热量40J　　D. 放出热量360J

3. 在一绝热箱内，一电阻丝浸入水中，通以电流。若以水和电阻丝为体系，其余为环境，则________。

A. $Q>0,W=0,\Delta U>0$　　B. $Q=0,W=0,\Delta U>0$

C. $Q=0,W>0,\Delta U>0$　　D. $Q<0,W=0,\Delta U<0$

4. 任一体系经一循环过程回到始态，则不一定为零的是________。

A. ΔG　　B. ΔS　　C. ΔU　　D. Q

5. 对于理想气体，下列关系式不正确的是________。

A. $\left(\dfrac{\partial U}{\partial T}\right)_p=0$　　B. $\left(\dfrac{\partial H}{\partial V}\right)_T=0$

C. $\left(\dfrac{\partial H}{\partial p}\right)_T=0$　　D. $\left(\dfrac{\partial U}{\partial p}\right)_T=0$

6. 当热力学第一定律写成 $\mathrm{d}U=\delta Q-p\mathrm{d}V$ 时，它适用于________。

A. 理想气体的可逆过程

B. 封闭体系的任一过程

C. 封闭体系只做体积功的可逆过程

D. 封闭体系的定压过程

7. 在一绝热钢壁体系内，发生一化学反应，温度从 $T_1\rightarrow T_2$，压力由 $p_1\rightarrow p_2$，则________。

A. $Q>0,W>0,\Delta U>0$　　B. $Q=0,W<0,\Delta U<0$

C. $Q=0,W>0,\Delta U>0$　　D. $Q=0,W=0,\Delta U=0$

8. 理想气体定温定压混合过程中，下列各式不正确的是________。

A. $\Delta S>0$　　B. $\Delta H=0$　　C. $\Delta G=0$　　D. $\Delta U=0$

9. 任意的可逆循环过程，体系的熵变________。

A. 一定为零　　B. 一定大于零

C. 一定为负　　D. 是温度的函数

10. 一封闭体系从 A $\longrightarrow$ B 变化时，经历可逆 R 和不可逆 IR 途径，则________。

A. $Q_R=Q_{IR}$　B. $dS>\frac{\delta Q_{IR}}{T}$　C. $W_R=W_{IR}$　D. $\frac{Q_R}{T}=\frac{Q_{IR}}{T}$

11. 理想气体自由膨胀过程中________。

A. $W=0,Q>0,\Delta U>0,\Delta H=0$　B. $W>0,Q=0,\Delta U>0,\Delta H>0$

C. $W<0,Q>0,\Delta U=0,\Delta H=0$　D. $W=0,Q=0,\Delta U=0,\Delta H=0$

12. H_2 和 O_2 在绝热定容的体系中生成水，则________。

A. $Q=0,\Delta H>0,\Delta S_{孤}=0$　B. $Q>0,W=0,\Delta U>0$

C. $Q>0,\Delta U>0,\Delta S_{孤}>0$　D. $Q=0,W=0,\Delta S_{孤}>0$

13. 理想气体可逆定温压缩过程中，错误的有________。

A. $\Delta S_{体}=0$　B. $\Delta U=0$　C. $Q<0$　D. $\Delta H=0$

14. 当理想气体反抗一定的外压做绝热膨胀时，则________。

A. 焓总是不变的　B. 热力学能总是不变的

C. 焓总是增加的　D. 热力学能总是减小的

15. 环境的熵变等于________。

A. $\frac{\delta Q_{体}}{T_{环}}$　B. $-\frac{\delta Q_{体}}{T_{环}}$　C. $\frac{\delta Q_{环}}{T_{体}}$　D. $-\frac{\delta Q_{环}}{T_{环}}$

16. 在孤立体系中进行的变化，其 ΔU 和 ΔH 的值一定是________。

A. $\Delta U>0,\Delta H<0$　B. $\Delta U=0,\Delta H=0$

C. $\Delta U<0,\Delta H<0$　D. $\Delta U=0$，ΔH 不能确定

17. 某体系经不可逆循环后，错误的答案是________。

A. $Q=0$　B. $\Delta S=0$　C. $\Delta U=0$　D. $\Delta H=0$

18. C_6H_6(l)在刚性绝热容器中燃烧，则________。

A. $\Delta U=0,\Delta H<0,Q=0$　B. $\Delta U=0,\Delta H>0,W=0$

C. $\Delta U\neq0,\Delta H=0,Q=0$　D. $\Delta U=0,\Delta H\neq0,W=0$

1.4.2 填空题

1. 理想气体的定温可逆膨胀体系做的功最________，定温可逆压缩过程环境做的功最________。

2. 利用熵变判断某一过程的自发性，适用于________。

3. 某一理想气体的 $C_{p,m}=\frac{5}{2}R$，则 $C_{V,m}=$________。

4. 可逆热机的效率最________，若用其牵引汽车，则速率最________。

(以下空填>0，<0 或=0)

5. 一绝热汽缸，有一无质量、无摩擦的活塞，内装理想气体和电阻丝，通以一定的电流，恒定外压，(1)以气体为体系，则 Q ________，W ________；(2)以电阻丝

为体系，则 Q ________，W ________。

6. 理想气体定温可逆膨胀过程中，W ________，Q ________，ΔU ________，ΔH ________。

7. 某体系进行一不可逆循环时，$\Delta S_{体}$ ________，环境的 $\Delta S_{环}$ ________。

8. 非理想气体的卡诺循环，ΔH ________，ΔU ________，ΔS ________。

9. 理想气体定压膨胀，W ________，Q ________，ΔU ________，ΔH ________。

1.4.3　判断题

1. 可逆的化学反应就是可逆过程。（　）

2. Q 和 W 不是体系的性质，与过程有关，所以 $Q+W$ 也由过程决定。（　）

3. 焓的定义式 $H=U+pV$ 是在定压条件下推导出来的，所以只有定压过程才有焓变。（　）

4. 焓的增加量 ΔH 等于该过程中体系从环境吸收的热量。（　）

5. 一个绝热过程 $Q=0$，但体系的 ΔT 不一定为零。（　）

6. 对于一定量的理想气体，温度一定，热力学能和焓也随之确定。（　）

7. 某理想气体从始态经定温和定容两过程达终态，这两过程的 Q、W、ΔU 及 ΔH 是相等的。（　）

8. 任何物质的熵值是不可能为负值和零的。（　）

9. 功可以全部转化为热，但热不能全部转化为功。（　）

10. 不可逆过程的熵变是不可求的。（　）

11. 某一过程的热效应与温度相除，可以得到该过程的熵变。（　）

12. 在孤立体系中，一自发过程由 A $\longrightarrow$ B，但体系永远回不到原来状态。（　）

13. 绝热过程 $Q=0$，而 $\mathrm{d}S=\frac{\delta Q}{T}$，所以 $\mathrm{d}S=0$。（　）

14. 可以用一过程的熵变与热温商的大小关系判断其自发性。（　）

15. 绝热过程 $Q=0$，而 $\Delta H=Q$，因此 $\Delta H=0$。（　）

16. 按克劳修斯不等式，热是不可能从低温热源传给高温热源的。（　）

17. 在一绝热体系中，水向真空蒸发为水蒸气（以水和水蒸气为体系），该过程 $W>0$，$\Delta U>0$。（　）

18. 体系经过一不可逆循环过程，其 $\Delta S_{体}>0$。（　）

19. 对于气态物质，$C_p-C_V=nR$。（　）

20. 在一绝热体系中有一隔板，两边分别是空气和真空，抽去隔板，空气向真空膨胀，此时 $Q=0$，所以 $\Delta S=0$。（　）

21. 高温物体所含的热量比低温物体的多，因此热从高温物体自动流向低温

物体。 ( )

22. 处于两相平衡的 1mol $H_2O(l)$和 1mol $H_2O(g)$，由于两相物质的温度和压力相等，因此在相变过程中 $\Delta U=0$、$\Delta H=0$。 ( )

23. 在标准压力下加热某物质，温度由 T_1 上升到 T_2，则该物质吸收的热量为 $Q=\int_{T_1}^{T_2} C_p \mathrm{d}T$，在此条件下应存在 $\Delta H=Q$ 的关系。 ( )

24. 带有绝热活塞(无摩擦、无质量)的一个绝热汽缸装有理想气体，内壁有电炉丝，将电阻丝通电后，气体慢慢膨胀。因为是一个恒压过程 $Q_p=\Delta H$，又因为是绝热体系 $Q_p=0$，所以 $\Delta H=0$。 ( )

25. 体系从状态Ⅰ变化到状态Ⅱ，若 $\Delta T=0$，则 $Q=0$，无热量交换。 ( )

1.4.4 计算题

1. 1mol 单原子理想气体，始态为 2×10^5Pa、0℃，经 pT=常数的可逆过程压缩到终态为 4×10^5Pa。计算终态的 T 和 V，过程的 W、ΔU、ΔH。

2. 298K 时，1mol CO(g)放在 10mol O_2 中充分燃烧。求(1)在 298K 时的 $\Delta_r H_m^\ominus$；(2)该反应在 398K 时的 $\Delta_r H_m^\ominus$。已知 CO_2 和 CO 的 $\Delta_f H_m^\ominus$ 分别为 $-393.509\text{kJ}\cdot\text{mol}^{-1}$ 和 $-110.525\text{kJ}\cdot\text{mol}^{-1}$，CO、$CO_2$ 和 O_2 的 $C_{p,m}$ 分别为 $29.142\text{J}\cdot\text{mol}^{-1}\cdot\text{K}^{-1}$、$37.11\text{J}\cdot\text{mol}^{-1}\cdot\text{K}^{-1}$和 $29.355\text{J}\cdot\text{mol}^{-1}\cdot\text{K}^{-1}$。

3. 过冷 $CO_2(l)$在-59℃，其蒸气压为 465.8kPa，同温度固体 $CO_2(s)$的蒸气压为 439.2kPa。求 1mol 过冷 $CO_2(l)$在该温度固化过程的 ΔS。已知该过程中放热 $189.5\text{J}\cdot\text{g}^{-1}$。

4. 1mol O_2(理想气体)$C_{p,m}=29.355\text{J}\cdot\text{mol}^{-1}\cdot\text{K}^{-1}$，处于 293K，采用不同途径升温至 586K。求(1)定容过程；(2)定压过程；(3)绝热过程的 Q、ΔH、W、ΔU。

5. 1mol 单原子理想气体，始态：298K，200kPa，终态：348K，100kPa，通过两个途径：(1)等压加热到 348K，再等温可逆膨胀至 100kPa；(2)等温可逆膨胀至 100kPa，再等压加热至 348K。计算两个途径的 Q、W、ΔU、ΔH。比较有何不同，说明原因。

6. 某理想气体，其 $C_{V,m}=20\text{J}\cdot\text{mol}^{-1}\cdot\text{K}^{-1}$，现有该气体 10mol 处于 283K，采取以下不同途径升温至 566K：(1)体积不变；(2)体系与环境无热交换；(3)压力保持不变。计算各个过程的 Q、W、ΔU、ΔH。

7. 反应 $2H_2(g)+O_2(g)\longrightarrow H_2O(l)$，在 298K 和标准压力下的摩尔反应焓 $\Delta_r H_m^\ominus=-285.84\text{kJ}\cdot\text{mol}^{-1}$，计算该反应在 500K 时的摩尔反应焓。已知 $H_2O(l)$ 在 373K 标准压力下的摩尔蒸发焓为 $\Delta_{vap}H_m=40.65\text{kJ}\cdot\text{mol}^{-1}$，$C_{p,m}(H_2,g)=29.07\text{J}\cdot\text{mol}^{-1}\cdot\text{K}^{-1}$，$C_{p,m}(O_2,g)=36.16\text{J}\cdot\text{mol}^{-1}\cdot\text{K}^{-1}$，$C_{p,m}(H_2O,g)=30.00\text{J}\cdot\text{mol}^{-1}\cdot\text{K}^{-1}$，$C_{p,m}(H_2O,l)=75.26\text{J}\cdot\text{mol}^{-1}\cdot\text{K}^{-1}$。

参考答案

1.4.1　选择题

1. B　2. A　3. C　4. D　5. A　6. C　7. D　8. C　9. A　10. B　11. D　12. D　13. A　14. D　15. B　16. B　17. A　18. D

1.4.2　填空题

1. 大　小　2. 孤立体系　3. $\frac{3}{2}R$　4. 高　慢　5. (1) >0　<0　(2) <0　>0　6. <0　>0　$=0$　$=0$　7. $=0$　>0　8. $=0$　$=0$　$=0$　9. <0　>0　>0　>0

1.4.3　判断题

1. 错　2. 错　3. 错　4. 错　5. 对　6. 对　7. 错　8错　9. 错　10. 错　11. 错　12. 对　13. 错　14. 对　15. 错　16. 错　17. 错　18. 错　19. 错　20. 错　21. 错　22. 错　23. 对　24. 错　25. 错

1.4.4　计算题

1. $\Delta U=-1703\text{J}$　　$W=2271\text{J}$　　$\Delta H=-2839\text{J}$

2. (1) $\Delta_r H_m^\ominus=-283.0\text{kJ}\cdot\text{mol}^{-1}$

　(2) $\Delta_r H_{m,398K}^\ominus=-283.7\text{kJ}\cdot\text{mol}^{-1}$

3. 该过程为不可逆相变过程，须设计一可逆过程来计算。

$$
\begin{array}{ccc}
CO_2(l)(-59℃, 465.8\text{kPa}) & \xrightarrow{\Delta S} & CO_2(s)(-59℃, 439.2\text{kPa}) \\
\downarrow \Delta S_1 & & \uparrow \Delta S_3 \\
CO_2(g)(-59℃, 465.8\text{kPa}) & \xrightarrow{\Delta S_2} & CO_2(g)(-59℃, 439.2\text{kPa})
\end{array}
$$

ΔS_1、ΔS_3 是可逆相变过程的熵变，ΔS_2 是定温可逆膨胀过程的熵变。

$$\Delta S=\Delta S_1+\Delta S_2+\Delta S_3=\frac{\Delta_{vap}H_m}{T}+\int\frac{p}{T}dV+\frac{-\Delta_{sub}H_m}{T}$$

$$=\frac{\Delta_{vap}H_m-\Delta_{sub}H_m}{T}+\int\frac{nR}{V}dV=\frac{\Delta_{vap}H_m-\Delta_{sub}H_m}{T}+nR\ln\frac{p_1}{p_2}$$

$$=\frac{-189.5\times44}{(273-59)}+1\times8.314\times\ln\frac{465.8}{439.2}=-38.47(\text{J}\cdot\text{K}^{-1})$$

4. (1) $W=0$　$\Delta U_1=6165\text{J}$　$\Delta H_1=8601\text{J}$　$Q_V=\Delta U_1=6165\text{J}$

　(2) $\Delta U_2=\Delta U_1=6165\text{J}$　$\Delta H_2=\Delta H_1=8601\text{J}$　$Q_p=\Delta H_2=8601\text{J}$　$W_2=-2436\text{J}$

　(3) $Q=0$　$\Delta U_3=\Delta U_2=\Delta U_1=6165\text{J}$　$\Delta H_3=\Delta H_2=\Delta H_1=8601\text{J}$　$W_3=\Delta U_3=6165\text{J}$

5. $\Delta U=0$　$\Delta H=0$

　(1) 第一条途径　$Q=3564\text{J}$　$W=-2629\text{J}$

　(2) 第二条途径　$Q=3132\text{J}$　$W=-2197\text{J}$

6. (1) 定容　$W=0$　$Q_V=\Delta U=56.6\text{kJ}$　$\Delta H=80.1\text{kJ}$

　(2) 绝热　$Q=0$　$\Delta U=56.6\text{kJ}$　$\Delta H=80.1\text{kJ}$　$W=56.6\text{kJ}$

　(3) 定压　$\Delta H=Q_p=80.1\text{kJ}$　$\Delta U=56.6\text{kJ}$　$W=-23.5\text{kJ}$

7. $2H_2(g)+O_2(g)\longrightarrow H_2O(g)$　(500K 时 H_2O 以气态存在)

$$\Delta_r H_m(500\text{K})=\Delta_r H_m(298\text{K})+\Delta C_{p,m}\Delta T+n\Delta_{vap}H_m+nC_{p,m}(H_2O,g)\Delta T$$

$$=-285.84+(75.26-29.07\times2-36.16\times2)\times(500-298)\times10^{-3}+$$

$$1\times40.65+1\times30\times(500-373)\times10^{-3}=-258.1(\text{kJ})$$

第2章　自由能、化学势和溶液

2.1　学习要求

(1) 掌握自由能、自由能判据及 ΔG 的计算。

(2) 了解偏摩尔量;掌握理想气体、理想溶液的化学势;了解非理想气体、非理想溶液的化学势。

(3) 了解化学势与稀溶液依数性的关系和分配定律。

2.2　内容概要

2.2.1　热力学第一、第二定律联合式

热力学第一定律　$\delta Q = dU + p_e dV - \delta W'$　(W'为非体积功)

热力学第二定律　$TdS \geqslant \delta Q$

热力学第一、二定律联合式　$-dU - p_e dV + TdS \geqslant -\delta W'$

2.2.2　吉布斯自由能及其判据

1. 吉布斯自由能

定温定压下,从热力学第一、二定律得

$$-d(U + pV - TS) \geqslant -\delta W'$$

定义吉布斯自由能(Gibbs free energy)

$$G \equiv U + pV - TS \equiv H - TS$$

式中:G 为状态函数,广度性质,具有能量的量纲,绝对值不能确定。

2. 吉布斯自由能判据

$-dG \geqslant -\delta W'$　或　$-\Delta G \geqslant -W'$　(>为不可逆过程,=为可逆过程)

定温定压,封闭体系的吉布斯自由能在可逆过程中的减少值等于体系做的最大非体积功;在不可逆过程中的减少值大于体系做的非体积功。

体系变化自发性吉布斯自由能判据(criterion of Gibbs free energy):定温定压、非体积功为零的封闭体系。

$dG_{T,p,W'=0} \leqslant 0$　或　$\Delta G_{T,p,W'=0} \leqslant 0$　（<为自发过程，=为可逆过程）

自由能降低原理(principle of free energy decreasing)：定温定压下，不做非体积功的封闭体系，总是自发地向着吉布斯自由能降低的方向变化；当吉布斯自由能降低到最小值时，体系达到平衡态。

吉布斯自由能判据完全等同于孤立体系的熵判据。它的优点在于吉布斯自由能判据只用体系的热力学变量。

3. 亥姆霍兹自由能

T、V 一定的条件下，由第一、二定律联合式得 $-d(U-TS) \geqslant -\delta W'$，定义亥姆霍兹(Helmholtz)自由能 $F \equiv U-TS$。

$$-dF_{T,V} \geqslant -\delta W' \qquad -\Delta F_{T,V} \geqslant -W'$$

亥姆霍兹自由能判据 (criterion of Helmholtz free energy)

$$\Delta F_{T,V,W'=0} \leqslant 0 \quad (\text{<为自发过程，=为可逆过程})$$

4. 热力学基本公式

只做体积功 $W'=0$ 组成不变的封闭体系的任意过程

$$dU = TdS - pdV \qquad dH = TdS + Vdp$$

$$* \; dG = -SdT + Vdp \qquad dF = -SdT - pdV$$

以上关系式中，* 式最重要。

5. 吉布斯自由能随温度、压力的变化

定压下，吉布斯自由能随温度的变化

$$\left(\frac{\partial G}{\partial T}\right)_p = -S \qquad \left(\frac{\partial \Delta G}{\partial T}\right)_p = -\Delta S$$

$$\left(\frac{\partial \Delta G}{\partial T}\right)_p = \frac{\Delta G - \Delta H}{T} \qquad \left[\frac{\partial\left(\frac{\Delta G}{T}\right)}{\partial p}\right]_p = -\frac{\Delta H}{T^2}$$

定温下，吉布斯自由能随压力的变化

$$\left(\frac{\partial G}{\partial p}\right)_T = V \qquad \left(\frac{\partial \Delta G}{\partial p}\right)_T = \Delta V$$

对于定温过程

$$\Delta G = \Delta H - T\Delta S$$

2.2.3 ΔG的计算

1. 简单的 p、V、T 变化过程的 ΔG

对只做体积功的均相封闭体系

$$dG = -SdT + Vdp$$

定温条件下，$dT=0$，$dG=Vdp$ 或 $\Delta G=\int_{p_1}^{p_2} Vdp$（封闭体系气、液、固的定温变化）。

2. 相变过程的 ΔG

如果在两相平衡的 T、p 下发生相变，是可逆相变，$\Delta G=0$。如果相变不在两相平衡的 T、p 下发生，是不可逆相变，$\Delta G\neq 0$，计算 ΔG 时需在始、终态间设计可逆过程，完成计算。

3. 化学变化的 ΔG

利用吉布斯-亥姆霍兹公式计算

$$\Delta G = \Delta H - T\Delta S = \sum \nu_B \Delta_f H_{m,B} - T\sum \nu_B S_{m,B}$$

查得物质 B 的 $\Delta_f H_{m,B}$和 $S_{m,B}$可按上式计算，或者由$\left(\frac{\partial \Delta G}{\partial T}\right)_p=-\Delta S$，可得

$$\Delta G_{T_2} = \Delta G_{T_1} - \int_{T_1}^{T_2} \Delta S dT$$

已知 T_1 时的 ΔG_{T_1}、ΔS，可计算 T_2 时的 ΔG_{T_2}。

2.2.4 偏摩尔量和化学势

1. 偏摩尔量

多组分封闭体系中可能有相变化或化学变化而引起组成变化，它的状态除与 T、p 有关外，还与各组分的量有关。

用 Z 代表体系的广度性质 V、U、H、S、F、G，则多组分封闭体系 $Z=f(T,p,n_A,n_B,\cdots)$，体系发生微变时，$dZ=\left(\frac{\partial Z}{\partial T}\right)_{p,n}dT+\left(\frac{\partial Z}{\partial p}\right)_{T,n}dp+\sum\left(\frac{\partial Z}{\partial n_B}\right)_{T,p,n_{Z(Z\neq B)}}dn_B$。定义

$$Z_{B,m} \equiv \left(\frac{\partial Z}{\partial n_B}\right)_{T,p,n_{Z(Z\neq B)}} \quad \text{（定温定压及其他组分不变时，}Z\text{ 对 }n_B\text{ 的变化率）}$$

式中：$Z_{B,m}$称为广度性质（V、U、H、S、F、G）的偏摩尔量（partial molar quantity）。

偏摩尔体积 $$V_{B,m} \equiv \left(\frac{\partial V}{\partial n_B}\right)_{T,p,n_{Z(Z\neq B)}}$$

偏摩尔焓　　$H_{B,m} \equiv \left(\frac{\partial H}{\partial n_B}\right)_{T,p,n_{Z(Z\neq B)}}$

偏摩尔熵　　$S_{B,m} \equiv \left(\frac{\partial S}{\partial n_B}\right)_{T,p,n_{Z(Z\neq B)}}$

偏摩尔亥姆霍兹自由能　$F_{B,m} \equiv \left(\frac{\partial F}{\partial n_B}\right)_{T,p,n_{Z(Z\neq B)}}$

偏摩尔吉布斯自由能　$G_{B,m} \equiv \left(\frac{\partial G}{\partial n_B}\right)_{T,p,n_{Z(Z\neq B)}}$

偏摩尔量的集合公式　　$Z = \sum n_B Z_{B,m}$

定温定压下，多组分体系广度性质 Z 的值等于各组分的量 n_B 与其偏摩尔量 $Z_{B,m}$乘积的加和。

2. 化学势 μ

(1) 多组分体系中某组分的偏摩尔吉布斯自由能称为该组分的化学势(chemical potential)$\mu_B \equiv \left(\frac{\partial G}{\partial n_B}\right)_{T,p,n_{Z(Z\neq B)}}$ (μ_B 是推动物质 B 迁移的强度性质)，μ_B 表明定温定压下，除组分 B 以外的各组分都不变时，体系吉布斯自由能随组分 B 的量的变化率。

广义化学势

$$\mu_B \equiv \left(\frac{\partial G}{\partial n_B}\right)_{T,p,n_{Z(Z\neq B)}} \equiv \left(\frac{\partial U}{\partial n_B}\right)_{S,V,n_{Z(Z\neq B)}} \equiv \left(\frac{\partial H}{\partial n_B}\right)_{S,p,n_{Z(Z\neq B)}} \equiv \left(\frac{\partial F}{\partial n_B}\right)_{T,V,n_{Z(Z\neq B)}}$$

除偏摩尔吉布斯自由能是化学势外，其余几种化学势均不是偏摩尔量。

(2) 多组分封闭体系热力学基本公式(适用于只做体积功、组成可变的均相封闭体系)如下：

$$dU = TdS - pdV + \sum \mu_B dn_B \qquad dH = TdS + Vdp + \sum \mu_B dn_B$$

$$* \, dG = -SdT + Vdp + \sum \mu_B dn_B \qquad dF = -SdT - pdV + \sum \mu_B dn_B$$

以上关系式中，* 式最重要。

纯物质的化学势就是其摩尔吉布斯自由能

$$\mu \equiv \frac{G}{n} = G_m \quad 或 \quad G = n\mu = nG_m$$

(3) 化学势判据。定温定压，只做体积功($W'=0$)的封闭体系，由吉布斯自由能基本关系式，得化学势判据

$$\sum \mu_B dn_B = dG \leqslant 0 \quad \begin{cases} < \text{自发过程} \\ = \text{可逆过程} \end{cases}$$

对于化学反应

$$a\text{A} + d\text{D} = g\text{G} + h\text{H}$$

以 $\mathrm{d}n_\mathrm{B}=\nu_\mathrm{B}\mathrm{d}\xi$ 代入化学势判据得

$$\left(\frac{\partial G}{\partial \xi}\right)_{T,p,W'=0}=\sum \nu_\mathrm{B}\mu_\mathrm{B}\leqslant 0\quad\begin{cases}<\text{自发过程}\\=\text{可逆过程}\end{cases}$$

当 $a\mu_\mathrm{A}+d\mu_\mathrm{D}>g\mu_\mathrm{G}+h\mu_\mathrm{H}$ 时，反应正向进行；当 $a\mu_\mathrm{A}+d\mu_\mathrm{D}=g\mu_\mathrm{G}+h\mu_\mathrm{H}$ 时，反应达平衡状态。

(4) 化学势与相变过程。定温定压及 $W'=0$ 时，物质 B 在 α、β 相间的相变

$$n_\mathrm{B}^\alpha \rightleftharpoons n_\mathrm{B}^\beta$$

$$\mathrm{d}G=\sum \mu_\mathrm{B}\mathrm{d}n_\mathrm{B}=(\mu_\mathrm{B}^\beta-\mu_\mathrm{B}^\alpha)\mathrm{d}n_\mathrm{B}$$

当 $\mu_\mathrm{B}^\alpha>\mu_\mathrm{B}^\beta$ 时，物质 B 由 α 相向 β 相迁移；当 $\mu_\mathrm{B}^\alpha=\mu_\mathrm{B}^\beta$ 时，物质 B 在 α、β 两相间达平衡。

化学势是引起物质迁移的强度性质，是势函数之一。物质 B 总是由化学势高的向化学势低的方向迁移。当两处物质 B 的化学势相等时，物质停止迁移，达到平衡。

2.2.5 气体的化学势

1. 纯组分理想气体的化学势

纯组分理想气体在温度为 T、压力为 p 时的化学势 $\mu(T$、$p)$

$$\mu(T,p)=\mu^\ominus(T)+RT\ln\frac{p}{p^\ominus}$$

式中：$\mu^\ominus(T)$ 为纯组分理想气体在 T、$p^\ominus$ 下的标准态化学势。标准态是温度为 T、压力为 $p^\ominus$ 时的理想气体的状态，所以 $\mu^\ominus(T)$ 只是温度 T 的函数。

2. 混合理想气体中组分 B 的化学势

混合气体中组分 B 在温度为 T、压力为 p 时的化学势 $\mu_\mathrm{B}(T,p)$

$$\mu_\mathrm{B}(T,p)=\mu_\mathrm{B}^\ominus(T)+RT\ln\frac{p_\mathrm{B}}{p^\ominus}$$

组分 B 的标准态是组分 B 在温度为 T、压力为 $p^\ominus$ 时的理想气体的状态。$\mu_\mathrm{B}^\ominus(T)$ 也只是温度的函数。

3. 实际气体的化学势

纯组分实际气体(real gases)在温度为 T、压力为 p 时的化学势 $\mu(T,p)$

$$\mu(T,p)=\mu^\ominus(T)+RT\ln\frac{f}{p^\ominus}=\mu^\ominus(T)+RT\ln\frac{\gamma p}{p^\ominus}$$

式中：f 为实际气体的逸度(fugacity，是相对于理想气体压力的)；p 为实际气体的

压力；γ 为逸度系数（fugacity coefficient，$\gamma=\dfrac{f}{p}$，γ 的大小表示实际气体对理想气体的偏离程度）。当 $\gamma=1$ 时，实际气体已具备理想气体的行为。$\mu^{\ominus}(T)$是当温度为 T、$f=p^{\ominus}$时标准态的化学势，其标准态是实际气体在温度为 T、$f=p^{\ominus}$、$\gamma=1$ 时的理想气体的状态，是假想的状态。

混合实际气体组分 B 的化学势

$$\mu_{\mathrm{B}}(T,p)=\mu_{\mathrm{B}}^{\ominus}(T)+RT\ln\frac{f_{\mathrm{B}}}{p}$$

2.2.6　溶液的化学势

1. 拉乌尔定律

定温下，稀溶液中溶剂的蒸气压（p_{A}）等于该温度下纯溶剂的饱和蒸气压（p_{A}^{*}）与溶液中溶剂的摩尔分数（x_{A}）的乘积

$$p_{\mathrm{A}}=p_{\mathrm{A}}^{*}x_{\mathrm{A}}$$

2. 亨利定律

定温下，稀溶液中挥发性溶质的平衡分压（p_{B}）与其在溶液中的摩尔分数（x_{B}）成正比

$$p_{\mathrm{B}}=k_{\mathrm{B}}x_{\mathrm{B}}$$

其中 k_{B} 为亨利常数，它与温度、溶质和溶剂的性质及溶质浓度的表示方法有关。溶质的浓度还可表示为 c_{B}、b_{B}，所以亨利定律（Henry's law）还可表示为

$$p_{\mathrm{B}}=k_{c}c_{\mathrm{B}}=k_{b}b_{\mathrm{B}}$$

其中 k_{c}、k_{b} 称为亨利常数。

3. 理想溶液

定温定压下，溶液中任意组分在全部浓度范围内都服从拉乌尔（Raoult）定律 $p_{\mathrm{B}}=p_{\mathrm{B}}^{*}x_{\mathrm{B}}$的溶液称为理想溶液（ideal solution），又称为理想液体混合物。同分异构物的混合物、立体异构物的混合物、紧邻同系物的混合物均可构成理想溶液，理想溶液真实存在。

理想溶液各组分 B 的化学势 μ_{B}

$$\mu_{\mathrm{B}}(T,p)=\mu_{\mathrm{B}}^{*}(T,p)+RT\ln x_{\mathrm{B}}$$

式中：$\mu_{\mathrm{B}}^{*}(T,p)$为理想溶液组分 B 的标准态化学势。其标准态是当 $x_{\mathrm{B}}=1$，溶液的温度为 T，压力为 $p^{\ominus}$时的纯液体 B 的状态。

4. 理想稀溶液

定温定压下，溶剂服从拉乌尔定律，溶质服从亨利定律的溶液称为理想稀溶液(ideal dilute solution)。

(1) 理想稀溶液中溶剂 A 的化学势 $\mu_A(T,p)$

$$\mu_A(T,p)=\mu_A^*(T,p)+RT\ln x_A$$

式中：$\mu_A^*(T,p)$为理想稀溶液中溶剂的标准态化学势。其标准态是当 $x_A=1$，在溶液的温度为 T，压力为 p 时的液体纯溶剂 A 的状态。

(2) 理想稀溶液中溶质 B 的化学势及标准态

理想稀溶液中溶质 B 的化学势 $\mu_{B,x}(T,p)$

$$\mu_B(T,p)=\mu_{B,x}^{\ominus}(T,p)+RT\ln x_B$$

式中：$\mu_{B,x}^{\ominus}(T,p)$为溶质 B 用摩尔分数表示的标准态化学势。其标准态是在溶液的温度为 T，压力为 p 时当 $x_B\rightarrow 1$，溶质仍服从亨利定律的状态。这是假想的状态。

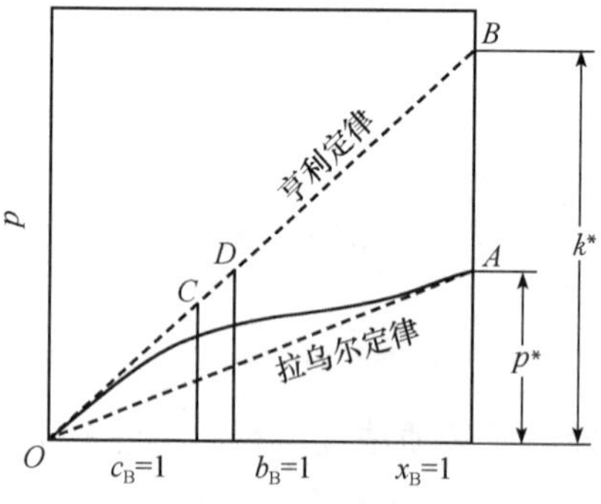

图 2-1

溶质的浓度还可以表示成 c 或 b，所以溶质 B 的化学势相应为

$$\mu_{B,c}(T,p)=\mu_{B,c}^{\ominus}(T,p)+RT\ln c_B/c^{\ominus}$$

$$\mu_{B,b}(T,p)=\mu_{B,b}^{\ominus}(T,p)+RT\ln b_B/b^{\ominus}$$

式中：$\mu_{B,c}^{\ominus}(T,p)$，$\mu_{B,b}^{\ominus}(T,p)$分别为当溶质 B 的 $c_B=c^{\ominus}$ 或 $b_B=b^{\ominus}$ 时，溶液仍遵守亨利定律，且在溶液的温度 T 和压力为 p 时的状态，即标准态的化学势。这些状态均是假想的。如图 2-1 所示，A 点为 $\mu_A^{\ominus}(T,p)$ 的状态；B 点为 $\mu_{B,x}^{\ominus}(T,p)$ 的状态；C 点为 $\mu_{B,c}^{\ominus}(T,p)$ 的状态；D 点为 $\mu_{B,b}^{\ominus}(T,p)$ 的状态。

理想溶液具有以下性质：由纯组分混合成溶液过程中，有

$\Delta_{mix}V=0$ (过程无体积变化)

$\Delta_{mix}S=-\sum Rn_B\ln x_B>0$ (过程的熵增大)

$\Delta_{mix}G=RT\sum n_B\ln x_B<0$ (过程的吉布斯自由能减少)

$\Delta_{mix}H=0$ (过程的焓变为零)

理想溶液中各组分在全部浓度范围内遵守拉乌尔定律

$$p=\sum p_B^* x_B$$

对 A、B 两组分理想溶液

$$p=p_A+p_B=p_A^* x_A+p_B^* x_B=p_A^*+(p_B^*-p_A^*)x_B$$

5. 非理想溶液

非理想溶液(nonideal solution)是溶剂不遵守拉乌尔定律，$p_A \neq p_A^* x_A$，溶质不遵守亨利定律，$p_B \neq k_{B,x} x_B$的溶液。对非理想溶液中溶剂、溶质活度定义如下：

溶剂 A	$a_{A,x}=\gamma_{A,x}x_A$	拉乌尔定律	$p_A=p_A^* a_{A,x}$
溶质 B	$a_{B,x}=\gamma_{B,x}x_B$	亨利定律	$p_B=k_x a_{B,x}$
	$a_{B,c}=\gamma_{B,c}c_B/c^\ominus$		$p_B=k_c a_{B,c}$
	$a_{B,b}=\gamma_{B,b}b_B/b^\ominus$		$p_B=k_b a_{B,b}$

非理想溶液中溶剂化学势

$$\mu_A = \mu_A^*(T,p) + RT\ln a_A$$

式中：$\mu_A^*(T,p)$为 T、$p^\ominus$下纯溶剂的化学势。其标准态是 T、$p^\ominus$下的纯液态溶剂 A 在 $a_A=1,\gamma_{A,x}=1,x_A=1$ 的状态。

非理想溶液中溶质化学势

$$\mu_B = \mu_{B,x}^\ominus(T,p) + RT\ln a_{B,x} = \mu_{B,c}^\ominus(T,p) + RT\ln a_{B,c} = \mu_{B,b}^\ominus(T,p) + RT\ln a_{B,b}$$

式中：$\mu_{B,x}^\ominus(T,p)$的标准态是 T、$p^\ominus$下，$a_{B,x}=1,\gamma_{B,x}=1,x_B=1$ 且仍遵守亨利定律的假想液体 B。$\mu_{B,c}^\ominus(T,p)$的标准态是 T、$p^\ominus$下，$a_{B,c}=1,\gamma_{B,c}=1,c_B=1\text{mol}\cdot\text{dm}^{-3}$且仍遵守亨利定律的假想液体 B。$\mu_{B,b}^\ominus(T,p)$的标准态是 T、$p^\ominus$下，$a_{B,b}=1,\gamma_{B,b}=1,b_B=1\text{mol}\cdot\text{kg}^{-1}$且仍遵守亨利定律的假想液体 B。

2.2.7　稀溶液依数性及分配定律

1. 渗透压

稀溶液的渗透压(osmotic pressure)π 与溶液中含溶质 B 的物质的量浓度 c_B 成正比，即

$$\pi = c_B RT$$

式中：R、T 分别为摩尔气体常量和渗透平衡时的热力学温度。

2. 凝固点降低

当稀溶液凝固时只析出溶剂，稀溶液的凝固点 T_f 比纯溶剂 A 的凝固点 T_f^* 要低。稀溶液凝固点降低(freezing point lowering)值为

$$\Delta T_f = T_f^* - T_f = K_f b_B$$

其中

$$K_f = \frac{R(T_f^*)^2}{\Delta_{fus}H_A} M_A$$

式中：K_f 为凝固点降低常数(与溶剂的性质有关)。

3. 沸点升高

溶质为不挥发的非电解质，浓度为 b_B 的稀溶液沸点 T_b 高于纯溶剂的沸点 T_b^*。稀溶液的沸点升高(boiling point elevation)值为

$$\Delta T_b = T_b - T_b^* = K_b b_B$$

其中

$$K_b = \frac{R(T_b^*)^2}{\Delta_{vap}H_m} M_A$$

式中：K_b 为沸点升高常数(与溶剂的性质有关)。

4. 分配定律与萃取

定温定压下，物质 B 在互不相溶的 α、β 两溶剂(且共存)中溶解达平衡时，两溶液中的浓度分别为 c_B^α 与 c_B^β，则两浓度比为一常数。这种关系称为分配定律(distribution law)，即

$$c_B^\alpha / c_B^\beta = K$$

其中

$$K = \exp(\mu_B^{\beta\ominus} - \mu_B^{\alpha\ominus})/RT$$

式中：K 为分配常数(与溶质、溶剂、温度、压力等因素有关)。

从溶液中用另一种不互溶的溶剂提取某溶质的方法称为萃取(extraction)。利用分配定律可计算萃取效率。

用体积为 V_2 的萃取剂，从体积为 V_1 含溶质 mg 的溶液中进行 n 次萃取溶质后，留在原溶液中的溶质为

$$m_n = m\left(\frac{V_1}{KV_2 + V_1}\right)^n$$

2.3　例题和习题解答

【例 2-1】 如

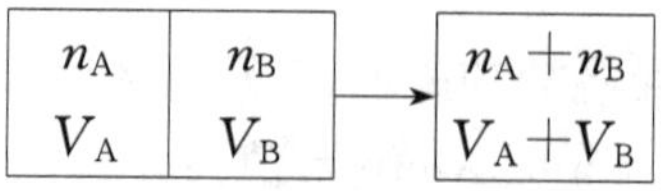

所示，两侧都为理想气体 $n_A$mol 和 $n_B$mol，压力相同。求定温混合过程中的 ΔG。

解　该过程为定温定压下不同气体混合过程，以 A、B 两种气体为体系，总的自由能改变值等于 A、B 两气体自由能改变值之和，即 $\Delta G = \Delta G_A + \Delta G_B$，定温下混合，$dG = Vdp$。

$$\Delta G_A = \int V_A \mathrm{d}p = n_A \int_{p_1}^{p_2} \frac{RT}{p_A} \mathrm{d}p = n_A RT \ln \frac{p_2}{p_1}$$

$$= n_A RT \ln \frac{V_1}{V_2} = n_A RT \ln \frac{V_A}{V_A + V_B}$$

同理

$$\Delta G_B = n_B RT \ln \frac{V_B}{V_A + V_B}$$

所以

$$\Delta G = \Delta G_A + \Delta G_B = n_A RT \ln \frac{V_A}{V_A + V_B} + n_B RT \ln \frac{V_B}{V_A + V_B}$$

【例 2-2】 计算说明：$-10℃$、$p^\ominus$下的过冷 $C_6H_6(l)$变成同温同压的 $C_6H_6(s)$，该过程是否为自发过程。已知$-10℃$的 $C_6H_6(l)$蒸气压为 2632Pa，$C_6H_6(s)$的蒸气压为 2280Pa，$C_{p,m(l)}=127\,J \cdot mol^{-1} \cdot K^{-1}$，$C_{p,m(s)}=123\,J \cdot mol^{-1} \cdot K^{-1}$，凝固热为 $9940\,J \cdot mol^{-1}$。

解　该过程为不可逆相变，需将其设计为可逆过程，p_1 为液态 C_6H_6 的蒸气压，p_2 为固态 C_6H_6 的蒸气压。

$$\begin{array}{ccc}
C_6H_6(l,p^\ominus) & \xrightarrow{\Delta G} & C_6H_6(s,p^\ominus) \\
\downarrow \Delta G_1 & & \uparrow \Delta G_5 \\
C_6H_6(l,p_1) & & C_6H_6(s,p_2) \\
\downarrow \Delta G_2 & & \uparrow \Delta G_4 \\
C_6H_6(g,p_1) & \xrightarrow[\Delta G_3]{} & C_6H_6(g,p_2)
\end{array}$$

$$\Delta G = \Delta G_1 + \Delta G_2 + \Delta G_3 + \Delta G_4 + \Delta G_5$$

其中，$\Delta G_2 = \Delta G_4 = 0$ 为两个可逆相变过程。ΔG_1 和 ΔG_5 为凝聚相定温变压过程，$\Delta G_1 \approx 0$，$\Delta G_5 \approx 0$。设气体为理想气体，则

$$\Delta G_3 = \int V \mathrm{d}p = \int \frac{RT}{p} \mathrm{d}p = RT \ln \frac{p_2}{p_1}$$

$$= 8.314 \times 263 \times \ln \frac{2280}{2632} = -314(\mathrm{J})$$

所以 $\Delta G = \Delta G_3 < 0$，是一自发过程。

【例 2-3】 已知 $C_6H_6(l, 25℃, 100kPa) \longrightarrow C_6H_6(g, 25℃, 100kPa)$的 $\Delta G_m = 6.7\,kJ \cdot mol^{-1}$。求 25℃苯的饱和蒸气压。

解　根据已知条件，设计如下途径计算 25℃时苯的饱和蒸气压 p^*

$$C_6H_6(l,25℃,100kPa)\xrightarrow{\Delta G_m}C_6H_6(g,25℃,100kPa)$$

$$\downarrow \Delta G_1 \qquad\qquad \Delta G_3 \uparrow$$

$$C_6H_6(l,25℃,p^*)\xrightarrow{\Delta G_2}C_6H_6(g,25℃,p^*)$$

$$\Delta G_m = \Delta G_1 + \Delta G_2 + \Delta G_3 = 6.7\text{kJ}\cdot\text{mol}^{-1}$$

$\Delta G_1 \approx 0$(凝聚相定温变压过程自由能的改变近似为零)

$\Delta G_2 = 0$(定温定压可逆相变过程)

$$\Delta G_3 = RT\ln\frac{100}{p^*} \approx \Delta G_m$$

$$6.7\times10^3 = 8.314\times298\times\ln\frac{100\times10^3}{p^*}$$

$$p^* = 6.720\text{kPa} = 6720\text{Pa}$$

【例 2-4】 已知 298K 时,纯水的饱和蒸气压为 3167Pa。试说明加入惰性气体使水的外压达 $p=100$kPa 时,水的饱和蒸气压又是多少。

气相:T,p 纯 A 的蒸气压 p_A $\mu_A^{*g}(T,p_A,x_A)$
液体 A:T,p $\mu_A^{*l}(T,p)$

解 如右图所示,这涉及液体的蒸气压与外压的关系问题。为讨论方便,设液体 A 处于惰性气体(既不溶于 A 也不与 A 反应)中,在温度为 T、压力为 p 时与其蒸气达平衡,有

$$\mu_A^{*l}(T,p) = \mu_A^{*g}(T,p_A,x_A)$$

设气相为理想混合气体,则

$$\mu_A^{*g}(T,p_A,x_A) = \mu_A^{g}(T) + RT\ln(p_A/p^\ominus)$$

所以

$$\mu_A^{*l}(T,p) = \mu_A^{g}(T) + RT\ln(p_A/p^\ominus)$$

定温下,上式两边对 p 微商,得

$$\left[\frac{\partial\mu_A^{*l}(T,p)}{\partial p}\right]_T = RT\left[\frac{\partial\ln(p_A/p^\ominus)}{\partial p}\right]_T$$

即

$$V_{m,A}^{*l} = RT\left[\frac{\partial\ln(p_A/p^\ominus)}{\partial p}\right]_T$$

或写成

$$\left[\frac{\partial\ln(p_A/p^\ominus)}{\partial p}\right] = \frac{1}{RT}V_{m,A}^{*l}$$

因$\frac{1}{RT}V_{m,A}^{*l}$很小,所以纯 A 的蒸气压 p_A 随外压 p 的变化很小。将上式写成

$$\mathrm{dln}(p_{\mathrm{A}}/p^{\ominus})=\frac{1}{RT}V_{\mathrm{m,A}}\mathrm{d}p$$

当外压由 $p_1\rightarrow p_2$，液体 A 的蒸气压由 $p_{\mathrm{A}_1}\rightarrow p_{\mathrm{A}_2}$，并视 $V_{\mathrm{m,A}}^{*\mathrm{l}}$为常数，积分上式

$$\int_{p_{\mathrm{A}_1}}^{p_{\mathrm{A}_2}}\mathrm{dln}(p_{\mathrm{A}}/p^{\ominus})=\frac{1}{RT}V_{\mathrm{m,A}}^{*\mathrm{l}}\int_{p_1}^{p_2}\mathrm{d}p$$

得

$$\ln\frac{p_{\mathrm{A}_2}}{p_{\mathrm{A}_1}}=\frac{V_{\mathrm{m,A}}^{*\mathrm{l}}}{RT}(p_2-p_1)$$

应用该积分式可解释当外压为 p 时水的饱和蒸气压问题。查得水的 $V_{\mathrm{m}}^{*\mathrm{l}}=18.016\mathrm{cm}^3\cdot\mathrm{mol}^{-1}$，无惰性气体时 $p_1=p_{\mathrm{A}_1}=3167\mathrm{Pa}$，有惰性气体时外压 $p_2=p=10^5\mathrm{Pa}$，则上式为

$$\ln\frac{p_{\mathrm{A}_2}}{3167}=\frac{18.016\times10^{-6}}{8.314\times298}\times(10^5-3167)$$

$$p_{\mathrm{A}_2}=3169\mathrm{Pa}$$

结果说明：298K 时，外压为 $p^{\ominus}$时纯水的饱和蒸气压与无外压时纯水的蒸气压基本无变化。

由以上讨论可以理解，当外压 $p=p^{\ominus}$时，$p_{\mathrm{B}}\approx p_{\mathrm{B}}^*$，所以理想溶液中组分 B 的标准态化学势

$$\mu_{\mathrm{B}}^*(T,p_{\mathrm{B}}^*)=\mu_{\mathrm{B}}^*(T,p)\approx\mu_{\mathrm{B}}^{\ominus}(T,p)$$

$\mu_{\mathrm{B}}^*(T,p_{\mathrm{B}}^*)$所处的状态可认为是温度为 T、压力为 $p^{\ominus}$时纯液体 B 的状态。

【习题 2-1】 判断下列过程的 Q、W、ΔU、ΔH、ΔS、ΔG 值的正负。

(1)理想气体自由膨胀；(2)两种理想气体定温下混合。

答 (1) $Q=0$、$W=0$、$\Delta U=0$、$\Delta H=0$、$\Delta S>0$、$\Delta G<0$；

(2) $Q=0$、$W=0$、$\Delta U=0$、$\Delta H=0$、$\Delta S>0$、$\Delta G<0$。

【习题 2-2】 说明下列各式的适用条件。

(1)$\Delta G=\Delta H-T\Delta S$；(2)$\mathrm{d}G=-S\mathrm{d}T+V\mathrm{d}p$；(3)$-\Delta G=-W'$。

答 (1) 封闭体系，定温过程；

(2) 纯组分封闭体系，$W'=0$；

(3) 封闭体系，定温定压，可逆过程。

【习题 2-3】 298K 时 1mol 理想气体从体积 $10\mathrm{dm}^3$ 膨胀到 $20\mathrm{dm}^3$。计算(1)定温可逆膨胀；(2)向真空膨胀两种情况下的 ΔG。

解 (1) 定温可逆膨胀过程

$$\mathrm{d}G=V\mathrm{d}p$$

积分得

$$\Delta G=\int_{p_1}^{p_2}V\mathrm{d}p$$

将理想气体 $V=\dfrac{nRT}{p}$ 代入上式，得

$$\Delta G=\int_{p_1}^{p_2}\frac{nRT}{p}\mathrm{d}p=nRT\ln\frac{p_2}{p_1}=nRT\ln\frac{V_1}{V_2}$$

$$=1\times 8.314\times 298\times \ln\frac{10}{20}=-1717(\mathrm{J})$$

(2) 向真空膨胀是不可逆过程，但始、终态与(1)相同，故 $\Delta G=-1717\mathrm{J}$。

【习题 2-4】 某蛋白质由天然折叠态变到张开状态的变性过程的焓变 $\Delta_r H_m^\ominus$ 和熵变 $\Delta_r S_m^\ominus$ 分别为 251.04kJ · mol^{-1} 和 753J · mol^{-1} · K^{-1}。计算(1)298K 时蛋白变性过程的 $\Delta_r G_m^\ominus$；(2)发生变性过程的最低温度。

解 (1) $\Delta_r G_m^\ominus=\Delta_r H_m^\ominus-T\Delta_r S_m^\ominus$

$$=251.04-298\times 753\times 10^{-3}=26.6(\mathrm{kJ\cdot mol^{-1}})$$

(2) 只有当 $\Delta_r G_m^\ominus\leqslant 0$ 时，蛋白质才能发生变性，即

$$\Delta_r H_m^\ominus-T\Delta_r S_m^\ominus\leqslant 0$$

所以

$$T\geqslant\frac{\Delta_r H_m^\ominus}{\Delta_r S_m^\ominus}=\frac{251.04\times 10^3}{753}=333(\mathrm{K})=60(^\circ\mathrm{C})$$

【习题 2-5】 298K、$p^\ominus$ 下，1mol 铅与乙酸铜在原电池内反应最大电功为 9183.87kJ，吸热 216.35kJ。试计算 ΔU、ΔH、ΔS 和 ΔG。

解 $\Delta G=-W'=-9183.87\mathrm{kJ}$

$Q_R=216.35\mathrm{kJ}$

$$\Delta S=\frac{Q_R}{T}=\frac{216.35}{298}=0.726(\mathrm{kJ\cdot K^{-1}})$$

$\Delta H=\Delta G+T\Delta S=-9183.87+216.35=-8967.5(\mathrm{kJ})$

$\Delta U=Q_R+W'=216.35-9183.87=-8967.5(\mathrm{kJ})$

【习题 2-6】 1mol 液态苯在其沸点 353K、标准压力下汽化，汽化热为 395J · g^{-1}，求此过程的 Q、W、ΔU、ΔH、ΔG。

解 (1) $W=-p_e(V_g-V_l)=-p_eV_g=-nRT$

$$=-1\mathrm{mol}\times 8.314\mathrm{J\cdot K^{-1}\cdot mol^{-1}}\times 353\mathrm{K}=-2937.3\mathrm{J}$$

(2) $Q_p=\Delta H=78\times 395\mathrm{J\cdot g^{-1}}=30.810\mathrm{kJ\cdot mol^{-1}}$

(3) $\Delta U=Q+W=-2.937\mathrm{kJ}+30.810\mathrm{kJ}=27.873\mathrm{kJ}$

(4) $\Delta G=0$

【习题 2-7】 1mol 双原子理想气体从 298K、100kPa 绝热可逆压缩至 600kPa，求该过程的 Q、W、ΔU、ΔH、ΔS、ΔG。(已知理想气体的 $C_{p,m}=3.5R$)

解　(1) 绝热过程

$$Q=0$$

(2)　$\gamma=C_{p,\mathrm{m}}/C_{V,\mathrm{m}}=1.4$　$p_1^{1-\gamma}T^{\gamma}=p_2^{1-\gamma}T_2^{\gamma}$　$T_2=497\mathrm{K}$

(3)

$$\Delta U=W=\int nC_{V,m}\mathrm{d}T$$
$$=1\mathrm{mol}\times 2.5\times 8.314\mathrm{J\cdot K^{-1}\cdot mol^{-1}}\times(497-298)\mathrm{K}=4136.2\mathrm{J}$$

(4)

$$\Delta H=\int_{T_1}^{T_2} nC_{p,\mathrm{m}}\,\mathrm{d}T=1\mathrm{mol}\times 3.5\times 8.314\mathrm{J\cdot K^{-1}\,mol^{-1}}\times(497-298)\mathrm{K}$$
$$=5790.7\mathrm{J}$$

(5)　$\Delta S=\dfrac{Q_{\mathrm{R}}}{T}=0$

(6)　$\Delta G=\Delta H-\Delta(TS)=\Delta H-(T_2S_2-T_1S_1)$

$$=5790.7\mathrm{J}-(497\mathrm{K}\times 205.156\mathrm{J\cdot K^{-1}}-298\mathrm{K}\times 205.14\mathrm{J\cdot K^{-1}})$$
$$=-40830.78\mathrm{J}$$

【习题 2-8】　广义化学势

$$\mu_{\mathrm{B}}=\left(\frac{\partial G}{\partial n_{\mathrm{B}}}\right)_{T,p,n_Z}=\left(\frac{\partial U}{\partial n_{\mathrm{B}}}\right)_{S,V,n_Z}=\left(\frac{\partial H}{\partial n_{\mathrm{B}}}\right)_{S,p,n_Z}=\left(\frac{\partial F}{\partial n_{\mathrm{B}}}\right)_{T,V,n_Z}$$

式中哪几项不是偏摩尔量?

答　根据偏摩尔量定义,体系在定温定压下发生变化时,$\left(\dfrac{\partial Z}{\partial n_{\mathrm{B}}}\right)_{T,p,n_Z}$为物质 B 的偏摩尔量,所以上式中只有$\left(\dfrac{\partial G}{\partial n_{\mathrm{B}}}\right)_{T,p,n_Z}$是偏摩尔量。

【习题 2-9】　由 2.0mol A 和 1.5mol B 组成的二组分溶液的体积为 $425\mathrm{cm^3}$,已知 $V_{\mathrm{B,m}}$为 $250.0\mathrm{cm^3\cdot mol^{-1}}$,求 $V_{\mathrm{A,m}}$。

解　根据 $V=\sum n_{\mathrm{B}}V_{\mathrm{B,m}}$,所以

$$425=2.0\times V_{\mathrm{A,m}}+1.5\times 250$$

解得

$$V_{\mathrm{A,m}}=25\mathrm{cm^3\cdot mol^{-1}}$$

【习题 2-10】　298K 及 $p^{\ominus}$下,将 1mol 液态苯加入到 $x_{苯}=0.2$ 的苯和甲苯构成的量很大的溶液中,求该过程的 ΔG。

解　298K,$p^{\ominus}$下,苯$\longrightarrow$苯($x_{苯}=0.2$)

$$G_1=n\mu^{\ominus} \qquad G_2=n(\mu^{\ominus}+RT\ln x)$$

$$\Delta G=G_2-G_1=n(\mu^{\ominus}+RT\ln x)-n\mu^{\ominus}=nRT\ln x$$

$$=1\times 8.314\times 298\times \ln 0.2=-3988(\mathrm{J})$$

【习题 2-11】 308K 时，丙酮的饱和蒸气压为 4.3×10^4 Pa，今测得 $x_{氯仿}=0.3$ 的氯仿-丙酮溶液蒸气中丙酮蒸气的分压为 2.7×10^4 Pa，则此溶液是否为理想溶液？

解 定温定压下，理想溶液中任一组分在全部浓度范围内都服从拉乌尔定律。

$$p_{丙}=p_{丙}^{*}x_{丙}$$

$$x_{丙}=\frac{p_{丙}}{p_{丙}^{*}}=\frac{2.7\times10^4}{4.3\times10^4}=0.63$$

氯仿-丙酮溶液中，$x_{丙}=1-0.3=0.7$，可见该溶液不是理想溶液。

【习题 2-12】 由 A 和 B 组成近似的理想溶液，在 B 的摩尔分数为 0.03，温度为 370.26K 时，溶液的蒸气压为 101325Pa，已知纯 A 在该温度下的饱和蒸气压是 91293.8Pa。计算相同温度时，B 的摩尔分数为 0.02 的溶液上方：(1) A 的蒸气分压；(2) B 的蒸气分压。

解 (1) A 的蒸气分压

$$p_{\mathrm{A}}=p_{\mathrm{A}}^{*}x_{\mathrm{A}}=91293.8\times(1-0.02)=89467.9(\mathrm{Pa})$$

(2) B 的蒸气分压

$$p=p_{\mathrm{A}}^{*}x_{\mathrm{A}}+p_{\mathrm{B}}^{*}x_{\mathrm{B}}$$

$$101325=91293.8\times0.97+p_{\mathrm{B}}^{*}\times0.03$$

$$p_{\mathrm{B}}^{*}=425667\mathrm{Pa}$$

$$p_{\mathrm{B}}=p_{\mathrm{B}}^{*}x_{\mathrm{B}}=425667\times0.02=8513.34(\mathrm{Pa})$$

【习题 2-13】 在 100g 苯中加入 13.76g $C_6H_5—C_6H_5$（联苯）构成的稀溶液，其沸点由苯的正常沸点 353.2K 上升到 355.5K。求 (1) 苯的摩尔沸点升高常数；(2) 苯的摩尔蒸发热。

解 (1)

$$\Delta T_{\mathrm{b}}=K_{\mathrm{b}}b=355.5-353.2=2.3(℃)$$

$$K_{\mathrm{b}}=\frac{\Delta T_{\mathrm{b}}}{b}=\frac{2.3}{\dfrac{13.76/154}{100\times10^{-3}}}=2.57(\mathrm{kg\cdot K\cdot mol^{-1}})$$

(2) 由 $\Delta T_{\mathrm{b}}=\dfrac{R(T_{\mathrm{b}}^{*})^2}{\Delta_{\mathrm{vap}}H_{\mathrm{m}}}\dfrac{n_{\mathrm{B}}}{n_{\mathrm{A}}}\Rightarrow\Delta_{\mathrm{vap}}H_{\mathrm{m}}=\dfrac{R(T_{\mathrm{b}}^{*})^2}{\Delta T_{\mathrm{b}}}\dfrac{n_{\mathrm{B}}}{n_{\mathrm{A}}}$

所以

$$\Delta_{\mathrm{vap}}H_{\mathrm{m}}=\frac{8.314\times(353.2)^2}{2.3}\times\frac{13.76/154}{100/77}\times10^{-3}=31.0(\mathrm{kJ\cdot mol^{-1}})$$

【习题 2-14】 (1)若 A、B 两种物质在 α、β 两相中达平衡，下列哪种关系式代表这种情况？①$\mu_{\mathrm{A}}^{\alpha}=\mu_{\mathrm{B}}^{\beta}$，②$\mu_{\mathrm{A}}^{\alpha}=\mu_{\mathrm{A}}^{\beta}$，③$\mu_{\mathrm{B}}^{\alpha}=\mu_{\mathrm{B}}^{\beta}$；(2)若 A 在 α、β 两相中达平衡，而 B 正由 β 相向 α 相迁移，下列关系式是否正确？①$\mu_{\mathrm{A}}^{\alpha}=\mu_{\mathrm{A}}^{\beta}$，②$\mu_{\mathrm{B}}^{\alpha}>\mu_{\mathrm{B}}^{\beta}$。

答　(1) A、B 两种物质在 α、β 两相中达平衡，有下列关系：

$$\mu_A^\alpha = \mu_A^\beta \quad 及 \quad \mu_B^\alpha = \mu_B^\beta$$

(2) A 在 α、β 两相中达平衡，而 B 正由 β 相向 α 相迁移，有下列关系：

$$\mu_A^\alpha = \mu_A^\beta, \quad \mu_B^\alpha < \mu_B^\beta$$

【习题 2-15】　(1)同种理想气体分别处于 298K、110kPa 及 310K、110kPa，写出气体两种状态的化学势表达式，并判断两种状态的化学势 μ 和标准化学势 $\mu^\ominus$ 是否相等；(2)写出同温同压下纯苯和苯-甲苯理想溶液中组分苯的化学势，并判断苯的两种状态的 μ^*、μ 是否相等；(3)写出在 T、$p^\ominus$ 下达渗透平衡的纯溶剂与稀溶液中溶剂的化学势公式，比较两者的标准态化学势 μ^*、化学势 μ 是否相等。

答　(1)

$$\mu_1 = \mu_{298K}^\ominus + RT\ln\frac{110}{100}$$

$$\mu_2 = \mu_{310K}^\ominus + RT\ln\frac{110}{100}$$

因为 $\mu_{298K}^\ominus \neq \mu_{310K}^\ominus$，所以 $\mu_1 \neq \mu_2$。

(2)

$$\mu_{苯} = \mu_{苯}^*(T,p)$$

$$\mu_{苯液} = \mu_{苯}^*(T,p) + RT\ln x_{苯}$$

因为 $\mu_{苯}^*(T,p)$ 相同，所以 $\mu_{苯} \neq \mu_{苯液}$。

(3) 纯溶剂 A：　$\mu_A = \mu_A^*(T,p)$

稀溶液中溶剂 A：$\mu'_A = \mu_A^*(T,p+\pi) + RT\ln x_A$

$\mu_A^*(T,p) \neq \mu_A^*(T,p+\pi)$，而 $\mu_A = \mu'_A$。

【习题 2-16】　(1)在定温定压下，A、B 两种纯固态物质的化学势是否相等？(2)在定温定压下，写出 A 物质作为非理想溶液中溶质时，以 a_x、a_c、a_b 三种活度表示的化学势公式。并比较三种标准态化学势是否相等。

答　(1) 定温定压下

$$\mu_A = \mu_A^\ominus(T,p), \quad \mu_B = \mu_B^\ominus(T,p)$$

因为 $\mu_A^\ominus(T,p) \neq \mu_B^\ominus(T,p)$，所以 $\mu_A \neq \mu_B$。

(2) 定温定压下

$$\mu_A = \mu_{A,a_x}^\ominus(T,p) + RT\ln a_x = \mu_{A,a_c}^\ominus(T,p) + RT\ln a_c$$

$$= \mu_{A,a_b}^\ominus(T,p) + RT\ln a_b$$

因为 $a_x \neq a_c \neq a_b$，所以 $\mu_{A,a_x}^\ominus \neq \mu_{A,a_c}^\ominus \neq \mu_{A,a_b}^\ominus$。

【习题 2-17】　在 298K 及 $p^\ominus$ 下，金刚石、石墨的有关数据如下：

物质	$\Delta_c H_m^\ominus/(kJ \cdot mol^{-1})$	$S_m^\ominus/(J \cdot mol^{-1} \cdot K^{-1})$	$\rho/(kg \cdot m^{-3})$
金刚石	−395.40	2.377	3513
石墨	−393.51	5.740	2260

讨论：(1)298K 及 $p^{\ominus}$ 下，石墨能否转变为金刚石；(2)用加热或加压的方法能否使石墨转变为金刚石，并计算转变条件。

解 (1)

	C(石墨)⟶C(金刚石)	
$\Delta_c H_m^{\ominus}/(\text{kJ}\cdot\text{mol}^{-1})$	−393.51	−395.40
$S_m^{\ominus}/(\text{J}\cdot\text{mol}^{-1}\cdot\text{K}^{-1})$	5.740	2.377
$\rho/(\text{kg}\cdot\text{m}^{-3})$	2260	3513

$$\Delta_r H_m^{\ominus} = -\sum \nu_B \Delta_c H_m^{\ominus} = -393.51-(-395.40)=1.89(\text{kJ}\cdot\text{mol}^{-1})$$

$$\Delta_r S_m^{\ominus} = \sum \nu_B S_m^{\ominus} = 2.377-5.740 = -3.363(\text{J}\cdot\text{mol}^{-1}\cdot\text{K}^{-1})$$

$$\Delta S_{\text{环}} = \frac{-\Delta H}{T_{\text{环}}} = \frac{-1.89}{298} = -6.34(\text{J}\cdot\text{mol}^{-1}\cdot\text{K}^{-1})$$

$$\Delta S_{\text{总}} = \Delta S_{\text{体}} + \Delta S_{\text{环}} = -3.363-6.34 = -9.70(\text{J}\cdot\text{mol}^{-1}\cdot\text{K}^{-1}) < 0$$

所以 298K 及 $p^{\ominus}$ 下，石墨不能转变为金刚石。

(2) 要想使石墨转变为金刚石，定压下应有 $\Delta_r G_m^{\ominus} \leqslant 0$，即

$$\Delta_r H_m^{\ominus} - T\Delta_r S_m^{\ominus} \leqslant 0, \qquad T \leqslant \frac{\Delta_r H_m^{\ominus}}{\Delta_r S_m^{\ominus}} = \frac{1.89\times10^3}{-3.363} = -562(\text{K})$$

这样的温度不能实现，故不能改变温度使石墨转变为金刚石。

298K 定温下，$\left(\frac{\partial G}{\partial p}\right)_T = V$，$\left(\frac{\partial \Delta G}{\partial p}\right)_T = \Delta V$，所以

$$\Delta G_{p_2} - \Delta G_{p^{\ominus}} = \int_{p^{\ominus}}^{p_2} \Delta V \mathrm{d}p = (V_{\text{金刚石}} - V_{\text{石墨}})(p_2 - p^{\ominus})$$
$$= (3513\div12 - 2260\div12)\times(p_2-101.3) \leqslant 0$$

$$0-2872.37 \leqslant \left(\frac{12\times10^{-3}}{3513} - \frac{12\times10^{-3}}{2260}\right)\times(p_2 - 101\,325)$$

所以

$$p_2 \geqslant 1.5\times10^9\,\text{Pa}$$

298K 时，必须在高压下才能使石墨转变为金刚石。

【习题 2-18】 400K，10^5 Pa，1 mol ideal gas was reversibly isothermally compressed to 10^6 Pa. Calculate Q，W，ΔH，ΔS，ΔG，ΔU of this process.

解　$\Delta H = \Delta U = 0$；　$W = 7658\text{J}$；　$Q = -7658\text{J}$；

$\Delta G = 7658\text{J}$；　$\Delta S = -19.14\text{J}\cdot\text{K}^{-1}$

【习题 2-19】 Calculate $\Delta G = ?$

H_2O(1mol，l，100℃，101.325kPa)⟶H_2O(1mol，g，100℃，2×101.325kPa)

解 本题是一个不可逆相变，先将其设计成一个可逆过程，再根据赫斯定律 $\Delta G = \Delta G_1 + \Delta G_2$ 计算。

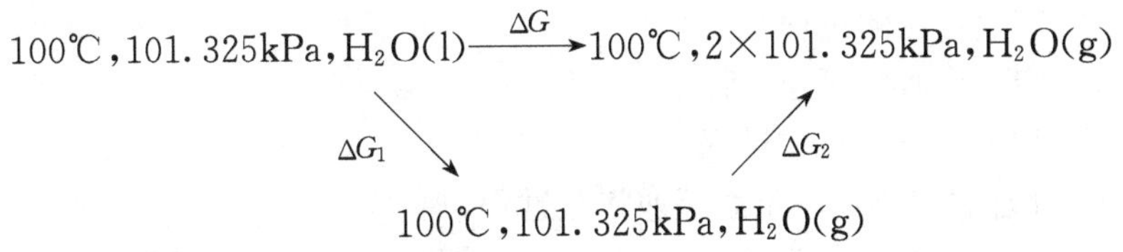

$$\Delta G_1 = 0$$

$$\Delta G_2 = \int V_m \mathrm{d}p = \int \frac{RT}{p}\mathrm{d}p = RT\ln\frac{p_2}{p_1}$$

$$= 8.314 \times 373 \times \ln\frac{2\times 101.325}{101.325} = 2150(\mathrm{J})$$

$$\Delta G = \Delta G_1 + \Delta G_2 = 0 + 2150 = 2150(\mathrm{J})$$

2.4　练　习　题

2.4.1　选择题

1. 下列化学势是偏摩尔量的是________。

A. $\left(\frac{\partial F}{\partial n_B}\right)_{T,V,n_Z}$　B. $\left(\frac{\partial G}{\partial n_B}\right)_{T,p,n_Z}$　C. $\left(\frac{\partial U}{\partial n_B}\right)_{S,V,n_Z}$　D. $\left(\frac{\partial H}{\partial n_B}\right)_{S,p,n_Z}$

2. 在−10℃,$p^{\ominus}$,1mol 过冷的水结成冰时,下述表示正确的是________。

A. $\Delta G<0, \Delta S_{体}>0, \Delta S_{环}>0, \Delta S_{孤}>0$

B. $\Delta G>0, \Delta S_{体}<0, \Delta S_{环}<0, \Delta S_{孤}<0$

C. $\Delta G<0, \Delta S_{体}<0, \Delta S_{环}>0, \Delta S_{孤}>0$

D. $\Delta G>0, \Delta S_{体}>0, \Delta S_{环}<0, \Delta S_{孤}<0$

3. 下述关系式中,不正确的是________。

A. $\left(\frac{\partial G}{\partial n_B}\right)_{T,p,n_Z}=\mu_B$　B. $\left(\frac{\partial \mu}{\partial T}\right)_p=-S_{B,m}$

C. $\left(\frac{\partial \mu}{\partial p}\right)_T=V_{B,m}$　D. $\left(\frac{\partial U}{\partial n_B}\right)_{T,p,n_Z}=\mu_B$

4. 在 373.15K,101 325Pa,$\mu_{H_2O(l)}$ 与 $\mu_{H_2O(g)}$ 的关系是________。

A. $\mu_{H_2O(l)}>\mu_{H_2O(g)}$　B. $\mu_{H_2O(l)}=\mu_{H_2O(g)}$

C. $\mu_{H_2O(l)}<\mu_{H_2O(g)}$　D. 无法确定

5. 纯组分只做膨胀功的封闭体系,$\left(\frac{\partial G}{\partial T}\right)_p$ 的值________。

A. 大于零　B. 小于零　C. 等于零　D. 无法确定

6. 某一过程 $\Delta G=W'$,应满足的条件是________。

A. 任意的可逆过程

B. 定温定压的过程

C. 定温定容的可逆过程

D. 定温定压的可逆过程

7. 1mol 理想气体经一定温可逆膨胀过程，则________。

A. $\Delta G=\Delta F$　　B. $\Delta G>\Delta F$　　C. $\Delta G<\Delta F$　　D. 无法确定

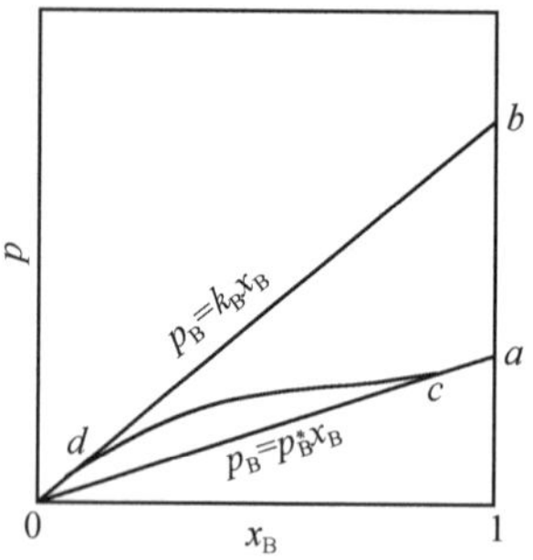

8. 纯液体在正常相变点凝固，则下列量减小的是________。

A. S　　B. G

C. 蒸气压　　D. 凝固热

9. 左图中________点是稀溶液溶质的标准态。

A. a 点　　B. b 点

C. c 点　　D. d 点

10. 温度为 T 时，纯液体 A 的饱和蒸气压为 p_A^*，化学势为 μ_A^*，在 $1p^\ominus$ 时，凝固点为 T_f^0，向 A 中加入少量溶质形成稀溶液，该溶质是不挥发的，则 p_A、μ_A、T_f 的关系是________。

A. $p_A^*<p_A,\mu_A^*<\mu_A,T_f^0<T_f$　　B. $p_A^*>p_A,\mu_A^*<\mu_A,T_f^0<T_f$

C. $p_A^*>p_A,\mu_A^*<\mu_A,T_f^0>T_f$　　D. $p_A^*>p_A,\mu_A^*>\mu_A,T_f^0>T_f$

11. 在 $p^\ominus$ 下，当过冷水蒸气凝结为同温度的水，在该过程中正、负号无法确定的量是________。

A. ΔG　　B. ΔS　　C. ΔH　　D. ΔU

12. 实际气体的化学势表达式为 $\mu=\mu^\ominus(T)+RT\ln\dfrac{f}{p^\ominus}$，其中标准态化学势为________。

A. 逸度 $f=p^\ominus$ 的实际气体的化学势

B. 压力 $p=p^\ominus$ 的实际气体的化学势

C. 压力 $p=p^\ominus$ 的理想气体的化学势

D. 逸度 $f=p^\ominus$ 的理想气体的化学势

13. 理想气体的不可逆循环，ΔG________。

A. <0　　B. $=0$　　C. >0　　D. 无法确定

14. 在 α、β 两相中含 A、B 两种物质，当达平衡时，正确的是________。

A. $\mu_A^\alpha=\mu_B^\alpha$　　B. $\mu_A^\alpha=\mu_A^\beta$　　C. $\mu_A^\alpha=\mu_B^\beta$　　D. $\mu_A^\beta=\mu_B^\beta$

15. 单组分体系中，物质 B 的化学势随压力的变化率，即 $\left(\dfrac{\partial\mu_B}{\partial p}\right)_{T,n_Z(Z\neq B)}$ 的值________。

A. >0　　B. <0　　C. $=0$　　D. 无法确定

16. −10℃、标准压力下，1mol 过冷水蒸气凝聚成冰，则体系、环境及总的熵变为________。

A. $\Delta S_{sys}<0, \Delta S_{sur}<0, \Delta S_{univ}<0$

B. $\Delta S_{sys}<0, \Delta S_{sur}>0, \Delta S_{univ}>0$

C. $\Delta S_{sys}>0, \Delta S_{sur}>0, \Delta S_{univ}>0$

D. $\Delta S_{sys}<0, \Delta S_{sur}>0, \Delta S_{univ}<0$

17. p-V 图上，1mol 单原子理想气体，由状态 A 变到状态 B，错误的是________。

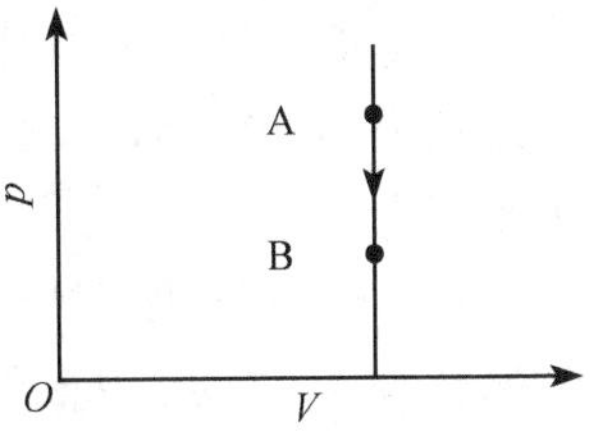

A. $\Delta U=Q$　　B. $\Delta H=Q$

C. $\Delta S<0$　　D. $\Delta U<0$

18. 体系经不可逆过程，下列物理量________一定大于零。

A. ΔU　　B. ΔH　　C. $\Delta S_{总}$　　D. ΔG

19. 一个很大的恒温箱放着一段电阻丝，短时通电后，电阻丝的熵变________。

A. >0　　B. <0　　C. $=0$　　D. 无法确定

20. 热力学基本方程 $dG=-SdT+Vdp$ 可适用下列________过程。

A. 298K，标准压力的水蒸发过程

B. 理想气体向真空膨胀

C. 电解水制备氢气

D. 合成氨反应未达平衡

2.4.2　填空题（1～3 题填>0、<0 或=0）

1. 在绝热定容的容器中，两种同温度的理想气体混合，ΔG ________，ΔS ________，ΔH ________。

2. 理想溶液混合时，$\Delta_{mix}V$ ________，$\Delta_{mix}S$ ________，$\Delta_{mix}G$ ________，$\Delta_{mix}H$ ________。

3. 在孤立体系中发生剧烈化学反应，系统的温度及压力明显升高，则该系统的 ΔS ________、ΔU ________、ΔH ________、ΔF ________。

4. 比较水的化学势的大小（此处 p=101.325kPa）（填>、<或=）

(1) μ(l, 100℃, p) ________ μ(g, 100℃, p)

(2) μ(l, 100℃, p) ________ μ(l, 100℃, 2p)

(3) μ(g, 100℃, p) ________ μ(g, 100℃, 2p)

(4) μ(l, 100℃, 2p) ________ μ(g, 100℃, 2p)

(5) μ(l, 101℃, p) ________ μ(g, 101℃, p)

5. 非理想溶液溶质的化学势表示式为________。

6. 利用 $\Delta G \leqslant 0$ 判断过程自发进行的条件是____________________。

7. 在一定的温度及压力下，某物质液气两相达平衡，则两相的化学势 $\mu_B(l)$ 与 $\mu_B(g)$________；若维持压力不变，降低温度，则 $\mu_B(l)$ 和 $\mu_B(g)$ 都________；但 $\mu_B(l)$ 比 $\mu_B(g)$________。

8. 理想溶液中任意组分 B 的化学势 $\mu_B=$________。

9. 298K、101.325kPa，有两瓶萘的苯溶液，第一瓶为 $2dm^3$，溶有 0.5mol 萘，第二瓶为 $1dm^3$，溶有 0.25mol 萘，若以 μ_1 和 μ_2 表示两瓶中萘的化学势，则它们的关系为________。

10. 1mol 理想气体在 T_1、p_1 时的化学势为 μ_1，标准态化学势为 $\mu_1^\ominus$，在 T_2、p_2 时的化学势为 μ_2，标准态化学势为 $\mu_2^\ominus$，已知 $p_2>p_1$，则 μ_2 ________ μ_1，$\mu_2^\ominus$ ________ $\mu_1^\ominus$。

2.4.3 判断题

1. 公式 $dG=-SdT+Vdp$ 只适用于可逆过程。 ( )

2. 某一体系达平衡时，熵最大，自由能最小。 ( )

3. 封闭体系中，由状态 1 经定温、定压过程变化到状态 2，非体积功 $W'<0$，且有 $W'>\Delta G$ 和 $\Delta G<0$，则此变化过程一定能发生。 ( )

4. 根据热力学第二定律 $\Delta S=\dfrac{Q}{T}$，能得出 $\left(\dfrac{\partial \Delta G}{\partial T}\right)_p=-\dfrac{Q}{T}$，从而得到 $\left(\dfrac{\partial \Delta G}{\partial T}\right)_p=\dfrac{\Delta H}{T}$。 ( )

5. 只有可逆过程的 ΔG 才可以直接计算。 ( )

6. 凡是自由能降低的过程一定都是自发过程。 ( )

7. 只做体积功的封闭体系，$(\partial G/\partial p)_T$ 的值一定大于零。 ( )

8. 偏摩尔量就是化学势。 ( )

9. 在一个多组分溶液中，只有溶质才有偏摩尔量。 ( )

10. 两组分混合成溶液时，没有热效应产生，此时形成的溶液为理想溶液。 ( )

11. 拉乌尔定律和亨利定律既适用于理想溶液，也适用于稀溶液。 ( )

12. 偏摩尔量因为与浓度有关，所以它不是一个强度性质。 ( )

13. 化学势判据就是吉布斯自由能判据。 ( )

14. 自由能 G 是一状态函数，从始态Ⅰ到终态Ⅱ，不管经历何途径，ΔG 总是一定的。 ( )

15. 定温定压及 $W'=0$ 时，化学反应达平衡，反应物的化学势之和等于产物的化学势之和。 ( )

2.4.4　计算题

1. 苯的正常沸点为 80.1℃，求下列过程的 ΔG：(1) $C_6H_6(l, 10^5 Pa) \longrightarrow C_6H_6(g, 10^5 Pa)$；(2) $C_6H_6(l, 10^5 Pa) \longrightarrow C_6H_6(g, 0.9\times10^5 Pa)$。假定苯蒸气为理想气体。

2. 1mol 单原子理想气体的始态是 0℃、10^5Pa，经恒温不可逆膨胀至 44.8dm^3，所做的体积功为 4184J，计算 ΔS 和 ΔG。

3. 若纯 A 物质 $n_A$mol 和纯 B 物质 $n_B$mol，两者混合为同温同压下的理想溶液。求此过程的 ΔG。

4. 298K 及 $p^\ominus$下，苯和甲苯组成 $x_苯=0.6$ 的理想溶液，现将 1mol 苯从 $x_苯=0.6$ 的溶液中转移到 $x_苯=0.4$ 的溶液中。求该过程 ΔG 的变化(设不引起浓度的改变)。

5. 298K 及 $p^\ominus$下，将 1mol 苯溶于 $x_苯=0.4$ 的苯和甲苯的大量溶液中。求此过程 ΔG 的变化。

6. 试判断在 10℃、标准压力下，白锡和灰锡哪一种晶形稳定。数据如下：

	$\Delta_f H_m/(J\cdot mol^{-1})$	$S_m/(J\cdot mol^{-1}\cdot K^{-1})$	$C_{p,m}/(J\cdot mol^{-1}\cdot K^{-1})$
Sn(白锡)	0	52.30	26.15
Sn(灰锡)	−2197	44.76	25.73

参考答案

2.4.1　选择题

1. B　2. C　3. D　4. B　5. B　6. D　7. A　8. A　9. B　10. D　11. D　12. D　13. B　14. B　15. A
16. B　17. B　18. C　19. D　20. B

2.4.2　填空题

1. <0　>0　$=0$　2. $=0$　>0　<0　$=0$　3. >0　$=0$　>0　<0

4. (1) $=$　(2) $<$　(3) $<$　(4) $<$　(5) $>$　5. $\mu_B=\mu_{B,x}^\ominus(T,p)+RT\ln a_{B,x}$

6. 定温、定压、$W'=0$　7. 相等　减小　减小得慢

8. $\mu_B^*(T,p)+RT\ln x_B$　9. $\mu_1=\mu_2$　10. $>$　$=$

2.4.3　判断题

1. 错　2. 错　3. 对　4. 错　5. 错　6. 错　7. 对　8. 错　9. 错　10. 错　11. 错　12. 错　13. 错
14. 对　15. 对

2.4.4　计算题

1. (1) $\Delta G=0$　(2) $\Delta G=-309.4J$

2. $\Delta S=5.65J\cdot K^{-1}$　$\Delta G=-1528J$

3. $\Delta G=n_A RT\ln x_A+n_B RT\ln x_B$

4. $\Delta G=-1004J$

5. $\Delta G=-2.27\text{kJ}$

6.

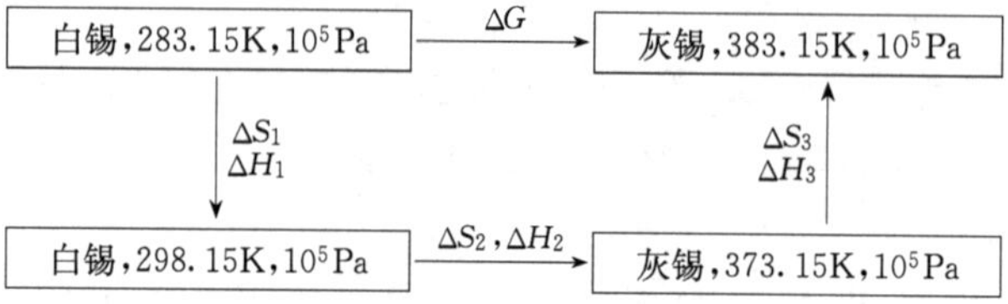

$$\Delta H_1 = C_{p,\mathrm{m}}(白)(T_2 - T_1) = 26.15\times(298.15-283.15) = 392.2(\mathrm{J\cdot mol^{-1}})$$

$$\Delta H_2 = -2197\mathrm{J\cdot mol^{-1}}$$

$$\Delta H_3 = C_{p,\mathrm{m}}(灰)(T_2 - T_1) = 25.73\times(283.15-298.15) = -386.0(\mathrm{J\cdot mol^{-1}})$$

$$\Delta_\mathrm{r} H_\mathrm{m} = \Delta H_1 + \Delta H_2 + \Delta H_3 = -2191(\mathrm{J\cdot mol^{-1}})$$

$$\Delta S_1 = \int_{T_1}^{T_2}\frac{C_{p,\mathrm{m}}(白)}{T}\mathrm{d}T = 26.15\times\ln\frac{298.15}{283.15} = 1.35(\mathrm{J\cdot mol^{-1}\cdot K^{-1}})$$

$$\Delta S_2 = \sum\nu_\mathrm{B}S_\mathrm{m} = 44.76-52.30 = -7.54(\mathrm{J\cdot mol^{-1}\cdot K^{-1}})$$

$$\Delta S_3 = \int_{T_1}^{T_2}\frac{C_{p,\mathrm{m}}(灰)}{T}\mathrm{d}T = 25.73\times\ln\frac{283.15}{298.15} = -1.33(\mathrm{J\cdot mol^{-1}\cdot K^{-1}})$$

$$\Delta_\mathrm{r} S_\mathrm{m} = \Delta S_1 + \Delta S_2 + \Delta S_3 = -7.52\mathrm{J\cdot mol^{-1}\cdot K^{-1}}$$

$\Delta_\mathrm{r}G_\mathrm{m}=\Delta_\mathrm{r}H_\mathrm{m}-T\Delta_\mathrm{r}S_\mathrm{m}=-2191-283.15\times(-7.52)=-62(\mathrm{J\cdot mol^{-1}})$，所以在此条件下灰锡稳定。

第3章　相　平　衡

3.1　学习要求

(1) 掌握相律的基本概念。

(2) 掌握纯组分体系克拉贝龙(Clapeyron)方程及克拉贝龙-克劳修斯方程;掌握相图分析。

(3) 掌握理想双液系的 p-x、T-x 图及相图分析;了解其他二元体系的相图及分析。

3.2　内容概要

3.2.1　基本概念

相与相数:体系内部物理性质与化学性质完全均匀的部分称为相(phase),相的总数为相数,以 P 表示。不同体系有不同的相,同一体系在不同的条件下也可以有不同的相。

组分与组分数:用以确定平衡体系中所有各相组成所需的最少数目的独立物质称为独立组分(independent component),简称组分(component),组分的数目称为组分数,以符号 C 表示。它与物种数 S 不完全相同,两者的关系是 $C=S-R-R'$,其中 R 表示"独立"的化学平衡数,R' 表示同一相内"独立"的浓度限制条件。

自由度:在不引起旧相消失和新相产生的前提下,可以在一定范围内变动的独立变量称独立可变因素,其数目为自由度(degree of freedom),用 f 表示。自由度可通过相律(phase rule)来确定。

相律:$f=C-P+2$(其中 2 表示温度和压力)或 $f'=C-P+1$ 或 $f''=C-P$。f' 与 f'' 都称为条件自由度,其中 f' 表示固定温度或压力,f'' 表示固定温度和压力。因为在推导相律过程中引入了平衡的条件,所以相律适用于平衡体系。相律只能计算相数、自由度数,却不能具体指明为哪几相,每一相的数量是多少,这是相律的欠缺之处。

相图:根据实验,将体系的状态与温度、压力、浓度等因素的关系用图形表示,这种图形称为相图(phase diagram)。

3.2.2　单组分体系

单组分体系，可用 p-T 坐标来描述体系的状态。例如，水的相图中有一个三相点、三条两相平衡线和三个相区。

水的三相点温度为 273.16K，压力为 611Pa，在这点水的气、液、固三相平衡，$P=3$，$f=0$。

单组分相图中的两相平衡线是压力与温度之间的关系曲线，可用克拉贝龙或克拉贝龙-克劳修斯方程定量描述。克拉贝龙方程

$$\frac{\mathrm{d}p}{\mathrm{d}T}=\frac{\Delta H_{\mathrm{m}}}{T\Delta V_{\mathrm{m}}}$$

适用于纯物质任意两相平衡体系，反映了相变时体系压力随温度的变化关系。克拉贝龙-克劳修斯方程

$$\frac{\mathrm{d}\ln p}{\mathrm{d}T}=\frac{\Delta H_{\mathrm{m}}}{RT^2}$$

适用于有气相存在的体系，其定积分式为

$$\ln\frac{p_2}{p_1}=\frac{\Delta H_{\mathrm{m}}}{R}\left(\frac{1}{T_1}-\frac{1}{T_2}\right)$$

可求某纯物质在某一温度下的饱和蒸气压，其不定积分式

$$\ln\frac{p}{p^{\ominus}}=-\frac{\Delta H_{\mathrm{m}}}{R}\frac{1}{T}+C$$

可由实验数据绘制 $\ln\frac{p}{p^{\ominus}}$ -$\frac{1}{T}$曲线，由斜率求相变热 ΔH_{m}。

3.2.3　两组分体系

两组分体系 $C=2$，$f=4-P$，当自由度为零时，可以 4 相共存。体系自由度最大为 3。因此，要完整地描述两组分体系的相平衡需三维坐标。通常使用的相图多在固定一个强度性质(如压力一定，这时相律可表示为 $f'=C-P+1$)下用平面坐标系表示，这样的平面相图上最多 3 相共存。

两组分平衡相图常用 p-x 图和 T-x 图表示。又可分为①理想完全互溶双液系；②对拉乌尔定律产生正(负)偏差的非理想完全互溶双液系；③部分互溶双液系；④完全不互溶双液系。

相图中二相区内物系点与相点是不同的，欲知各相的量需根据杠杆规则(level rule)进行计算。

3.3 例题和习题解答

【例 3-1】 在单质碘溶于四氯化碳所得溶液中加水，振荡后两液层达平衡，$f=?$

解 因为 $C=3(I_2, H_2O, CCl_4)$，$P=2$（I_2 在 H_2O 中的溶液，I_2 在 CCl_4 中的溶液），所以

$$f=C-P+2=3-2+2=3$$

这表明 T、p 及某液层的浓度确定后，体系的平衡状态即可确定。

【例 3-2】 已知固体苯的蒸气压在 273.15K 时为 3.27kPa，293.15K 时为 12.303kPa，液体苯的蒸气压在 293.15K 时为 10.021kPa，液体苯的摩尔蒸发热为 34.17kJ · mol^{-1}。求(1) 303.15K 时液体苯的蒸气压；(2)苯的摩尔升华热 $\Delta_{sub}H_m$；(3)苯的摩尔熔化热 $\Delta_{fus}H_m$。

解 (1) 根据克拉贝龙-克劳修斯方程 $\ln\dfrac{p_2}{p_1}=\dfrac{\Delta_{vap}H_m}{R}\left(\dfrac{1}{T_1}-\dfrac{1}{T_2}\right)$，$p_1=10.021$kPa，$T_1=293.15$K，$\Delta_{vap}H_m=34.17$kJ · mol^{-1}，$T_2=303.15$K，则

$$\ln\frac{p_2}{10.021}=\frac{34.17\times 10^3}{8.314}\times\left(\frac{1}{293.15}-\frac{1}{303.15}\right)$$

$$p_2=15.91\text{kPa}$$

(2) 根据克拉贝龙-克劳修斯方程，$T_1=273.15$K，$p_1=3.27$kPa，$T_2=293.15$K，$p_2=12.303$kPa，则

$$\ln\frac{12.303}{3.27}=\frac{\Delta_{sub}H_m}{8.314}\times\left(\frac{1}{273.15}-\frac{1}{293.15}\right)$$

$$\Delta_{sub}H_m=44.11\text{kJ}\cdot\text{mol}^{-1}$$

(3) $\Delta_{fus}H_m=44.11-34.17=9.94(\text{kJ}\cdot\text{mol}^{-1})$

【例 3-3】 碳的相图如图 3-1 所示，请回答下列问题：(1)O 点由哪几相组成？自由度为多少？(2)曲线 OA、OB、OC 分别代表什么？(3)讨论常温常压下石墨和金刚石的稳定性。(4)2000K 时将石墨变为金刚石需要多大压力？(5)已知石墨变为金刚石是个放热反应，试由图 3-1 说明此过程中碳的密度是增加还是减少？(6)由图 3-1 能否判断金刚石的密度与液态碳的密度的关系？

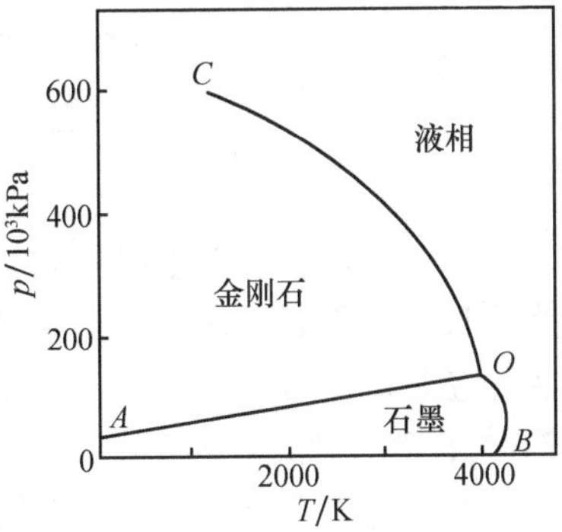

图 3-1 碳的相图

解 (1) O 点是三相点

$$金刚石 \rightleftharpoons 石墨 \rightleftharpoons 液态碳$$

自由度

$$f=1-3+2=0$$

(2) OA 线： 金刚石$\rightleftharpoons$石墨 平衡共存线

OB 线： 石墨$\rightleftharpoons$液态碳 平衡共存线

OC 线： 金刚石$\rightleftharpoons$液态碳 平衡共存线

(3) 常温常压下石墨比金刚石稳定。

(4) 2000K 时，石墨变金刚石大约需要 6.0×10^6kPa 压力。

(5) 石墨变金刚石

$$\frac{\mathrm{d}p}{\mathrm{d}T}=\frac{\Delta H}{T\Delta V}>0$$

由于 $\Delta H<0$，$T>0$，故 $\Delta V<0$，即金刚石密度大于石墨的密度。

(6) 能。液态碳变金刚石

$$\frac{\mathrm{d}p}{\mathrm{d}T}=\frac{\Delta H}{T\Delta V}<0$$

由于 $\Delta H<0$，$T>0$，故 $\Delta V>0$，即金刚石密度小于液态碳的密度。

【例 3-4】 有一种不溶于水的有机化合物在高温时分解，因此用水蒸气蒸馏法予以提纯。混合物的馏出温度为 95.0℃，实验室内气压为 99.175kPa，分析测得馏出物中水的质量分数为 0.45。试估算此化合物的摩尔质量。已知水的蒸发热 $\Delta_{\mathrm{vap}}H_{\mathrm{m}}=40.59\mathrm{kJ\cdot mol^{-1}}$。

解 水在 95.0℃时的蒸气压可由克拉贝龙-克劳修斯方程计算

$$\ln\frac{p_2}{p_1}=\frac{\Delta_{\mathrm{vap}}H_{\mathrm{m}}}{R}\left(\frac{1}{T_1}-\frac{1}{T_2}\right)=\frac{40.59\times10^3}{8.314}\times\left(\frac{1}{373.2}-\frac{1}{368.2}\right)$$

得

$$p_2=84.83\mathrm{kPa}$$

该有机化合物 B

$$p_{\mathrm{B}}^*=99.175-p_{水}^*=14.34(\mathrm{kPa})$$

$$M_{\mathrm{B}}=\frac{M_{水}\ p_2 m_{\mathrm{B}}}{p_{\mathrm{B}}^* m_{水}}=\frac{18.02\times84.83\times(1-0.45)}{14.34\times0.45}=130.3(\mathrm{g\cdot mol^{-1}})$$

【习题 3-1】 指出下列各体系的独立组分数和自由度：(1)$NH_4Cl(s)$部分分解为 $NH_3(g)$和 $HCl(g)$；(2)上述体系中再额外加入少量的 $NH_3(g)$；(3)$NH_4HS(s)$和任意量的 $NH_3(g)$、$H_2S(g)$混合达平衡；(4)$C(s)$与 $CO(g)$、$CO_2(g)$、$O_2(g)$在 700℃时达平衡。

解 (1) $S=3$，因为 $NH_4Cl(s)\rightleftharpoons NH_3(g)+HCl(g)$，且 $P_{NH_3}=P_{HCl}$，故 $R=1$，$R'=1$，所以 $C=S-R-R'=1$，$P=2$，则 $f=C-P+2=1$。

(2) $S=3$，$R=1$，因 $NH_3(g)$ 为任意量，故 $R'=0$，所以 $C=S-R-R'=2$，$P=2$，则 $f=C-P+2=2$。

(3) $S=3$，因存在反应 $NH_4HS(s) \rightleftharpoons NH_3(g)+H_2S(g)$，故 $R=1$，因 NH_3、H_2S 为任意量，故 $R'=0$，所以 $C=S-R-R'=2$，$P=2$，则 $f=C-P+2=2$。

(4) $S=4$，存在反应

$$C(s)+O_2(g) = CO_2(g) \tag{i}$$

$$2C(s)+O_2(g) = 2CO(g) \tag{ii}$$

$$2CO(g)+O_2(g) = 2CO_2(g) \tag{iii}$$

但反应(i)可由反应(ii)和反应(iii)得到，故 $R=2$；无浓度限制条件故 $R'=0$，所以 $C=S-R-R'=2$，$P=2$，则 $f'=C-P+1$(限定温度，求条件自由度)$=1$。

【习题 3-2】 $CaCO_3(s)$ 在高温下分解为 $CaO(s)$ 和 $CO_2(g)$。(1)若在定压的 CO_2 气体中将 $CaCO_3(s)$ 加热，实验证明在加热过程中，在一定温度范围内 $CaCO_3$ 不会分解；(2)若保持 CO_2 压力恒定，实验证明只有一个温度能使 $CaCO_3$ 和 CaO 混合物不发生变化。根据相律解释上述事实。

解 (1) $C=S=2$($CaCO_3$ 和 CO_2)，$P=2$，又因 CO_2 压力一定，所以 $f'=C-P+1=1$，这个自由度表示温度 T 可在一定范围内变化，而不出现 CaO，即 $CaCO_3$ 不会分解。

(2) 当 CO_2 压力确定不变，且 $CaCO_3(s)$ 和 $CaO(s)$ 共存时，$C=S-R=3-1=2$，$P=3$，则 $f'=C-P+1=0$，即此时温度 T 也不能变化。也就是说，只有 T、p 都为某一定值不变时，$CaCO_3(s)$ 与 $CaO(s)$ 才能共存。

【习题 3-3】 液态 As 的蒸气压与温度的关系为 $\ln p(\mathrm{Pa})=-\dfrac{2460}{T}+11.58$，固态 As 的蒸气压与温度的关系为 $\ln p(\mathrm{Pa})=-\dfrac{6947}{T}+15.69$。求 As 三相点的温度与压力。

解 因三相点时气、液、固三相共存，故液相与固相的饱和蒸气压相等，所以有

$$-\frac{2460}{T}+11.58=-\frac{6947}{T}+15.69$$

得

$$T=1092\mathrm{K}$$

代入原式，得

$$p=11.23\mathrm{kPa}$$

【习题 3-4】 373.2K、101.325kPa 时水的蒸发热为 $40.67\mathrm{kJ \cdot mol^{-1}}$。求当外压降到 $0.66p^{\ominus}$ 时水的沸点。

解 由克拉贝龙-克劳修斯方程定积分式

$$\ln\frac{p_2}{p_1}=\frac{\Delta_{vap}H_m}{R}\left(\frac{1}{T_1}-\frac{1}{T_2}\right)$$

得

$$\ln\frac{p^\ominus}{0.66p^\ominus}=\frac{40.67\times10^3}{8.314}\times\left(\frac{1}{T_1}-\frac{1}{373.2}\right)$$

解得

$$T_2=361.7\text{K}$$

【习题 3-5】 山脚下的大气压力为 101.325kPa，山顶上的大气压力为 71kPa，求山顶上水的沸点。已知水的汽化热为 40.6kJ · mol^{-1}。

解

$$\ln\frac{p_2}{p_1}=-\frac{\Delta H_m}{R}\left(\frac{1}{T_2}-\frac{1}{T_1}\right)$$

$$\ln\frac{71}{101.325}=-\frac{40600}{8.314}\left(\frac{1}{T_2}-\frac{1}{373.15}\right)$$

$$T_2=363.28\text{K}$$

【习题 3-6】 乙酰乙酸乙酯的蒸气压与温度的关系是 $\ln p=-5906/T+B$，它的正常沸点是 181℃，则在 70℃减压蒸馏时，压力应将至多少？它的摩尔汽化热是多少？

解　$T=273.15+181=454.15(\text{K})$　　$p=101325\text{Pa}$

$$\ln101325=-\frac{5690}{454.15}+B$$

$$B=24.65$$

$$\ln p_2=\frac{5690}{273.15+70}+24.65$$

$$p_2=1448.1\text{Pa}$$

$$\ln\frac{p_2}{p_1}=-\frac{\Delta H_m}{R}\left(\frac{1}{T_2}-\frac{1}{T_1}\right)$$

$$\ln\frac{1448.1}{101325}=-\frac{\Delta H_m}{8.314}\left(\frac{1}{343.15}-\frac{1}{454.15}\right)$$

$$\Delta H_m=49551\text{J}\cdot\text{mol}^{-1}$$

【习题 3-7】 由 A、B 组成的理想互溶双液系，在某温度下气液两相平衡时，$n(\text{g})=3\text{mol}$，$n(\text{l})=5\text{mol}$，此时液相的组成 $x_B(\text{l})=0.2$，气相组成 $x_B(\text{g})=0.7$，求体系的组成 x_B。

解

$$n_l[x_B-x_B(\text{l})]=n_g[x_B(\text{g})-x_B]$$

$$5\times(x_B-0.2)=3\times(0.7-x_B)$$

$$x_B=0.39$$

【习题 3-8】 硝基苯($C_6H_5NO_2$)与水是互不相溶体系，在压力为 1.01×10^5 Pa 时沸点为 99℃，此时水蒸气压力为 9.74×10^4 Pa。试求 100g 馏出物中含硝基苯多少克？

解 $T=372.15$K 时，$p=1.01\times10^5$ Pa，$p_{H_2O}=9.74\times10^4$ Pa，则硝基苯分压

$$p_{硝}=0.36\times10^4 \text{Pa}$$

气相中

$$n_{H_2O}:n_{硝}=p_{H_2O}:p_{硝}=\frac{9.74\times10^4}{0.36\times10^4}=27:1$$

$$\frac{m_{H_2O}}{m_{硝}}=\frac{27.1\times18}{1\times123} \qquad m_{H_2O}+m_{硝}=100\text{g}$$

所以

$$m_{硝}=20.1\text{g}$$

100g 馏出物中含硝基苯 20.1g。

【习题 3-9】 30℃时，以 60g 水、40g 酚混合，此时体系分两层，酚层含酚 70%，水层含水 92%。求酚层、水层各多少克？

解 设酚层为 x g，水层 y g，则

$$70\%x+8\%y=40$$
$$30\%x+92\%y=60$$

解得

$$x=51.6, \qquad y=48.4$$

【习题 3-10】 The vapor pressure of water is 101.3kPa at 100℃ and heat of vaporization is 40.68kJ · mol^{-1}. Calculate (1) the vapor pressure of water at 95℃, (2) the boiling point of water with 106.3kPa.

$$\ln\frac{p_2}{p_1}=-\frac{\Delta_{vap}H_m}{R}\left(\frac{1}{T_2}-\frac{1}{T_1}\right)$$

$$\ln\frac{p_2}{101.3\times10^3}=-\frac{40.68\times10^3}{8.314}\times\left(\frac{1}{368}-\frac{1}{373}\right)$$

$$p_2=84.76\text{kPa}$$

$$\ln\frac{106.3\times10^3}{101.3\times10^3}=-\frac{40.68\times10^3}{8.314}\times\left(\frac{1}{T_3}-\frac{1}{373}\right)$$

$$T_3=374.4\text{K}$$

3.4 练 习 题

3.4.1 选择题

1. 水煤气发生炉中共有 C(s)、H_2O(g)、CO(g)、CO_2(g)及 H_2(g) 5 种物质，它们

能发生下述反应：$CO_2(g)+C(s)═2CO(g)$，$CO_2(g)+H_2(g)═CO(g)+H_2O(g)$，$H_2O(g)+C(s)═H_2(g)+CO(g)$，则此体系的组分数、自由度为________。

A. 5、3　　B. 4、3　　C. 3、3　　D. 2、2

2. 物质 A 与 B 可形成低共沸混合物 E，已知纯 A 的沸点小于纯 B 的沸点，若将任意比例的 A+B 混合物在一个精馏塔中精馏，则塔顶的馏出物是________。

A. 纯 A　　B. 纯 B　　C. 低共沸混合物　　D. 都有可能

3. 克拉贝龙-克劳修斯方程可适用于________。

A. $I_2(s) \rightleftharpoons I_2(g)$　　B. C(石墨)$\rightleftharpoons$C(金刚石)

C. $I_2(g, T_1, p_1) \rightleftharpoons I_2(g, T_2, p_2)$　　D. $I_2(s) \rightleftharpoons I_2(l)$

4. 将一透明容器抽成真空，放入固体碘，当温度为 50℃时，可见到明显的碘升华现象，有紫色气体出现。若维持温度不变，向容器中充入氧气使之压力达到 100kPa 时，将看到容器中________。

A. 紫色变深　　B. 紫色变浅　　C. 颜色不变　　D. 有液态碘出现

5. 在一定温度下，水在其饱和蒸汽压下汽化，下列各函数增量中________为零。

A. ΔU　　B. ΔH　　C. ΔS　　D. ΔG

6. 在一定外压下，多组分体系的沸点________。

A. 有恒定值　　B. 随组分而变化

C. 随浓度而变化　　D. 随组分及浓度而变化

7. 压力升高时，单组分体系的沸点将________。

A. 升高　　B. 降低　　C. 不变　　D. 不一定

8. 进行水蒸气蒸馏的必要条件是________。

A. 两种液体互不相溶　　B. 两种液体蒸气压都较大

C. 外压小于 101kPa　　D. 两种液体的沸点相近

9. 液体 A 与液体 B 不相混溶，在一定温度 T，当有 B 存在时，液体 A 的蒸气压为________。

A. 与体系中 A 的摩尔分数成比例

B. 等于 T 温度下纯 A 的蒸气压

C. 大于 T 温度下纯 A 的蒸气压

D. 与 T 温度下纯 B 的蒸气压之和等于体系的总压力

10. 氢气和石墨粉在没有催化剂存在时，在一定温度和压力下不发生化学反应，体系的组分数是________。

A. 2　　B. 3　　C. 4　　D. 5

11. 上述体系中，有催化剂存在时可生成 n 种碳氢化合物，平衡时组分数为________。

A. 2　　B. 4　　C. $n+2$　　D. n

12. 相律适用于________。

A. 封闭体系　　B. 敞开体系

C. 非平衡敞开体系　　D. 已达平衡的多相体系

13. 某物质在某溶剂中的溶解度________。

A. 仅是温度的函数

B. 仅是压力的函数

C. 同是温度和压力的函数

D. 除了温度压力外,还是其他因素的函数

14. 在实验室的敞口容器中装有单组分液体,如对其不断加热,则看到________。

A. 沸腾现象　　B. 三相共存现象　　C. 临界现象　　D. 升华现象

15. 相图与相律之间的关系是________。

A. 相图由相律推导得出

B. 相图由实验结果绘制得出,不能违背相律

C. 相图决定相律

D. 相图由实验结果绘制得出,与相律无关

16. 下述说法中错误的是________。

A. 通过相图可确定一定条件下体系由几相构成

B. 相图可表示出平衡时每一相的组成如何

C. 相图可表示达到相平衡所需时间长短

D. 通过杠杆规则可在相图上计算各相的相对含量

17. 三组分体系的最大自由度及平衡共存的最大相数为________。

A. 3;3　　B. 3;4　　C. 4;4　　D. 4;5

18. 定容条件下 $NH_4HS(s)$ 的分解压力为 $1p^{\ominus}$ 时,反应 $NH_4HS(s) \rightleftharpoons NH_3(g)+H_2S(g)$ 的标准平衡常数是________。

A. 1　　B. 1/2　　C. 1/4　　D. 1/8

19. 水的三相点附近其蒸发热为 $44.82kJ \cdot mol^{-1}$,熔化热为 $5.99kJ \cdot mol^{-1}$,则在三相点附近冰的升华热约为________。

A. $38.83kJ \cdot mol^{-1}$　　B. $50.81kJ \cdot mol^{-1}$

C. $-38.83kJ \cdot mol^{-1}$　　D. $-50.81kJ \cdot mol^{-1}$

20. 在相图上,当物系点处于________点时,只存在一个相。

A. 恒沸点　　B. 熔点　　C. 临界点　　D. 最低共熔点

21. 具有最低恒沸温度的某两组分体系,在其 T-x 相图的最低点有________。

A. $f=0;x_g=x_l$　B. $f=1;x_g=x_l$　C. $f=0;x_g>x_l$　D. $f=1;x_g>x_l$

22. 80℃时纯苯的蒸气压为 0.991$p^\ominus$，纯甲苯的蒸气压为 0.382$p^\ominus$，若有苯-甲苯气、液平衡混合物在 80℃时气相中苯的摩尔分数为 $y_{苯}=0.30$，则液相组成 $x_{苯}$ 接近于________。

A. 0.85　　B. 0.65　　C. 0.35　　D. 0.14

3.4.2　填空题

1. 在 25℃时，A、B、C 三种物质(不发生化学反应)所形成的溶液与固相 A 和 B、C 组成的气相平衡，则体系的自由度 $f=$________，A、B、C 三种物质组成的体系能平衡共存的最大相数是________。

2. 在石灰窑中，分解反应 $CaCO_3(s) \rightleftharpoons CaO(s)+CO_2(g)$ 已平衡，则该体系的组分数 $C=$________，相数 $P=$________，自由度 $f=$________。

3. $CaCO_3(s)$、$CaO(s)$、$BaCO_3(s)$、$BaO(s)$ 和 $CO_2(g)$ 达到平衡时，此体系的相数是________，组分数是________，自由度是________。

4. 纯液体在其正常沸点下沸腾变为气体，下述各量中(1)增加的量是________，(2)减少的量是________，(3)不变的量是________。

A. 蒸气压　B. 摩尔汽化热　C. 摩尔熵　D. 摩尔焓　E. 吉布斯自由能

F. 温度　G. 外压　H. 摩尔体积　I. 亥姆霍兹自由能

5. 已知水的平均汽化热为 40.67kJ · mol^{-1}，若压力锅允许的最高温度为 423K，此时压力锅内的压力为________ kPa。

6. 在一透明的真空容器中装入足够量的纯液体，若对其不断加热，可见到________现象，若将容器不断冷却，又可见到________现象。

7. 一个含有 K^+、Na^+、NO_3^-、SO_4^{2-} 四种离子的不饱和水溶液，其组分数为________。

8. 已知温度 T 时，液体 A 的蒸气压为 13 330Pa，液体 B 的蒸气压为 6665Pa，设 A 与 B 构成理想液体混合物，则当 A 在溶液中的摩尔分数为 0.5 时，其在气相中的摩尔分数为________。

9. 定温下水、苯甲酸、苯平衡体系中可以共存的最大相数为________。

10. 二元液系相图中，共沸点的自由度数 $f=$________。

3.4.3　判断题

1. 在一个给定的体系中，物种数可以因分析问题的角度不同而不同，但独立组分数是一个确定的数。　(　　)

2. 自由度就是可以独立变化的变量。　(　　)

3. $I_2(s) \rightleftharpoons I_2(g)$ 平衡共存，因 $S=2$，$R=1$，$R'=0$ 所以 $C=1$。　(　　)

4. 单组分体系的相图中两相平衡线都可以用克拉贝龙方程定量描述。（　）

5. 在相图中总可以利用杠杆规则计算两相平衡时两相的相对量。（　）

6. 对于二元互溶液系，通过精馏方法总可以得到两个纯组分。（　）

7. 部分互溶双液系总以相互共轭的两相平衡共存。（　）

8. 恒沸物的组成不变。（　）

9. 相图中的点都是代表体系状态的点。（　）

10. 三组分体系最多同时存在 4 个相。（　）

11. 完全互溶双液系 T-x 图中，溶液的沸点与纯组分的沸点的意义是一样的。（　）

12. 根据二元液系的 p-x 图，可以准确判断该体系的液相是否为理想液体混合物。（　）

13. 二元液系中若 A 组分对拉乌尔定律产生正偏差，那么 B 组分必定对拉乌尔定律产生负偏差。（　）

14. A、B 两液体完全不互溶，那么当有 B 存在时，A 的蒸气压与体系中 A 的摩尔分数成正比。（　）

3.4.4　思考题

1. 盐 $AlCl_3$ 溶于水形成不饱和溶液，如该盐不发生水解，则该溶液体系的组分数为多少？

2. 家庭使用高压锅时，为什么应在常压下沸腾一段时间后，再盖上限压阀？

3. 石灰窑中，$CaCO_3(s)$══$CaO(s)+CO_2(g)$是否存在$[CaO]=[CO_2]$的条件限制？

4. 某物质溶于溶剂中分别形成不饱和溶液与过饱和溶液，两体系的自由度是否相等？

5. 判断下列结论是否正确：(1)纯液体在一定温度下其平衡蒸气压随液体受到的外压的变化而改变；(2)$1dm^3$ 含有 0.2mol NaCl 的水溶液，在 298K 时只有一个平衡蒸气压；(3)$1dm^3$ 含有 0.2mol NaCl 及任意量 KCl 的水溶液，在一定温度下其平衡蒸气压并非定值。

6. 恒温下，在固体 NH_4Cl 分解达平衡的系统中通入少量 HCl 气体，系统的压力是否改变？

7. 恒温下，在固体 $CaCO_3$ 分解达到平衡的系统通入少量 CO_2 气体，系统的压力是否改变？

8. 在定温或定压的双液系相图中，恒沸点的自由度是多少？

9. 共沸(熔)物是混合物还是化合物？

10. 已知 A 和 B 可形成低共沸混合物，纯 A 的沸点低于纯 B 的沸点，若将任意比例的 A 与 B 在精馏塔中蒸馏，则塔顶馏出物是什么？为什么？

3.4.5　计算题

1. 冰刀与冰面接触面积为 $7.62\times0.00245\text{cm}^2$，运动员体重 60kg，求加在冰面上的压力和冰的熔点。已知 $\rho_{冰}=0.92\text{g}\cdot\text{cm}^{-3}$，$\rho_{水}=1.00\text{g}\cdot\text{cm}^{-3}$，$\Delta H_\text{m}=6.01\text{kJ}\cdot\text{mol}^{-1}$，$T_\text{f}^*=273.16\text{K}$。

2. A、B 两种液体形成理想溶液，在 80℃ 容积为 15dm^3 的空容器中加入 0.3mol A 及 0.5mol B，混合物在容器内达气、液两相平衡，测得物系的压力为 $1.023\times10^5\text{Pa}$，液体组成为含 B 的摩尔分数为 $x=0.55$。求两纯液体在 80℃时的饱和蒸气压，设液体体积可忽略。

参考答案

3.4.1　选择题

1. C　2. C　3. A　4. C　5. D　6. D　7. A　8. A　9. B　10. A　11. A　12. D　13. C　14. A　15. B　16. C　17. D　18. C　19. B　20. C　21. A　22. D

3.4.2　填空题

1. 1　5　2. 2　3　1(该体系 $R'=0, R=1$)　3. 5　3　0　4. (1) C、D、H　(2) I　(3) A、B、E、F、G　5. 472.88　6. 临界　三相共存　7. 4　8. 2/3　9. 4　10. 0

3.4.3　判断题

1. 对　2. 错　3. 对　4. 对　5. 对　6. 错　7. 错　8. 错　9. 对　10. 错　11. 错　12. 对　13. 错　14. 错

3.4.4　思考题

(略)

3.4.5　计算题

1.

$$p=\frac{60\times9.8}{0.0762\times2.45\times10^{-5}\times2}=1.575\times10^8(\text{Pa})$$

$$V_{\text{m},水}=18.02/1.00=18.02(\text{cm}^3\cdot\text{mol}^{-1})$$

$$V_{\text{m},冰}=18.02/0.92=19.59(\text{cm}^3\cdot\text{mol}^{-1})$$

$$\Delta V_\text{m}=V_{\text{m},水}-V_{\text{m},冰}=-1.57\text{cm}^3\cdot\text{mol}^{-1}=-1.57\times10^{-6}\text{m}^3\cdot\text{mol}^{-1}$$

$$\frac{\text{d}p}{\text{d}T}=\frac{\Delta H_\text{m}}{T\Delta V_\text{m}}$$

所以

$$\int_{101325}^{1.575\times10^8}\text{d}p=\int_{273.16}^{T}\frac{\Delta H_\text{m}}{T\Delta V_\text{m}}\text{d}T$$

$$T=262.16\text{K}=-10.99℃$$

2. $p_\text{A}^*=0.763\times10^5\text{Pa}$，$p_\text{B}^*=1.236\times10^5\text{Pa}$

第4章 化学平衡

4.1 学习要求

(1) 正确写出化学反应等温式,根据化学反应等温式判断化学反应的方向。

(2) 掌握标准平衡常数的计算,并根据标准平衡常数求出反应所能达到的程度。

(3) 掌握标准平衡常数与温度的关系、压力变化对平衡组成的影响,并掌握其计算方法。

4.2 内容概要

4.2.1 化学平衡

反应体系的$\left(\frac{\partial G}{\partial \xi}\right)_{T,p,W'=0}=\sum \nu_B\mu_B=0$时,为反应自发进行的最大限度,称反应达到化学平衡(chemical equilibrium)。

化学反应等温式(reaction isotherm)

$$\Delta_r G_m=\Delta_r G_m^{\ominus}+RT\ln Q,\qquad \Delta_r G_m=RT\ln\frac{Q}{K^{\ominus}}$$

标准平衡常数(standard equilbrium constant)$K^{\ominus}=\prod (a_B)^{\nu_B}$,其中$a_B$是"相对活度"。对于不同的反应体系,相对活度的表示方法不同。

理想气体反应:a_B用相对分压$p_B/p^{\ominus}$。

非理想气体反应:用逸度代替实际压力$a_B=f_B/p^{\ominus}$。

理想溶液反应:a_B用摩尔分数x_B表示。

理想稀溶液反应:a_B可以用摩尔分数x_B、相对物质的量浓度$c_B/c^{\ominus}$或相对质量摩尔浓度$b_B/b^{\ominus}$表示。

对于多相反应:把纯固体和纯液体的相对活度视为1。

4.2.2 标准平衡常数$K^{\ominus}$的计算

(1) 根据平衡组成计算

$$K^{\ominus}=\prod (a_B)^{\nu_B}$$

(2) 从化学反应标准摩尔吉布斯自由能变化 $\Delta_r G_m^{\ominus}$，得

$$K^{\ominus}=\exp\left(-\frac{\Delta_r G_m^{\ominus}}{RT}\right)$$

(3) 从已知温度的 $K^{\ominus}$ 求另一温度下的 $K^{\ominus}$。由 $\frac{d\ln K^{\ominus}}{dT}=\frac{\Delta_r H_m^{\ominus}}{RT^2}$［范特霍夫(van't Hoff)公式］假定 $\Delta_r H_m^{\ominus}$ 与温度无关，定积分得到 $\ln\frac{K_2^{\ominus}}{K_1^{\ominus}}=\frac{\Delta_r H_m^{\ominus}}{R}\left(\frac{1}{T_1}-\frac{1}{T_2}\right)$。如知道 T_1 下的 $K_1^{\ominus}$，可以根据上述公式求出 T_2 下的 $K_2^{\ominus}$。

还可以利用不定积分公式

$$\ln K^{\ominus}=-\frac{\Delta_r H_m^{\ominus}}{RT}+C$$

以 $\ln K^{\ominus}$ 对 $1/T$ 作图为一直线。通过图查出任意温度时的 $K^{\ominus}$。

(4) $\Delta_r G_m^{\ominus}$ 的计算。除热力学方法 $\Delta_r G_m^{\ominus}=\sum \nu_B \Delta_f G_{m,B}^{\ominus}$ 或 $\Delta_r G_m^{\ominus}=\Delta_r H_m^{\ominus}-T\Delta_r S_m^{\ominus}$，还可把化学反应设计成可逆电池，使该反应在电池中进行，$\Delta_r G_m^{\ominus}=-nFE^{\ominus}$（详见第 6 章），进行求出 $K^{\ominus}$。

4.2.3 影响化学平衡的因素

温度、压力改变，添加惰性气体都可以使化学平衡发生移动，但是标准平衡常数只随着温度变化。改变压力、添加惰性气体等方法只能使平衡组成发生移动，不能改变标准平衡常数。

(1) 温度对化学平衡的影响

$$\frac{d\ln K^{\ominus}}{dT}=\frac{\Delta_r H_m^{\ominus}}{RT^2}$$

吸热反应，$\Delta_r H_m^{\ominus}>0$，升高温度，$K^{\ominus}$ 增大，平衡向增加生成物的方向移动。

放热反应，$\Delta_r H_m^{\ominus}<0$，升高温度，$K^{\ominus}$ 减小，平衡向增加反应物的方向移动。

(2) 压力对化学平衡的影响。理想气体反应体系，$\sum \nu_B<0$ 时，加压，平衡向右移动；$\sum \nu_B>0$，加压，平衡向左移动。

4.3 例题和习题解答

【例 4-1】 $\Delta_r G_m=\left(\frac{\partial G}{\partial \xi}\right)_{T,p}=\sum \nu_B \mu_B$ 的适用条件是：定温定压只做体积功的封闭体系。对于温度、压力变化大的体系，能否用 $\Delta_r G_m$ 判断反应自发进行的方向？

答 可以。上述公式是针对某一反应进度而言的。μ_B 是 B 组分在该反应进度下的化学势，$\Delta_r G_m$ 代表该进度下的反应趋势。即使反应过程中温度和压力变化

较大，但在特定进度下必定有特定的温度、压力。所以仍然可以用 $\Delta_r G_m$ 判断反应自发进行的方向。

【例 4-2】 $\Delta_r G_m$ 的名称是“化学反应的摩尔吉布斯自由能变化”，名称中的“摩尔”的含义是什么？

答 它表示反应进度 $\xi = 1\text{mol}$。

【例 4-3】 “标准平衡常数 $K^{\ominus}$ 就是标准状态下的平衡常数”，这种说法对吗？

答 不正确。$K^{\ominus} = \exp\left(\dfrac{\Delta_r G_m^{\ominus}}{-RT}\right)$，尽管 $K^{\ominus}$ 值的大小是由标准态的物理量 $\Delta_r G_m^{\ominus}$ 决定，但是标准态不一定是平衡态，所以 $K^{\ominus}$ 不一定是标准状态下的平衡常数。只有当定温定压下，$\Delta_r G_m = 0$ 时的状态才是平衡态。

【例 4-4】 $\Delta_r G_m$ 可以判断反应的方向，而 $\Delta_r G_m^{\ominus}$ 反映反应的限度。那么可不可能只凭借 $\Delta_r G_m^{\ominus}$ 判断反应的方向？

答 有可能。如果 $\Delta_r G_m^{\ominus}$ 的绝对值很大，$\Delta_r G_m^{\ominus}$ 的正、负号就可以决定 $\Delta_r G_m$ 的正、负号，从而确定反应方向。一般来说，$\Delta_r G_m^{\ominus} > 41.84\text{kJ} \cdot \text{mol}^{-1}$ 可以认为反应无法进行；$\Delta_r G_m^{\ominus}$ 为 $0 \sim 41.84\text{kJ} \cdot \text{mol}^{-1}$，存在通过改变外界条件使反应向有利于生成产物的方向进行的可能。

【例 4-5】 已知 457K、总压为 100kPa，达平衡时 NO_2 有 5%按照下列反应式分解：$2NO_2(g) \rightleftharpoons 2NO(g) + O_2(g)$。求反应的标准平衡常数。

解 假设开始时，NO_2 的物质的量为 2mol，则

$$2NO_2(g) \rightleftharpoons 2NO(g) + O_2(g)$$

	$2NO_2(g)$	$2NO(g)$	$O_2(g)$	
开始时物质的量/mol	2	0	0	
平衡时物质的量/mol	2−0.1	0.1	0.05	$n_{总} = 2 - 0.1 + 0.1 + 0.05 = 2.05(\text{mol})$

$$K^{\ominus} = \frac{\dfrac{p_{O_2}}{p^{\ominus}}\left(\dfrac{p_{NO}}{p^{\ominus}}\right)^2}{\left(\dfrac{p_{NO_2}}{p^{\ominus}}\right)^2} = \frac{x_{O_2} x_{NO}^2}{x_{NO_2}^2}$$

$$= \frac{\dfrac{0.05}{2+0.05} \times \left(\dfrac{0.1}{2+0.05}\right)^2}{\left(\dfrac{2-0.1}{2+0.05}\right)^2} = 6.76 \times 10^{-5}$$

【例 4-6】 在 288K 将适量的 CO_2 引入某容器，使 CO_2 的压力为 $0.0259p^{\ominus}$，若加入过量的 $NH_4COONH_2(s)$，平衡后测得系统总压力为 $0.0639p^{\ominus}$。求 288K 时反应 $NH_4COONH_2(s) \rightleftharpoons 2NH_3(g) + CO_2(g)$ 的标准平衡常数 $K^{\ominus}$。

解 设 $NH_4COONH_2(s)$ 分解产生的 CO_2 分压为 p，NH_3 分压为 $2p$，则

$$NH_4COONH_2(s) \rightleftharpoons 2NH_3(g) + CO_2(g)$$

开始压力　　0　　$0.0259p^{\ominus}$

平衡后压力　　$2p$　　$0.0259p^{\ominus}+p$

平衡时总压力$=2p+0.0259p^{\ominus}+p=0.0639p^{\ominus}$

解得

$$p=0.0127p^{\ominus}$$

$$K^{\ominus}=\frac{p_{CO_2}p_{NH_3}^2}{(p^{\ominus})^3}=(0.0259+0.0127)\times(2\times0.0127)^2=2.49\times10^{-5}$$

【例 4-7】 298K 时,反应 $N_2O_4(g)\rightleftharpoons 2NO_2(g)$的 $K^{\ominus}=0.155$。求(1)反应体系总压力为 $p^{\ominus}$时,$N_2O_4(g)$ 的分解率;(2)反应体系总压力为$\frac{1}{2}p^{\ominus}$时,$N_2O_4(g)$的分解率;(3)反应体系总压力为 $p^{\ominus}$,分解前 $N_2O_4(g)$ 和 $N_2(g)$ 的物质的量之比为 1∶1 时,$N_2O_4(g)$的分解率。

解　(1) 设反应前 $N_2O_4(g)$的物质的量为 1mol,α 为分解率

$$N_2O_4(g)\rightleftharpoons 2NO_2(g)$$

开始时物质的量/mol　　1　　0

平衡时物质的量/mol　　$1-\alpha$　　2α　　$n_{总}=1+\alpha$

$$x_{N_2O_4(g)}=\frac{1-\alpha}{1+\alpha},\qquad x_{NO_2(g)}=\frac{2\alpha}{1+\alpha}$$

$$K^{\ominus}=\frac{\left(\dfrac{p_{NO_2}}{p^{\ominus}}\right)^2}{\dfrac{p_{N_2O_4}}{p^{\ominus}}}=\frac{x_{NO_2}^2}{x_{N_2O_4}}\frac{p}{p^{\ominus}}=\frac{\left(\dfrac{2\alpha}{1+\alpha}\right)^2}{\dfrac{1-\alpha}{1+\alpha}}=\frac{4\alpha^2}{1-\alpha^2}=0.155$$

$$\alpha_1=0.193$$

(2) 同理 $\alpha_2=0.268$。

(3)

$$N_2O_4(g)\rightleftharpoons 2NO_2(g)$$

开始时物质的量/mol　　1　　1

平衡时物质的量/mol　　$1-\alpha$　　$1+2\alpha$　　$n_{总}$(包括氮气)$=2+\alpha$

$$x_{N_2O_4(g)}=\frac{1-\alpha}{2+\alpha},\qquad x_{NO_2(g)}=\frac{2\alpha}{2+\alpha}$$

$$K^{\ominus}=\frac{\left(\dfrac{2\alpha}{2+\alpha}\right)^2}{\dfrac{1-\alpha}{2+\alpha}}=\frac{4\alpha^2}{(1-\alpha)(2+\alpha)}=0.155$$

$$\alpha_3=0.255$$

【习题 4-1】　为什么说在一定条件下化学反应的平衡态是反应进行的最大限度?

答 $\Delta_r G_m = \left(\frac{\partial G}{\partial \xi}\right)_{T,p} = \sum \nu_B \mu_B$，反应达到平衡之前，$\Delta_r G_m = \left(\frac{\partial G}{\partial \xi}\right)_{T,p} = \sum \nu_B \mu_B < 0$，当反应平衡时，$\Delta_r G_m = 0$，如果反应要继续向正反应方向进行，则 $\Delta_r G_m > 0$。在定温定压、不做非体积功的条件下，$\Delta_r G_m > 0$ 的反应是不能自发进行的。所以化学反应的平衡态是反应进行的最大限度。

【习题 4-2】 影响化学平衡的因素有哪些？哪些因素不影响标准平衡常数？

答 温度、压力的变化，反应体系中各组分的浓度变化，添加惰性气体等因素都可以使化学平衡发生移动，但只有温度的变化才能影响标准化学平衡常数。

【习题 4-3】 已知反应 $N_2O_4(g) \rightleftharpoons 2NO_2(g)$ 在 298K 时 $\Delta_r G_m^\ominus = 4.78\ kJ \cdot mol^{-1}$，试判断在该温度及下列条件下的反应方向：(1) $p_{N_2O_4} = 1.013 \times 10^5\ Pa$，$p_{NO_2} = 1.013 \times 10^6\ Pa$；(2) $p_{N_2O_4} = 1.013 \times 10^5\ Pa$，$p_{NO_2} = 1.013 \times 10^{15}\ Pa$；(3) $p_{N_2O_4} = 3.039 \times 10^5\ Pa$，$p_{NO_2} = 2.026 \times 10^5\ Pa$。

解 设反应体系为理想气体，则 $a_B = p_B / p^\ominus$

$$K^\ominus = \exp\left(\frac{-\Delta_r G_m^\ominus}{RT}\right) = \exp\left(\frac{-4.78 \times 10^3}{8.314 \times 298}\right) = 0.145$$

$$Q = \frac{a_{NO_2}^2}{a_{N_2O_4}} = \frac{(p_{NO_2}/p^\ominus)^2}{p_{N_2O_4}/p^\ominus} = \frac{p_{NO_2}^2}{p_{N_2O_4}} \frac{1}{p^\ominus}$$

(1) $Q = \frac{(1.013 \times 10^6)^2}{1.013 \times 10^5} \times \frac{1}{1.013 \times 10^5} = 100$，$Q > K^\ominus$，反应向逆反应方向进行。

(2) $Q = \frac{(1.013 \times 10^{15})^2}{1.013 \times 10^5} \times \frac{1}{1.013 \times 10^5} = 10^{20}$，$Q > K^\ominus$，反应向逆反应方向进行。

(3) $Q = \frac{(2.026 \times 10^5)^2}{3.039 \times 10^5} \times \frac{1}{1.013 \times 10^5} = 1.33$，$Q > K^\ominus$，反应向逆反应方向进行。

【习题 4-4】 反应 $C(s) + H_2O(g) \rightleftharpoons H_2(g) + CO(g)$ 若在 1000K 及 1200K 时 $K^\ominus$ 分别为 2.472 和 37.58。试计算在此温度范围内的平均反应热 $\Delta_r H_m^\ominus$ 及在 1100K 时的标准平衡常数 $K^\ominus$。

解 $\ln \frac{K_2^\ominus}{K_1^\ominus} = \frac{\Delta_r H_m^\ominus}{R}\left(\frac{1}{T_1} - \frac{1}{T_2}\right)$

(1) $\ln \frac{K_{1200K}^\ominus}{K_{1000K}^\ominus} = \frac{\Delta_r H_m^\ominus}{R}\left(\frac{1}{1000} - \frac{1}{1200}\right)$

$$\Delta_r H_m^\ominus = 135.8\ kJ \cdot mol^{-1}$$

(2) $\ln \frac{K_{1100K}^\ominus}{K_{1000K}^\ominus} = \ln \frac{K_{1100K}^\ominus}{2.472} = \frac{135.8 \times 10^3}{8.314} \times \left(\frac{1}{1000} - \frac{1}{1100}\right)$

$$K_{1100K}^\ominus = 11.26$$

【习题 4-5】 已知 298K 时反应 $N_2O_4(g) \rightleftharpoons 2NO_2(g)$ 的 $K_1^\ominus = 0.141$。求(1) $N_2O_4(g) \rightleftharpoons 2NO_2(g)$ 的 $\Delta_r G_{m,(1)}^\ominus$；(2) $\frac{1}{2} N_2O_4(g) \rightleftharpoons NO_2(g)$ 的 $\Delta_r G_{m,(2)}^\ominus$，$K_2^\ominus$。

解　(1) $\Delta_r G^{\ominus}_{m,(1)} = -RT\ln K^{\ominus}_1$

$$= -8.314 \times 298 \times \ln 0.141 = 4854(\text{J} \cdot \text{mol}^{-1})$$

(2) $\Delta_r G^{\ominus}_{m,(2)} = -RT\ln K^{\ominus}_2 = \frac{1}{2}\Delta_r G^{\ominus}_{m,(1)} = 2427\text{J} \cdot \text{mol}^{-1}$

$$K^{\ominus}_2 = \sqrt{K^{\ominus}_1} = 0.375$$

【习题 4-6】　在 27℃时，理想气体反应 A ══ B 的 $K^{\ominus} = 0.10$。计算(1)化学反应的 $\Delta_r G^{\ominus}_m$；(2)当反应物 A 的分压为 2.02×10^6 Pa，产物 B 的分压为 1.01×10^5 Pa 时，反应体系的 $\Delta_r G_m$，判断反应自发进行的方向。

解 (1)　　$\Delta_r G^{\ominus}_m = -RT\ln K^{\ominus} = -8.314 \times 300 \ln 0.10 = 5743(\text{J} \cdot \text{mol}^{-1})$

(2) $\Delta_r G_m = \Delta_r G^{\ominus}_m + RT\ln \dfrac{p_B/p^{\ominus}}{p_A/p^{\ominus}}$

$$= 5743 + 8.314 \times 300 \ln \frac{1.01 \times 10^5}{2.02 \times 10^6} = 5743 - 7472 - 1729(\text{J} \cdot \text{mol}^{-1})$$

$\Delta_r G_m < 0$，反应自发地向正反应方向进行。

【习题 4-7】　已知 $PCl_5(g) \rightleftharpoons PCl_3(g) + Cl_2(g)$，在 200℃时 $K^{\ominus} = 0.308$。求(1)200℃、101.3kPa 下 PCl_5 的分解率；(2)组成为 1∶5 的 PCl_5 和 Cl_2 的混合物在 200℃、101.3kPa 下 PCl_5 的分解率。

解　设分解率为 α，反应前 PCl_5 的物质的量为 1mol，则

(1)	$PCl_5(g)$	$\rightleftharpoons PCl_3(g)$	$+ Cl_2(g)$	
开始时物质的量/mol	1	0	0	
平衡时物质的量/mol	$1-\alpha$	α	α	$n_总 = 1-\alpha+\alpha+\alpha = 1+\alpha$

$$p_B = x_B p_总$$

$$K^{\ominus} = \frac{\dfrac{p_{PCl_3}}{p^{\ominus}} \dfrac{p_{Cl_2}}{p^{\ominus}}}{\dfrac{p_{PCl_5}}{p^{\ominus}}} = \frac{x_{PCl_3} x_{Cl_2}}{x_{PCl_5}} \frac{p_总}{p^{\ominus}}$$

$$p_总 = p^{\ominus}$$

$$K^{\ominus} = \frac{x_{PCl_3} x_{Cl_2}}{x_{PCl_5}} = \frac{\dfrac{\alpha}{1+\alpha} \dfrac{\alpha}{1+\alpha}}{\dfrac{1-\alpha}{1+\alpha}} = \frac{\alpha^2}{1-\alpha^2} = 0.308$$

$$\alpha = 0.485$$

(2)	$PCl_5(g)$	$\rightleftharpoons PCl_3(g)$	$+ Cl_2(g)$	
开始时物质的量/mol	1	0	5	
平衡时物质的量/mol	$1-\alpha$	α	$5+\alpha$	$n_总 = 1-\alpha+\alpha+5+\alpha$ $= 6+\alpha$

$$K^{\ominus}=\frac{x_{PCl_3}x_{Cl_2}}{x_{PCl_5}}=\frac{\frac{5+\alpha}{6+\alpha}\frac{\alpha}{6+\alpha}}{\frac{1-\alpha}{6+\alpha}}=0.308$$

$$\alpha=0.268$$

【习题 4-8】 298K 时 $NH_4HS(s)$在抽真空的容器内按下式分解：

$$NH_4HS(s) \rightleftharpoons NH_3(g)+H_2S(g)$$

达平衡时，测得反应体系的总压力为 66.66kPa。求 $K^{\ominus}$。

解 $p_{NH_3}=p_{H_2S}=33.33\text{kPa}$

$$K^{\ominus}=\frac{p_{NH_3}}{p^{\ominus}}\frac{p_{H_2S}}{p^{\ominus}}=0.1111$$

【习题 4-9】 标准压力下乙苯脱氢制苯乙烯反应，已知 873K 时 $K_p^{\ominus}=0.178$。若原料气中乙苯和水蒸气的物质的量比 1∶9，求乙苯的最大转化率，若不添加水蒸气，则乙苯的转化率为若干？

解	$C_6H_5C_2H_5(g)$	$=$	$C_6H_5C_2H_4$	$+$	$H_2(g)$	$H_2O(g)$
反应前	1		0		0	9
平衡时	$1-x$		x		x	9

$$n_{总}=1-x+x+x+9=10+x$$

$$K_p^{\ominus}=K_x\left(\frac{p}{p^{\ominus}}\right)^{\sum_B \nu_B}=K_n\left(\frac{p/p^{\ominus}}{n_{总}}\right)^{\sum_B \nu_B}$$

$$0.178=\frac{x^2}{1-x}\left(\frac{1}{10+x}\right)$$

$$x=0728$$

若不添加水蒸气

$$n_{总}=1+x$$

乙苯的转化率

$$\alpha=0.389$$

【习题 4-10】 已知反应(1) $H_2O_2 \rightleftharpoons H_2+O_2$，$\Delta_rG^{\oplus}_{m,(1)}=136.8\text{kJ}\cdot\text{mol}^{-1}$；(2)丙氨酸$+H_2O \longrightarrow$丙酮酸盐$+NH_4^+ +H_2$，$\Delta_rG^{\oplus}_{m,(2)}=54.4\text{kJ}\cdot\text{mol}^{-1}$。计算 pH=7时反应：丙氨酸$+O_2+H_2O \longrightarrow$丙酮酸盐$+NH_4^+ +H_2+H_2O_2$ 的 $\Delta_rG^{\oplus}_m$。

解 该反应的化学方程式可由式(2)－式(1)得到，则

$$\Delta_rG^{\oplus}_m=\Delta_rG^{\oplus}_{m,(2)}-\Delta_rG^{\oplus}_{m,(1)}=-82.4\text{kJ}\cdot\text{mol}^{-1}$$

【习题 4-11】 已知 I^- 和 I_3^- 在 298K 时的标准吉布斯生成自由能分别为 $-51.67\text{kJ}\cdot\text{mol}^{-1}$和$-51.50\text{kJ}\cdot\text{mol}^{-1}$，$I_2$ 在水中的溶解度为 $0.001\ 32\text{mol}\cdot\text{dm}^{-3}$。求反应 $I^-+I_2 \rightleftharpoons I_3^-$ 在 298K 时的标准平衡常数 $K^{\ominus}$。

解　设计反应过程如下：

$$I^-(c^\ominus) + I_2(c^\ominus) \xrightarrow{\Delta_r G^\ominus_{m,c}} I_3^-(c^\ominus)$$

$$\uparrow \Delta G_1$$

$$I^-(c^\ominus) + I_2(c_s) \qquad\qquad \uparrow \Delta G_3$$

$$\uparrow \Delta G_2$$

$$I^-(c^\ominus) + I_2(s) \xrightarrow{\Delta_r G^\ominus_m} I_3^-(c^\ominus)$$

$$\Delta_r G^\ominus_m + \Delta G_3 = \Delta G_1 + \Delta G_2 + \Delta_r G^\ominus_{m,c^\ominus}$$

$$\Delta G_1 = -RT\ln(c_s/c^\ominus) = -8.134\times 298\times \ln(0.001\,32/1) = 16.43(\text{kJ}\cdot\text{mol}^{-1})$$

由纯固体变成饱和溶液是平衡变化，$\Delta G_2 = 0$，则

$$\Delta_r G^\ominus_m = \Delta_f G^\ominus_{m,I_3^-(c^\ominus)} - \Delta_f G^\ominus_{m,I_2(s)} - \Delta_f G^\ominus_{m,I^-(c^\ominus)}$$

$$= -51.50 - 0 - (-51.67) = 0.17(\text{kJ}\cdot\text{mol}^{-1})$$

$$\Delta_r G^\ominus_{m,c^\ominus} = 0.17 + 0 - 16.43 - 0 = -16.26(\text{kJ}\cdot\text{mol}^{-1})$$

$$K^\ominus = \exp\left(\frac{\Delta_r G^\ominus_{m,c^\ominus}}{RT}\right) = \exp\left(\frac{16.26\times 10^3}{8.314\times 298}\right) = 708.3$$

【习题 4-12】　At 1500K, $p^\ominus$, reaction (1) $H_2O(g) = H_2(g) + \frac{1}{2}O_2(g)$ degree of dissociation of $H_2O(g)$ was 2.21×10^{-4}, reaction (2) $CO_2(g) = CO(g) + \frac{1}{2}O_2(g)$ degree of dissociation of $CO_2(g)$ was 4.8×10^{-4}. Calculate $K^\ominus$ of reaction (3) $CO(g) + H_2O(g) = CO_2(g) + H_2(g)$

解　反应(3)＝反应(1)－反应(2)

反应(1)　　$H_2O(g) = H_2(g) + 1/2O_2(g)$

$$(1-\alpha_1)p/p^\ominus \qquad \alpha_1 p/p^\ominus \qquad 0.5\alpha_1 p/p^\ominus$$

$$K_1^\ominus = 0.5\alpha_1^2/(1-\alpha_1) \approx 0.5\alpha_1^2 = 0.5\times(2.21\times 10^{-4})^2$$

反应(2)　　$CO_2(g) = CO(g) + 1/2O_2(g)$

$$1-\alpha_2 \qquad \alpha_2 \qquad 0.5\alpha_2$$

$$K_2^\ominus = 0.5\alpha_2^2/(1-\alpha_2) \approx 0.5\alpha_2^2 = 0.5\times(4.48\times 10^{-4})^2$$

$$K_3^\ominus = K_1^\ominus/K_2^\ominus = 2.21^2/4.48^2 = 0.312$$

【习题 4-13】　6% (mole fraction) of SO_2 and 12% of O_2 was mixed with inert gas, reacted at 100kPa. Calculate the temperature that 80% of SO_2 was transformed into SO_3 at equilibrium. It is known that $\Delta_r H^\ominus_m = -98.86\text{kJ}\cdot\text{mol}^{-1}$, $\Delta_r S^\ominus_m = -94.03\text{J}\cdot\text{mol}^{-1}\cdot\text{K}^{-1}$.

解

		SO_2	+	$\frac{1}{2}O_2$	═══	SO_3	inert gas
开始时	$n_{总}=1mol$	0.06		0.12		0	0.82
平衡时	$n_{总}=0.976mol$	0.012		0.096		0.048	0.82

$$K^{\ominus}=\frac{\frac{p_{SO_3}}{p^{\ominus}}}{\frac{p_{SO_2}}{p^{\ominus}}\left(\frac{p_{O_2}}{p^{\ominus}}\right)^{\frac{1}{2}}}=\frac{x_{SO_3}}{x_{SO_2}x_{O_2}{}^{\frac{1}{2}}}=\frac{0.048/0.972}{(0.012/0.972)\times(0.096/0.972)^{\frac{1}{2}}}=12.7$$

$$\Delta_r G_m^{\ominus}=-RT\ln K^{\ominus}=-8.314T\times\ln 12.7=-21.1T$$

$$=\Delta_r H_m^{\ominus}-T\Delta_r S_m^{\ominus}=-98.86\times10^3-T\times(-94.03)$$

$$T=858K$$

4.4 练 习 题

4.4.1 选择题

1. 在 T、p 恒定的条件下，反应 $H_2(g)+\frac{1}{2}O_2(g)\rightleftharpoons H_2O(g)$ 达到平衡的条件是________。

A. $\mu_{H_2,g}=\mu_{O_2,g}=\mu_{H_2O,g}$　　B. $\mu_{H_2,g}=\frac{1}{2}\mu_{O_2,g}=\mu_{H_2O,g}$

C. $\mu_{H_2,g}+\frac{1}{2}\mu_{O_2,g}=\mu_{H_2O,g}$　　D. $\mu_{H_2,g}+\mu_{O_2,g}=\mu_{H_2O,g}$

2. 反应 $H_2(g)+\frac{1}{2}O_2(g)\rightleftharpoons H_2O(l)$，当 O_2 消耗了 0.2mol 时，反应进度 ξ 等于________。

A. 0.2mol　　B. 0.1mol　　C. 0.4mol　　D. 无法确定

3. 在 T、p 恒定下，化学反应达到平衡，________不一定成立。

A. $\Delta_r G_m^{\ominus}=0$　　B. $\Delta_r G_m=0$

C. $\sum\nu_B\mu_B=0$　　D. $\Delta_r G_m^{\ominus}=-RT\ln K^{\ominus}$

4. 关于气相物质参与反应的标准平衡常数 $K^{\ominus}$，下列说法正确的是________。

A. $K^{\ominus}=f(T,p)$　　B. $K^{\ominus}=f(T,p,n)$

C. $K^{\ominus}=f(p)$　　D. $K^{\ominus}=f(T)$

5. 在 298K 条件下，$Ag_2O(s)\rightleftharpoons 2Ag(s)+\frac{1}{2}O_2(g)$，$K^{\ominus}=a$，则 $Ag_2O(s)$ 的分解压力为________。

A. $a/p^\ominus$　　B. $ap^\ominus$　　C. $a^2p^\ominus$　　D. $\sqrt{a}p^\ominus$

6. 在温度区间117～237℃得出甲醇脱氧反应的标准平衡常数与温度的关系 $\ln K^\ominus=(-10\ 593.8\text{K}/T)+6.470$。该反应在此区间的 $\Delta_rH_m^\ominus$为________ kJ · mol^{-1}。

A. −88.077　　B. 88.077　　C. −38.247　　D. 38.247

7. 已知718K时，$Ag_2O(s)$的分解压力为 209.743×10^2kPa，则此时分解反应 $Ag_2O(s)\rightleftharpoons 2Ag(s)+\frac{1}{2}O_2(g)$的 $\Delta_rG_m^\ominus$为________ kJ · mol^{-1}。

A. −217.2　　B. −15.96　　C. −19.73　　D. −31.83

8. 在标准状态下，红辰砂 α-HgS 与黑辰砂 β-HgS 的转化反应：α-HgS $\rightleftharpoons$ β-HgS，其 $\Delta_rG_m^\ominus=(980-1.456T/\text{K})\text{J}\cdot\text{mol}^{-1}$，则在373K时________。

A. α-HgS 比 β-HgS 稳定　　B. α-HgS 与 β-HgS 处于平衡

C. β-HgS 比 α-HgS 稳定　　D. 无法判断哪一个更稳定

9. 在1000K条件下，反应 $C(s)+2H_2(g)\rightleftharpoons CH_4(g)$的 $\Delta_rG_m^\ominus=19.288$ kJ · mol^{-1}，当气相压力为101 325Pa，组成为 CH_4 10%、H_2 80%、N_2 10%，上述反应的 Δ_rG_m 为________。

A. $\Delta_rG_m>0$　　B. $\Delta_rG_m<0$　　C. $\Delta_rG_m=0$　　D. 不能确定

10. 在某一温度下，真空容器中引入 $(NH_4)_2CO_3$ 固体，将发生反应 $(NH_4)_2CO_3(s)\rightleftharpoons 2NH_3(g)+CO_2(g)+H_2O(g)$，其标准平衡常数为 $K^\ominus$。设各种气体都是理想气体，总压力为 $p^\ominus$，欲使固体停止分解，$K^\ominus$必须________。

A. $K^\ominus>\frac{1}{8}$　　B. $K^\ominus>\frac{1}{64}$　　C. $K^\ominus<\frac{1}{8}$　　D. $K^\ominus<\frac{1}{64}$

11. 影响化学反应标准平衡常数数值的因素为________。

A. 催化剂　　B. 温度　　C. 压力　　D. 浓度

12. 已知某温度下反应 $H_2O(g)\rightleftharpoons H_2(g)+\frac{1}{2}O_2(g)$的 $K_1^\ominus$和反应 $CO_2(g)\rightleftharpoons CO(g)+\frac{1}{2}O_2(g)$的 $K_2^\ominus$，则反应 $CO(g)+H_2O(g)\rightleftharpoons CO_2(g)+H_2(g)$的 $K_3^\ominus$为________。

A. $K_3^\ominus=K_1^\ominus+K_2^\ominus$　　B. $K_3^\ominus=K_1^\ominus K_2^\ominus$

C. $K_3^\ominus=K_2^\ominus/K_1^\ominus$　　D. $K_3^\ominus=K_1^\ominus/K_2^\ominus$

13. 一定温度下，将纯 $NH_4HS(s)$置于抽空的容器中发生分解，$NH_4HS(s)\rightleftharpoons NH_3(g)+H_2S(g)$，测得平衡时体系总压力为 $p^\ominus$，则标准平衡常数为________。

A. $\frac{1}{4}(p^\ominus)^2$　　B. $\frac{1}{4}p^\ominus$　　C. $\frac{1}{4}$　　D. $\frac{1}{2}(p^\ominus)^2$

14. 298K时反应 $N_2O_4(g)\rightleftharpoons 2NO_2(g)$，$K^\ominus=0.1132$，若同温度下，在

$N_2O_4(g)$及$NO_2(g)$的分压各为 100kPa 的条件下，反应将________。

A. 向生成$NO_2(g)$的方向进行　　B. 正好达到平衡

C. 难以判断其进行方向　　D. 向生成$N_2O_4(g)$的方向进行

15. 上题中，若$N_2O_4(g)$和$NO_2(g)$的分压分别为 1000kPa 和 100kPa，则反应将________。

A. 向生成$NO_2(g)$的方向进行　　B. 正好达到平衡

C. 难以确定其方向　　D. 向生成$N_2O_4(g)$的方向进行

4.4.2　填空题

1. 由反应 $\sum \nu_B \mu_B = 0$，知化学反应的平衡条件是________。

2. $Cu(s) + \frac{1}{2}O_2(g) \rightleftharpoons CuO(s)$，已知 $\Delta_f G^{\ominus}_{m,298K,CuO(s)} = -130kJ \cdot mol^{-1}$，则在 298K，该反应的 $K^{\ominus} =$________。

3. 某反应 $\Delta_r G^{\ominus}_m = 0$，则该反应的标准平衡常数 $K^{\ominus}$________。

4. $NH_4Cl(s)$分解反应 $NH_4Cl(s) \rightleftharpoons NH_3(g) + HCl(g)$ 在 700K 时分解压力为 600kPa，那么该反应的标准平衡常数 $K^{\ominus}$________（体系中气体视为理想气体）。

5. 已知在 1120℃下，反应

$$FeO(s) + H_2(g) \rightleftharpoons H_2O(g) + Fe(s), \quad K_1^{\ominus} = 0.852$$

$$2H_2O(g) \rightleftharpoons 2H_2(g) + O_2(g), \quad K_2^{\ominus} = 3.4 \times 10^{-13}$$

则在相同温度下，反应 $2FeO(s) \rightleftharpoons 2Fe(s) + O_2(g)$ 的标准平衡常数$K_3^{\ominus}$________。

6. 某反应的 $\Delta_r G^{\ominus}_m$ 和 T 的关系是 $\Delta_r G^{\ominus}_m/(J \cdot mol^{-1}) = -21\,500 + 50T/K$，若要使反应的平衡常数 $K^{\ominus} > 1$，则应控制反应的温度________。

4.4.3　思考题

1. 请判断下列说法是否正确，为什么？

(1) 某一反应的平衡常数是一个不变的常数。

(2) 因为 $\Delta_r G^{\ominus}_m = -RT\ln K^{\ominus}$，所以 $\Delta_r G^{\ominus}_m$ 是平衡状态时自由能的变化。

(3) 反应 $CO(g) + H_2O(g) = CO_2(g) + H_2(g)$，因为反应前后分子数相等，所以无论压力如何变化，对平衡均无影响。

(4) 在一定温度和压力下，某反应的 $\Delta_r G_m > 0$，所以要选用合适的催化剂，使反应得以进行。

2. 化学反应的摩尔吉布斯自由能变（$\Delta_r G_m$）这个量名称中的形容词“摩尔”的含义是什么？是指有 1mol 给定反应物完成了反应，还是生成了 1mol 给定产物？

3. $\Delta_r G_m$ 是不是按化学反应方程式计算的产物与反应物之间的吉布斯自由能

的差值？

4. $\Delta_r G_m^\ominus$与反应进度是否有关？

5. $\Delta_r G_m = \left(\dfrac{\partial G}{\partial \xi}\right)_{T,p} = \sum\limits_B \nu_B \mu_B$ 成立的条件：封闭体系，只做体积功和 T、p 不变。那么，对于 T、p 变化大的反应，还能用 $\Delta_r G_m$ 判断反应自发进行的方向吗？

6. 什么情况下可以用 $\Delta_r G_m^\ominus$判断反应自发进行的方向？

4.4.4 计算题

1. 某反应的 $\Delta_r G_m^\ominus(T)$与温度的关系为 $\Delta_r G_m^\ominus(T) = a + bT\ln T + cT + dT^2$，$a$、$b$、$c$、$d$ 均为常数。分别求 $\Delta_r S_m^\ominus$、$\Delta_r H_m^\ominus$与 T 的关系。

2. 半导体工业为了获得氧含量不大于 1×10^{-6}的高纯氢，在 298K、$p^\ominus$下电解水得到氢气（99.5% H_2、0.5% O_2）。通过催化剂，因发生反应 $2H_2(g) + O_2(g) \rightleftharpoons 2H_2O(g)$ 而消除氧。已知气态水的 $\Delta_f G_m^\ominus = -228.59\text{kJ}\cdot\text{mol}^{-1}$。反应后氢气的纯度能否达到要求？

3. 乙烯气体与水在塔内发生催化加成，生成乙醇水溶液，试求该反应的平衡常数。已知反应方程式为 $C_2H_4(g) + H_2O(l) \rightleftharpoons C_2H_5OH(aq)$，25℃时，乙醇处于纯态的饱和蒸气压为 7599Pa，处于上述假想态时，平衡分压为 533Pa。

4. 已知 $(CH_3)_2CHOH(g) = (CH_3)_2CO(g) + H_2(g)$ 的 $\Delta C_{p,m} = 16.72\ \text{J}\cdot\text{mol}^{-1}\cdot\text{K}^{-1}$，在 457.4K 时 $K^\ominus = 0.36$，$\Delta_r H_m^\ominus(298\text{K}) = 61.5\text{kJ}\cdot\text{mol}^{-1}$。求 (1)$\ln K^\ominus$与 T 的关系；(2)$K^\ominus(500\text{K})$。

参考答案

4.4.1 选择题

1. C 2. C 3. A 4. D 5. C 6. B 7. B 8. A 9. A 10. D 11. B 12. D 13. C 14. D 15. A

4.4.2 填空题

1. 反应产物的化学势之和等于反应物的化学势之和 2. 6.11×10^{22} 3. $=1$ 4. $=9.00$ 5. $=2.468\times10^{-13}$ 6. $T<430\text{K}$

4.4.3 思考题

（略）

4.4.4 计算题

1. $\Delta_r S_m^\ominus(T) = -b\ln T - b - c - 2dT$，$\Delta_r H_m^\ominus(T) = a - bT - dT^2$

2. $\Delta_r G_m^\ominus = 2\Delta_f G_m^\ominus = -457.18\text{kJ}\cdot\text{mol}^{-1}$

$$K^\ominus = \exp(-\Delta_r G_m/RT) = 1.38\times10^{80}$$

每 100mol 原料气中含有氢气 99.5mol、氧气 0.5mol，假设反应达到平衡后氧气剩余 n mol。

	$2H_2(g)$	$+\ O_2(g)$	$\rightleftharpoons 2H_2O(g)$
反应前组成/mol	99.5	0.5	0

平衡组成/mol　　　$98.5+2n$　　n　　$1-2n$

$$K^{\ominus}=\frac{(p_{H_2O}/p^{\ominus})^2}{(p_{O_2}/p^{\ominus})(p_{H_2}/p^{\ominus})^2}=\frac{x_{H_2O}^2}{x_{O_2}x_{H_2}^2}=\frac{(1-2n)^2(99.5+n)}{(98.5+2n)^2n}$$

$$\approx\frac{1}{10^2n}=1.38\times10^{80}$$

$$n\approx7.3\times10^{-83}\ll1\times10^{-6}$$

所以氢气纯度完全符合要求。

3. 解题思路：该题气-液相反应产物是可挥发液体的水溶液，要求平衡常数 $K^{\ominus}$，首先要求反应的 $\Delta_rG_m^{\ominus}$，由于处于水溶液状态的可挥发液体的标准态不是纯液体，而是压力为 $p^{\ominus}$、浓度为 $c^{\ominus}(1\text{mol}\cdot\text{dm}^{-3})$且符合亨利定律的假想态。该假想态的 $\Delta_fG_m^{\ominus}$ 无法查表得到，必须设计一个与原反应始、终态相同的并包含了液体产物有关状态变化的过程，并需要知道液体产物处于纯态时的饱和蒸气压和处于标准态时的平衡分压。

设计过程如下：

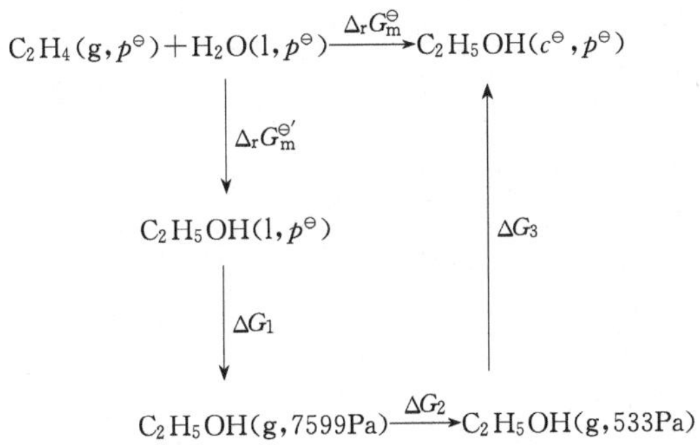

显然

$$\Delta_rG_m^{\ominus}=\Delta_rG_m^{\ominus}{}'+\Delta G_1+\Delta G_2+\Delta G_3$$

其中

$$\Delta G_1=\Delta G_3=0$$

$$\Delta G_2=RT\ln\frac{533}{7599}=-6.58(\text{kJ}\cdot\text{mol}^{-1})$$

$$\Delta_rG_m^{\ominus}{}'=\Delta_fG_{m,C_2H_5OH(l)}^{\ominus}-\Delta_fG_{m,C_2H_4(g)}^{\ominus}-\Delta_fG_{m,H_2O(l)}^{\ominus}=-5.69\text{kJ}\cdot\text{mol}^{-1}$$

$$\Delta_rG_m^{\ominus}=-5.69-6.58=-12.27(\text{kJ}\cdot\text{mol}^{-1})$$

$$K^{\ominus}=\exp\left(-\frac{\Delta_rG_m^{\ominus}}{RT}\right)=141.5$$

4. (1) 根据基尔霍夫公式

$$\Delta_rH_m^{\ominus}(T)=\Delta_rH_m^{\ominus}(298\text{K})+\int_{298\text{K}}^{T}\Delta C_{p,m}\text{d}T=61.5\times10^3+\int_{298\text{K}}^{T}16.72\text{d}T$$

$$=56.52\times10^3+16.72T$$

$$\frac{\partial\ln K^{\ominus}}{\partial T}=\frac{\Delta_rH_m^{\ominus}(T)}{RT^2}$$

$$\text{d}\ln K^{\ominus}=\frac{\Delta_rH_m^{\ominus}(T)}{RT^2}\text{d}T=\left(\frac{56.52\times10^3}{8.314T^2}+\frac{16.72}{8.314T}\right)\text{d}T$$

$$\ln K^{\ominus}=-\frac{56.52\times10^3}{8.314T}+\frac{16.72}{8.314}\ln T+C$$

$$T=457.4\text{K},\qquad K^{\ominus}=0.36$$

$$\ln 0.36 = -\frac{56.52\times10^3}{8.314\times457.4} + \frac{16.72}{8.314}\ln 457.7 + C$$

$$C = 1.522$$

$$\ln K^{\ominus}(T) = -\frac{56.52\times10^3}{8.314T} + \frac{16.72}{8.314}\ln T + 1.522$$

$$\ln K^{\ominus}(T) = 1.522 - \frac{6798}{T} + 2.011\ln T$$

(2)

$$\ln K^{\ominus}(500\text{K}) = 1.522 - \frac{6798}{500} + 2.011\times\ln 500 = 0.4236$$

$$K^{\ominus}(500\text{K}) = 1.53$$

第 5 章　电解质溶液

5.1　学习要求

(1) 了解电解质溶液的导电机理;掌握法拉第(Faraday)电解定律。

(2) 掌握电导、电导率、摩尔电导率的基本概念、计算公式及测定方法。

(3) 掌握离子独立运动定律及其应用。

(4) 了解离子迁移数的概念及其测定原理。

(5) 掌握强电解质的离子平均活度系数的意义及计算。

5.2　内容概要

5.2.1　离子的电迁移

1. 电解质溶液导电机理

在外电场的作用下,电解质溶液(electrolyte solution)中的正、负离子分别向两个电极移动,迁移到电极附近的离子分别在两个电极上进行氧化或还原作用。因此,正、负离子分别向两个电极迁移以及电极反应这两个过程缺一不可。

2. 法拉第定律数学表达式

$$q = \Delta n|Z|F$$

式中:Δn 为电极上发生反应的物质的量,单位为 mol;q 为通过的电量,单位为 C;$|Z|$ 为离子的电荷数的绝对值;F 为法拉第常量(通常取值为 96 485C・mol^{-1})。电极上所通过的电量一般从电解过程中电极上析出或溶解的物质的量来精确计算,所用装置称为电量计或库仑计。常用的有铜电量计、银电量计和气体电量计等。

3. 离子的电迁移

(1) 离子淌度(又称离子迁移率,ionic mobility)。当电场稳定时,离子的迁移速率(v)与电势梯度(dE/dl)成正比,即

$$v = UdE/dl$$

式中：U 称为离子淌度，其物理意义是电势梯度为单位数值时的离子迁移速率，单位为 $m^2 \cdot V^{-1} \cdot s^{-1}$。

(2) 离子迁移数(transference number of ion)。因为正、负离子移动的速率不同，所带电荷不等，所以每种离子迁移的电量不同，正、负离子共同承担导电的任务。电解质溶液中各种离子迁移电量的百分数称为离子迁移数，用 t_B 表示，即

$$t_B \xlongequal{\text{def}} \frac{q_B}{q}$$

式中：q_B 为某种离子传输的电量；q 为通过溶液的总电量。

如果电解质溶液中只含有一种正离子和一种负离子，则正、负离子的迁移数分别为

$$t_+ = \frac{q_+}{q_+ + q_-} \qquad t_- = \frac{q_-}{q_+ + q_-}$$

迁移数与淌度间的关系为

$$t_+ = \frac{U_+}{U_+ + U_-} \qquad t_- = \frac{U_-}{U_+ + U_-}$$

$$t_+ + t_- = 1$$

因为离子淌度与电势梯度的强弱无关，所以离子迁移数也与电势梯度无关。

5.2.2　电导及其应用

1. 电导、电导率与摩尔电导率

(1) 电导(conductance)。物体导电的能力可用电阻 R(resistance，单位为欧姆，用符号 Ω 表示)或电导 G 来表示。G 为电阻 R 的倒数，即 $G=1/R$，单位为西门子(siemens)，用 S 或 Ω^{-1} 表示。

(2) 电导率(conductivity)。电导率 κ 为电阻率 ρ 的倒数，即

$$\kappa = 1/\rho = Gl/A$$

由上式可知，κ 的单位是 $S \cdot m^{-1}$。其物理意义是电极面积各为 $1m^2$，两极间相距 1m 时溶液的电导。其数值与电解质的种类、溶液浓度及温度等因素有关。

(3) 摩尔电导率(molar conductivity)。摩尔电导率 Λ_m 是指在相距为 1m 的两个平行电极之间充入含 1mol 电解质的溶液时所具有的电导，用公式表示为

$$\Lambda_m = \kappa V_m = \kappa / c$$

式中：V_m 为含有 1mol 电解质的溶液的体积，单位为 $m^3 \cdot mol^{-1}$；c 为电解质溶液的物质的量浓度，单位为 $mol \cdot m^{-3}$；Λ_m 的单位为 $S \cdot m^2 \cdot mol^{-1}$。

在使用摩尔电导率 Λ_m 时，要注明所取的基本单元。如以 1mol 元电荷的量为基本单元，则 $\Lambda_{m,1/2\,CuSO_4} = 7.17 \times 10^{-3} S \cdot m^2 \cdot mol^{-1}$。

2. 电导的测定

测定电解质溶液的电导，在实验中实际上是用韦斯顿(Weston)电桥测定电解质溶液的电阻，将交流讯号加在电桥上，电桥平衡时电导池内溶液的电导为

$$G = 1/R = \frac{R_3}{R_1 R_4}$$

电导池两极之间的距离 l 及涂有铂黑的电极面积 A 的比值 l/A 称为电导池常数(cell constant of a conductance cell)，用 K_{cell} 表示，单位为 m^{-1}，其数值可用一已知电导率值的标准溶液(通常用 KCl 溶液)注入电导池，在相同温度下测定其电导，通过计算确定，即

$$R = \rho l/A = \rho K_{\text{cell}}, \qquad K_{\text{cell}} = (1/\rho)R = \kappa R$$

3. 强电解质溶液的电导率、摩尔电导率与浓度的关系

强电解质溶液的电导率随浓度的增加而升高，但当浓度达到一定值后，正、负离子间的相互作用力增大，使离子的运动速率降低，电导率下降。所以，在电导率与浓度的关系曲线上可能会出现最高点。弱电解质溶液随浓度增加电离度减小，溶液中离子数目变化不大，其电导率随浓度的变化不显著。

电解质溶液的摩尔电导率 Λ_{m} 随着浓度的降低而增大，如果以$\sqrt{c}$的值为横坐标，以 Λ_{m} 的值为纵坐标作图，浓度很小的强电解质溶液的摩尔电导率 Λ_{m} 与溶液浓度的平方根$\sqrt{c}$之间呈线性关系 $\Lambda_{\text{m}} = \Lambda_{\text{m}}^{\infty}(1-\beta\sqrt{c})$，此式称为科尔劳乌施(Kohlrausch)公式。对于强电解质，将直线外推至与纵坐标相交处可得溶液的无限稀释摩尔电导率 $\Lambda_{\text{m}}^{\infty}$。弱电解质溶液在很稀时，$\Lambda_{\text{m}}$ 随电解质的物质的量浓度减少而急剧增加，不能用外推法求 $\Lambda_{\text{m}}^{\infty}$。

4. 离子独立运动定律及离子摩尔电导率

无论是强电解质还是弱电解质溶液，在无限稀释时，离子间的相互作用可以忽略不计，离子彼此独立运动，互不影响。每种离子对电解质的摩尔电导率有独立的贡献，即无限稀释时电解质溶液的摩尔电导率 $\Lambda_{\text{m}}^{\infty}$ 是组成该电解质的正、负离子的无限稀释摩尔电导率之和。

1-1 价型电解质　　$\Lambda_{\text{m}}^{\infty} = \Lambda_{\text{m},+}^{\infty} + \Lambda_{\text{m},-}^{\infty}$

$M_{\nu_+}A_{\nu_-}$ 价型电解质　　$\Lambda_{\text{m}}^{\infty} = \nu_+\Lambda_{\text{m},+}^{\infty} + \nu_-\Lambda_{\text{m},-}^{\infty}$

式中：ν_+、ν_- 分别为正、负离子的个数。此式为科尔劳乌施离子独立运动定律。

5. 电导测定的应用

检验水的纯度与计算水的离子积；求弱电解质的电离度；求难溶盐的溶解度和

溶度积；电导在农业生物科学中广泛应用，如在盐碱地区作土壤调查，用电导法测定土壤浸提液的电导率以判断其含盐量；用电导滴定法测蛋白质的等电点，判断乳状液的类型；测定反应速率；某些工业过程利用电导信号实现自动控制；医学上根据电导判断人的皮肤是否健康以及环境中 SO_2 的分析测定等。

弱电解质的电离度 $\alpha=\Lambda_m/\Lambda_m^{\infty}$

难溶盐的溶解度计算 $\kappa_{盐}=\kappa_{饱和}-\kappa_{水}$

对难溶盐可近似认为 $\Lambda_m\approx\Lambda_m^{\infty}$，所以

$$c=\kappa_{盐}/\Lambda_{m,盐}^{\infty}$$

5.2.3 强电解质溶液的活度及活度系数

1. 活度和活度系数

在强电解质溶液中，电解质的活度与正、负离子的活度的关系式分别为

$$a_+=\gamma_+ b_+/b^{\ominus},\qquad a_-=\gamma_- b_-/b^{\ominus}$$

$$a=a_+^{\nu_+}a_-^{\nu_-}$$

对强电解质 $M_{\nu_+}A_{\nu_-}$，令

$$\nu=\nu_++\nu_-$$

离子的平均活度

$$a_\pm=(a_+^{\nu_+}a_-^{\nu_-})^{1/\nu}$$

离子平均活度系数

$$\gamma_\pm=(\gamma_+^{\nu_+}\gamma_-^{\nu_-})^{1/\nu}$$

离子平均质量摩尔浓度

$$b_\pm=(b_+^{\nu_+}b_-^{\nu_-})^{1/\nu}$$

离子的平均活度 $a_\pm$ 和平均活度系数 $\gamma_\pm$ 与离子平均质量摩尔浓度 $b_\pm$ 的关系为

$$a_\pm=\gamma_\pm b_\pm/b^{\ominus}$$

注意：以上定义的 $a_\pm$、$\gamma_\pm$ 及 $b_\pm$ 均为几何平均值。

对完全电离的强电解质 $M_{\nu_+}A_{\nu_-}$，其离子平均质量摩尔浓度 $b_\pm$ 与电解质质量摩尔浓度 b 的关系为

$$b_+=\nu_+b_B,\qquad b_-=\nu_-b_B$$

$$b_\pm=[(\nu_+b_B)^{\nu_+}(\nu_-b_B)^{\nu_-}]^{1/\nu}=(\nu_+^{\nu_+}\nu_-^{\nu_-})^{1/\nu}b_B$$

电解质 B 的活度

$$a_B=a_\pm^{\nu}=(\gamma_\pm b_\pm/b^{\ominus})^{\nu}$$

2. 离子强度

溶液的浓度、离子电荷数以及溶液中电解质含量都会影响离子的平均活度系

数，即

$$I = \frac{1}{2}\sum_{B} b_B Z_B^2$$

式中：I 为离子强度；b_B、Z_B 分别为离子的质量摩尔浓度和价数。

*5.2.4　强电解质溶液理论

德拜-休克尔(Debye-Hückel)极限公式为

$$\lg\gamma_{\pm} = -A \mid Z_+ Z_- \mid \sqrt{I/b^{\ominus}} \quad (I < 0.01\mathrm{mol \cdot kg^{-1}})$$

5.3　例题和习题解答

【例 5-1】　用金属铂作电极，在希托夫(Hittorf)管中电解 HCl 溶液。阴极区一定量的溶液中在通电前后含 Cl^- 的质量分别为 0.177g 和 0.163g。在串联的银库仑计中有 0.2508g 银析出，试求 H^+ 和 Cl^- 的迁移数。

解　在阴极上的反应为

$$H^+ + e \longrightarrow 1/2\ H_2(g)$$

在阴极区由于发生电解，H^+ 的浓度是下降的，又因通电时离子的定向迁移，H^+ 是迁入阴极区的，所以通电前后 H^+ 物质的量变化为

$$n_{后} = n_{前} - n_{电} + n_{迁}$$

$$n_{前} = 0.177/35.5 = 4.99 \times 10^{-3}(\mathrm{mol})$$

$$n_{后} = 0.163/35.5 = 4.59 \times 10^{-3}(\mathrm{mol})$$

$$n_{电} = 0.2508/108 = 2.32 \times 10^{-3}(\mathrm{mol})$$

$$n_{迁} = n_{后} - n_{前} + n_{电} = (4.59 - 4.99 + 2.32) \times 10^{-3} = 1.92 \times 10^{-3}(\mathrm{mol})$$

$$t_{H^+} = n_{迁}/n_{电} = 1.92 \times 10^{-3}/(2.32 \times 10^{-3}) = 0.83$$

$$t_{Cl^-} = 1 - t_{H^+} = 1 - 0.83 = 0.17$$

【例 5-2】　298K 时，$BaSO_4$ 饱和溶液的电导率为 $4.20\times10^{-4}\mathrm{S \cdot m^{-1}}$，此时水的电导率为 $1.05\times10^{-4}\mathrm{S \cdot m^{-1}}$。求 $BaSO_4$ 此时的溶解度。已知 $\Lambda^{\infty}_{m,1/2Ba^{2+}} = 63.9\times10^{-4}\mathrm{S \cdot m^2 \cdot mol^{-1}}$，$\Lambda^{\infty}_{m,1/2\,SO_4^{2-}} = 80.0\times10^{-4}\mathrm{S \cdot m^2 \cdot mol^{-1}}$。

解　$\kappa_{BaSO_4} = \kappa_{饱和} - \kappa_{H_2O}$

$$= (4.20 - 1.05)\times10^{-4} = 3.15\times10^{-4}(\mathrm{S \cdot m^{-1}})$$

$$\Lambda_{m,BaSO_4} \approx \Lambda^{\infty}_{m,BaSO_4} = 2\times(\Lambda^{\infty}_{m,1/2Ba^{2+}} + \Lambda^{\infty}_{m,1/2SO_4^{2-}})$$

$$= 2\times(63.9 + 80.0)\times10^{-4} = 288\times10^{-4}(\mathrm{S \cdot m^2 \cdot mol^{-1}})$$

$$c = \kappa/\Lambda^{\infty}_m = 3.15\times10^{-4}/(288\times10^{-4})$$

$$= 1.09\times10^{-2}(\mathrm{mol \cdot m^{-3}})$$

【例 5-3】 某电导池中装入 0.10mol · dm^{-3} 的 KCl 水溶液，298K 时测得电阻为 28.65Ω；在同一电导池中换入 0.10mol · dm^{-3} 的 HAc 水溶液，在同一温度下测得电阻为 703.0Ω。已知 298K 时，0.10mol · dm^{-3} KCl 溶液的电导率是 1.288S · m^{-1}。计算(1)电导池常数 K_{cell}；(2)298K 时，0.10mol · dm^{-3} HAc 水溶液的电导率 κ 及摩尔电导率 Λ_m。

解 (1) 根据 KCl 水溶液的数据，$\kappa=K_{cell}G=K_{cell}/R$，则

$$K_{cell}=\kappa R=1.288\times 28.65=36.90(m^{-1})$$

(2) 对 0.10mol · dm^{-3} HAc 水溶液

$$\kappa=K_{cell}/R=36.90/703.0=5.249\times 10^{-2}(S\cdot m^{-1})$$

$$\Lambda_m=\kappa/c=5.249\times 10^{-2}/(0.10\times 10^3)$$
$$=5.249\times 10^{-4}(S\cdot m^2\cdot mol^{-1})$$

【例 5-4】 在 298K 时，浓度为 0.001 28mol · dm^{-3} 的 HAc 水溶液的摩尔电导率 $\Lambda_m=4.815\times 10^{-3}S\cdot m^2\cdot mol^{-1}$，$\Lambda^{\infty}_{m,HAc}=3.907\times 10^{-2}S\cdot m^2\cdot mol^{-1}$。求此溶液中 HAc 的电离度 α 和电离常数 K。

解 $\alpha=\Lambda_m/\Lambda_m^{\infty}=4.815\times 10^{-3}/(3.907\times 10^{-2})=0.123$

$$K^{\ominus}=\frac{c}{c^{\ominus}}\frac{\alpha^2}{1-\alpha}=0.001\,28\times 0.123^2/(1-0.123)=2.21\times 10^{-5}$$

【例 5-5】 已知电解质溶液 0.05mol · kg^{-1} H_2SO_4、0.1mol · kg^{-1} $CdCl_2$ 和 0.01mol · kg^{-1} $K_3Fe(CN)_6$ 的离子平均活度系数 $\gamma_{\pm}$ 分别为 0.397、0.219 和 0.517。试计算各溶液的平均质量摩尔浓度 $b_{\pm}$ 和离子平均活度 $a_{\pm}$。

解 H_2SO_4 水溶液：$\nu_+=2$，$\nu_-=1$

$$b_{\pm}=(b_+^{\nu_+}b_-^{\nu_-})^{1/\nu}=[(\nu_+b_B)^{\nu_+}(\nu_-b_B)^{\nu_-}]^{1/\nu}=(\nu_+^{\nu_+}\nu_-^{\nu_-})^{1/\nu}b_B$$
$$=(2^2\times 1^1)^{1/3}\times 0.05=0.0794(mol\cdot kg^{-1})$$
$$a_{\pm}=\gamma_{\pm}b_{\pm}/b^{\ominus}=0.397\times 0.0794=0.0315$$

$CdCl_2$ 水溶液：$\nu_+=1$，$\nu_-=2$

$$b_{\pm}=(\nu_+^{\nu_+}\nu_-^{\nu_-})^{1/\nu}b_B=(1^1\times 2^2)^{1/3}\times 0.1=0.159(mol\cdot kg^{-1})$$
$$a_{\pm}=\gamma_{\pm}b_{\pm}/b^{\ominus}=0.219\times 0.159=0.0348$$

$K_3Fe(CN)_6$ 水溶液：$\nu_+=3$，$\nu_-=1$

$$b_{\pm}=(\nu_+^{\nu_+}\nu_-^{\nu_-})^{1/\nu}b_B=(3^3\times 1^1)^{1/4}\times 0.01=0.0228(mol\cdot kg^{-1})$$
$$a_{\pm}=\gamma_{\pm}b_{\pm}/b^{\ominus}=0.571\times 0.0228=0.0130$$

【例 5-6】 试利用德拜-休克尔公式计算 0.001mol · kg^{-1} $La(NO_3)_3$ 水溶液在 298K 时的离子平均活度系数 $\gamma_{\pm}$。

解
$$I=\frac{1}{2}\sum_B b_BZ_B^2=\frac{1}{2}\times(0.001\times 3^2+0.001\times 3\times 1^2)$$
$$=0.006(mol\cdot kg^{-1})$$

在水溶液中 298K 时，$A=0.509$，所以

$$\lg\gamma_{\pm}=-A\mid Z_{+}Z_{-}\mid\sqrt{I/b^{\ominus}}=-0.509\times3\times1\times\sqrt{0.006}$$
$$=-0.118$$
$$\gamma_{\pm}=0.762$$

【习题 5-1】 298K 时，用同一电导池测出 $0.01\text{mol}\cdot\text{dm}^{-3}$ KCl 和 $0.001\text{mol}\cdot\text{dm}^{-3}\ K_2SO_4$ 的电阻分别为 145.00Ω 和 712.2Ω。试计算(1)电导池常数；(2)$0.001\text{mol}\cdot\text{dm}^{-3}\ K_2SO_4$ 溶液的摩尔电导率。

解 (1) 298K 时，$\kappa_{KCl}=0.1410\text{S}\cdot\text{m}^{-1}$

$$K_{cell}=l/A=\kappa_{KCl}R=0.1410\times145.00=20.4(\text{m}^{-1})$$

$$(2)\ \Lambda_m=\kappa/c=\frac{1}{c}\frac{K_{cell}}{R_{K_2SO_4}}=[1/(0.001\times10^3)]\times20.4/712.2$$
$$=0.0286(\text{S}\cdot\text{m}^2\cdot\text{mol}^{-1})$$

【习题 5-2】 298K 时，NH_4Cl、NaOH 和 NaCl 的无限稀释摩尔电导率分别为 $1.499\times10^{-2}\text{S}\cdot\text{m}^2\cdot\text{mol}^{-1}$、$2.487\times10^{-2}\text{S}\cdot\text{m}^2\cdot\text{mol}^{-1}$ 和 $1.285\times10^{-2}\text{S}\cdot\text{m}^2\cdot\text{mol}^{-1}$。求 NH_4OH 的无限稀释摩尔电导率。

解 $$\Lambda^{\infty}_{m,NH_4OH}=\Lambda^{\infty}_{m,NH_4^+}+\Lambda^{\infty}_{m,OH^-}=\Lambda^{\infty}_{m,NH_4Cl}+\Lambda^{\infty}_{m,NaOH}-\Lambda^{\infty}_{m,NaCl}$$
$$=(1.499+2.487-1.285)\times10^{-2}$$
$$=2.701\times10^{-2}(\text{S}\cdot\text{m}^2\cdot\text{mol}^{-1})$$

【习题 5-3】 用银电极通电于氰化银钾(KCN＋AgCN)溶液时，银(Ag)在阴极上析出。每通过 2mol 电子的电量，阴极部失去 2.80mol 的 Ag^+ 和 1.60mol 的 CN^-，得到 1.20mol 的 K^+。试求(1)氰化银钾配合物的化学式；(2)正、负离子的迁移数。

解 (1) 设氰化银钾配合物的化学式为$[Ag_n(CN)_m]^{x-}$，阴极部 Ag^+ 的减少有两种原因：一种是 Ag^+ 在阴极上还原；另一种是$[Ag_n(CN)_m]^{x-}$向阳极迁移。当通过 2mol 电子的电量时，有 2mol 的 Ag^+ 在阴极还原，则有 0.8mol 的$[Ag_n(CN)_m]^{x-}$迁向阳极，所以 $m/n=1.60/0.8=2/1$，故氰化银钾配合物的化学式为$[Ag(CN)_2]^-$。

(2) $t_{K^+}=1.2/2=0.6$，　$t_{[Ag(CN)_2]^-}=1-0.6=0.4$

【习题 5-4】 298K 时，KCl 和 NaCl 的无限稀释摩尔电导率 Λ^{∞}_m 分别为 $149.86\times10^{-4}\text{S}\cdot\text{m}^2\cdot\text{mol}^{-1}$和 $126.45\times10^{-4}\text{S}\cdot\text{m}^2\cdot\text{mol}^{-1}$，$K^+$和 Na^+的迁移数分别为 0.491 和 0.396。试求在 298K 且无限稀释时(1)KCl 溶液中 K^+和 Cl^-的离子摩尔电导率；(2)NaCl 溶液中 Na^+和 Cl^-的离子摩尔电导率。

解 (1) $$\Lambda^{\infty}_{m,K^+}=\Lambda^{\infty}_{m,KCl}t_{K^+}=149.86\times10^{-4}\times0.491$$
$$=73.6\times10^{-4}(\text{S}\cdot\text{m}^2\cdot\text{mol}^{-1})$$

$$\Lambda_{m,Cl^-}^{\infty} = \Lambda_{m,KCl}^{\infty} - \Lambda_{m,K^+}^{\infty} = (149.86 - 73.6) \times 10^{-4}$$
$$= 76.3 \times 10^{-4}(S \cdot m^2 \cdot mol^{-1})$$

(2)
$$\Lambda_{m,Na^+}^{\infty} = \Lambda_{m,NaCl}^{\infty} t_{Na^+} = 126.45 \times 10^{-4} \times 0.396$$
$$= 50.1 \times 10^{-4}(S \cdot m^2 \cdot mol^{-1})$$
$$\Lambda_{m,Cl^-}^{\infty} = \Lambda_{m,NaCl}^{\infty} - \Lambda_{m,Na^+}^{\infty} = (126.45 - 50.1) \times 10^{-4}$$
$$= 76.4 \times 10^{-4}(S \cdot m^2 \cdot mol^{-1})$$

【习题 5-5】 25℃时在某电导池中盛有浓度为 0.01mol·dm^{-3}的 KCl 水溶液，测得电阻 R 为 484.0Ω。当盛以不同浓度 c 的 NaCl 水溶液时测得数据如下：

$c/(mol \cdot dm^{-3})$	0.0005	0.0010	0.0020	0.0050
R/Ω	10910	5494	2772	1128.9

已知此温度下 0.01mol·dm^{-3}时 KCl 水溶液的电导率为 0.1412S·m^{-1}。试求(1)NaCl 水溶液在不同浓度时的摩尔电导率 Λ_m；(2)以 Λ_m 对$\sqrt{c}$作图，求 NaCl 的 Λ_m^{∞}。

解 (1) 首先从已知条件计算出电导池常数

$$K_{cell} = \kappa R = 0.1412 \times 484.0 = 68.34(m^{-1})$$

然后由 K_{cell}及测得的 NaCl 水溶液的电阻值计算不同浓度时的电导率数值，再由电导率和浓度计算相应的摩尔电导率，计算公式和所得结果如下：

$$\kappa = K_{cell}/R, \qquad \Lambda_m = \kappa/c$$

$c/(mol \cdot dm^{-3})$	0.0005	0.0010	0.0020	0.0050
$\kappa/(S \cdot m^{-1})$	0.006 264	0.012 44	0.024 65	0.060 54
$\Lambda_m/(S \cdot m^2 \cdot mol^{-1})$	0.012 53	0.012 44	0.012 33	0.012 11

(2) 以 Λ_m 对$\sqrt{c}$作图得一直线(图略)，把直线外推到 $c \to 0$ 时，得截距 0.012 70 S·m^2·mol^{-1}。

根据公式 $\Lambda_m = \Lambda_m^{\infty}(1-\beta\sqrt{c})$，可知所得截距就是 Λ_m^{∞} 的值。

【习题 5-6】 298K 时，用韦斯顿电桥测得 0.01mol·dm^{-3} HAc 溶液的电阻为 2220Ω，已知电导池常数是 36.7m^{-1}。试求该条件下 HAc 的电离度。

解
$$\Lambda_m = \frac{\kappa}{c} = \frac{1}{c}\frac{K_{cell}}{R} = [1/(0.01 \times 10^3)] \times 36.7/2220$$
$$= 1.65 \times 10^{-3}(S \cdot m^2 \cdot mol^{-1})$$
$$\Lambda_{m,HAc}^{\infty} = \Lambda_{m,H^+}^{\infty} + \Lambda_{m,Ac^-}^{\infty} = (349.8 + 40.9) \times 10^{-4}$$
$$= 391 \times 10^{-4}(S \cdot m^2 \cdot mol^{-1})$$
$$\alpha = \Lambda_m/\Lambda_m^{\infty} = 1.65 \times 10^{-3}/(391 \times 10^{-4}) = 0.0422$$

【习题 5-7】　298K 时，测得高纯水的电导率为 $5.80\times10^{-6}\,S\cdot m^{-1}$，已知 HAc、NaOH、NaAc 的无限稀释摩尔电导率 Λ_m^∞ 分别为 $0.039\,07S\cdot m^2\cdot mol^{-1}$、$0.024\,81S\cdot m^2\cdot mol^{-1}$、$0.009\,10S\cdot m^2\cdot mol^{-1}$。试求水的离子积。

解

$$\Lambda_{m,H_2O}^\infty=\Lambda_{m,HAc}^\infty+\Lambda_{m,NaOH}^\infty-\Lambda_{m,NaAc}^\infty$$
$$=0.039\,07+0.024\,81-0.009\,10$$
$$=5.48\times10^{-2}(S\cdot m^2\cdot mol^{-1})$$
$$c_{H_2O}=0.997\times10^3/18.02=55.3(mol\cdot dm^{-3})$$
$$\Lambda_{m,H_2O}=\kappa/c=5.80\times10^{-6}/(55.3\times10^3)$$
$$=1.05\times10^{-10}(S\cdot m^2\cdot mol^{-1})$$
$$\alpha=\Lambda_m/\Lambda_m^\infty=1.05\times10^{-10}/(5.48\times10^{-2})$$
$$=1.92\times10^{-9}$$
$$c_{H^+}=c_{OH^-}=\alpha c_{H_2O}=1.92\times10^{-9}\times55.3$$
$$=1.06\times10^{-7}(mol\cdot dm^{-3})$$
$$K_w=\frac{c_{H^+}}{c^\ominus}\frac{c_{OH^-}}{c^\ominus}=1.06\times10^{-7}\times1.06\times10^{-7}=1.12\times10^{-14}$$

【习题 5-8】　应用德拜-休克尔极限公式，计算 298K 时 $0.001mol\cdot kg^{-1}$ 的 $NaNO_3$ 和 $0.001mol\cdot kg^{-1}$ 的 $Mg(NO_3)_2$ 的混合液中 $Mg(NO_3)_2$ 的离子平均活度系数 $\gamma_\pm$。

解

$$I=\frac{1}{2}\sum b_B Z_B^2$$
$$=\frac{1}{2}\times(0.001\times1^2+0.001\times1^2+0.001\times2^2+2\times0.001\times1^2)$$
$$=0.004(mol\cdot kg^{-1})$$

在水溶液中 298K 时 $A=0.509$，所以

$$\lg\gamma_\pm=-A\mid Z_+Z_-\mid\sqrt{I/b^\ominus}=-0.509\times2\times1\times\sqrt{0.004}=-0.0644$$
$$\gamma_\pm=0.862$$

【习题 5-9】　画出用 $BaCl_2$ 滴定 Li_2SO_4 时电导变化的示意图。

答　（略）

【习题 5-10】　某一元酸 HA 在 298K、浓度为 $0.01mol\cdot kg^{-1}$ 时离解度为 0.0810，应用德拜-休克尔极限公式计算离子平均活度系数 $\gamma_\pm$ 及该一元酸的真正离解常数 K。

解　$b=0.01mol\cdot kg^{-1}$

$$\begin{array}{llll} & HA & \longrightarrow H^+ & +A^- \\ t=0 & b & 0 & 0 \\ t=t_e & b(1-\alpha) & b\alpha & b\alpha \end{array}$$

$$K=\alpha_+\alpha_-/\alpha_{HA}=\frac{\gamma_+\frac{b_+}{b^\ominus}\gamma_-\frac{b_-}{b^\ominus}}{\gamma_{HA}\frac{b_{HA}}{b^\ominus}}=\gamma_\pm^2\times(0.01\times\alpha)^2/[0.01\times(1-\alpha)]$$

$$I=\frac{1}{2}\sum_B b_B Z_B^2=\frac{1}{2}\times(0.01\times1^2+0.01\times1^2)\times0.0810$$
$$=8.1\times10^{-4}(\text{mol}\cdot\text{kg}^{-1})$$

在水溶液中 298K 时 $A=0.509$,所以

$$\lg\gamma_\pm=-A\,|Z_+Z_-|\sqrt{I/b^\ominus}=-0.509\times1\times1\times\sqrt{8.1\times10^{-4}}=-0.0145$$
$$\gamma_\pm=0.967$$

所以

$$K=\gamma_\pm^2\times(0.01\times\alpha)^2/[0.01\times(1-\alpha)]$$
$$=(0.967)^2\times(0.01\times0.0810)^2/[0.01\times(1-0.0810)]$$
$$=6.68\times10^{-5}$$

【习题 5-11】 Conductance of $SrSO_4$ solution and pure water was found to be $1.482\times10^{-2}\,S\cdot m^{-1}$ and $1.5\times10^{-4}\,S\cdot m^{-1}$ at 298K. $\Lambda_m^\infty\left(\frac{1}{2}Sr^{2+}\right)=59.46\times10^{-4}\,S\cdot m^2\cdot mol^{-1}$, $\Lambda_m^\infty\left(\frac{1}{2}SO_4^{2-}\right)=80.0\times10^{-4}\,S\cdot m^2\cdot mol^{-1}$. Calculate the solubility of $SrSO_4$ in water.

解

$$SrSO_4 = Sr^{2+}+SO_4^{2-}$$
$$\frac{1}{2}SrSO_4=\frac{1}{2}Sr^{2+}+\frac{1}{2}SO_4^{2-}$$

$$\kappa\left(\frac{1}{2}SrSO_4\right)=\kappa\left[\frac{1}{2}SrSO_4(aq)\right]-\kappa(H_2O)$$
$$=1.482\times10^{-2}-1.5\times10^{-4}=1.5\times10^{-2}(S\cdot m^{-1})$$

$$\Lambda_m^\infty\left(\frac{1}{2}SrSO_4\right)=\Lambda_m^\infty\left(\frac{1}{2}Sr^{2+}\right)+\Lambda_m^\infty\left(\frac{1}{2}SO_4^{2-}\right)$$
$$=59.46\times10^{-4}+80.0\times10^{-4}=139\times10^{-4}(S\cdot m^2\cdot mol^{-1})$$

$$c\left(\frac{1}{2}Sr^{2+}\right)=c\left(\frac{1}{2}SO_4^{2-}\right)=\kappa/\Lambda_m\approx\kappa/\Lambda_m^\infty$$
$$=1.5\times10^{-2}/(139\times10^{-4})=1.1(mol\cdot m^{-3})$$
$$=1.1\times10^{-3}(mol\cdot dm^{-3})$$

$$S=c(Sr^{2+})=c(SO_4^{2-})=\frac{1}{2}c\left(\frac{1}{2}Sr^{2+}\right)=5.5\times10^{-4}\,mol\cdot dm^{-3}$$

【习题 5-12】 Calculate the ionic strength of a mixed solution for 0.1mol · kg^{-1} Na_2HPO_4 and 0.1mol · kg^{-1} NaH_2PO_4.

解
$$I=\frac{1}{2}\sum_B b_B Z_B^2=\frac{1}{2}\times(0.2\times1^2+0.1\times2^2+0.1\times1^2+0.1\times1^2)$$
$$=0.4(\text{mol}\cdot\text{kg}^{-1})$$

【习题 5-13】 The conductivity of a saturated solution of AgBr in water at 298K is $\kappa=3.41\times10^{-4}\,\text{S}\cdot\text{m}^{-1}$ and that of the water itself $\kappa=1.60\times10^{-4}\,\text{S}\cdot\text{m}^{-1}$. The molar conductance of AgBr is $\Lambda_{m,AgBr}^{\infty}=0.01382\text{S}\cdot\text{m}^2\cdot\text{mol}^{-1}$. Calculate the solubility of AgBr.

解 AgBr 的电导
$$\kappa_{AgBr}=1.717\times10^{-4}-1.60\times10^{-4}=1.17\times10^{-5}(\text{S}\cdot\text{m}^{-1})$$
$$\Lambda_{m,AgBr}=\Lambda_{m,AgBr}^{\infty}=\Lambda_{m,Ag^+}^{\infty}+\Lambda_{m,Br^-}^{\infty}=(61.9+78.1)\times10^{-4}$$
$$=1.40\times10^{-2}(\text{S}\cdot\text{m}^2\cdot\text{mol}^{-1})$$

AgBr 的溶解度
$$c=\kappa/\Lambda_m=\kappa/\Lambda_m^{\infty}=1.17\times10^{-5}/(1.40\times10^{-2})$$
$$=8.36\times10^{-4}(\text{mol}\cdot\text{m}^{-3})=8.36\times10^{-7}(\text{mol}\cdot\text{dm}^{-3})$$
$$S=Mc=188\times8.36\times10^{-7}=1.57\times10^{-4}(\text{g}\cdot\text{dm}^{-3})$$

5.4 练 习 题

5.4.1 选择题

1. 298K 无限稀的水溶液中，离子的摩尔电导率最大的是________。

A. Fe^{3+}　　B. Mg^{2+}　　C. NH_4^+　　D. H^+

2. 描述电极上通过的电量与已发生电极反应的物质的量之间的关系的是________。

A. 欧姆(Ohm)定律　　B. 科尔劳乌施离子独立运动定律

C. 法拉第定律　　D. 能斯特(Nernst)定律

3. 质量摩尔浓度为 b 的 $CuSO_4$ 水溶液，其离子平均活度 $a_\pm$ 与离子平均活度系数 $\gamma_\pm$ 及 b 之间的关系为________。

A. $a_\pm=\gamma_\pm b$　　B. $a_\pm=4^{1/4}\gamma_\pm b$

C. $a_\pm=4\gamma_\pm b$　　D. $a_\pm=2^{1/4}\gamma_\pm b$

4. 电解质溶液的摩尔电导率是正、负离子摩尔电导率之和，这一规律只适用于________。

A. 弱电解质　　B. 强电解质

C. 任意电解质　　D. 无限稀的电解质溶液

5. 下列溶液摩尔电导率最小的是________。

A. $1\mathrm{mol}\cdot\mathrm{dm}^{-3}$ KCl 水溶液　　B. $0.001\mathrm{mol}\cdot\mathrm{dm}^{-3}$ HCl 水溶液

C. $0.001\mathrm{mol}\cdot\mathrm{dm}^{-3}$ KOH 溶液　　D. $0.001\mathrm{mol}\cdot\mathrm{dm}^{-3}$ KCl 水溶液

6. 下列溶液摩尔电导率最大的是________。

A. $1\mathrm{mol}\cdot\mathrm{dm}^{-3}$ KCl 水溶液　　B. $0.001\mathrm{mol}\cdot\mathrm{dm}^{-3}$ HCl 水溶液

C. $0.001\mathrm{mol}\cdot\mathrm{dm}^{-3}$ KOH 溶液　　D. $0.001\mathrm{mol}\cdot\mathrm{dm}^{-3}$ KCl 水溶液

7. 电解质溶液的摩尔电导率随溶液浓度的增加而________。

A. 减小　　B. 增大　　C. 先减小后增大　　D. 先增大后减小

8. 将 $AgNO_3$、$CuCl_2$、$FeCl_3$ 三种溶液用适当装置串联，通一定电量后，各阴极上析出金属的________。

A. 质量相同　　B. 物质的量相同

C. 还原的离子个数相同　　D. 都不相同

9. 在相距 1m、电极面积为 $1\mathrm{m}^2$ 的两电极之间和在相距 10m、电极面积为 $0.1\mathrm{m}^2$ 的两电极之间，分别放入相同浓度的同种电解质溶液，则二者________。

A. 电导率相同，电导相同　　B. 电导率不相同，电导相同

C. 电导率相同，电导不相同　　D. 电导率不相同，电导也不相同

10. 电解质溶液的电导与温度有关，下面描述不正确的是________。

A. 有能够移动的离子　　B. 温度升高，电阻增加

C. 电极上有化学反应发生　　D. 温度降低，电阻增加

5.4.2　填空题

1. 浓度为 b 的 $Al_2(SO_4)_3$ 溶液中正、负离子的活度系数分别为 γ_+ 和 γ_-，则离子平均活度系数 $\gamma_\pm=$________，离子平均质量摩尔浓度 $b_\pm=$________，离子平均活度 $a_\pm=$________。

2. 已知 $\Lambda^\infty_{\mathrm{m,H^+}}=349.82\times10^{-4}\,\mathrm{S\cdot m^2\cdot mol^{-1}}$，$\Lambda^\infty_{\mathrm{m,Ac^-}}=40.9\times10^{-4}\,\mathrm{S\cdot m^2\cdot mol^{-1}}$。实验测得某乙酸溶液的 $\Lambda_{\mathrm{m,HAc}}=5.85\times10^{-4}\,\mathrm{S\cdot m^2\cdot mol^{-1}}$，此溶液中乙酸的电离度 $\alpha=$________。

3. $0.1\mathrm{mol}\cdot\mathrm{kg}^{-1}$ $LaCl_3$ 溶液的离子强度 $I=$________。

4. 在温度一定和浓度比较小时，增大弱电解质溶液的浓度，则该弱电解质的电导率 κ ________，摩尔电导率 Λ_m ________（增大、减小、不变）。

5. 298K 无限稀释的水溶液中，________是阴离子中离子摩尔电导率最大的。

6. 恒温下，某电解质溶液的浓度由 $0.2\mathrm{mol}\cdot\mathrm{dm}^{-3}$ 减小为 $0.05\mathrm{mol}\cdot\mathrm{dm}^{-3}$，则 Λ_m ________。

7. 电导率 $\kappa=K_{\mathrm{cell}}/R$，电导率 κ 与电导池常数 K_{cell} 的关系为________（正比、

反比、无关)。

8. 在电解质溶液中导电的粒子是________。

9. 电导滴定不需要________,所以对于颜色较深或浑浊的溶液很有用。

10. Λ_m 和 Λ_m^∞ 数值的大小差别是因为弱电解质部分电离与全部电离产生的________不同造成的。

5.4.3　思考题

1. 电解质溶液的导电能力和哪些因素有关?

2. 无限稀释时,在相同温度、相同浓度、相同电势梯度下,HCl、KCl 和 NaCl 三种溶液中 Cl^- 的迁移速率是否相同? 其迁移数是否相同?

3. 电导测定在实验室或生产实际中得到广泛的应用,但下列问题中哪个是不能通过电导测定得到解决的? (1)求难溶盐的溶解度;(2)求弱电解质的离解度;(3)求平均活度系数;(4)测电解质溶液的浓度。

4. 因为电导率 $\kappa=K_{cell}/R$,所以电导率 κ 与电导池常数 K_{cell} 成正比,这种说法正确吗? 为什么?

5. 一定温度时,在 AgCl 的饱和溶液中加入少量 KCl 会使 AgCl 的溶解度减小,若加入少量的 KNO_3 反而会使 AgCl 的溶解度增加,为什么?

6. 298K 时,测得某浓度的 HAc 的离解度为 α,电导率为 κ,当计算该溶液的摩尔电导率 Λ_m 时,是否应考虑 HAc 的离解?

7. 在一定温度和浓度时,在所有钠盐的溶液中,Na^+ 的迁移数是否相同?

8. 离子独立运动定律只适用于弱电解质溶液,而不适用于强电解质溶液,这种说法是否正确?

9. 指定电解质处于离子强度相同的不同溶液中,如果该电解质在各溶液中浓度不一样,其平均活度系数是否相同?

5.4.4　判断题

1. 恒温下,电解质溶液的浓度增大时,其电导率增大,摩尔电导率减小。
( )

2. 以 Λ_m 对 $\sqrt{c}$ 作图,用外推法可以求得弱电解质的无限稀释摩尔电导率。
( )

3. 离子独立运动定律既可应用于无限稀释的强电解质溶液,又可应用于无限稀释的弱电解质溶液。 ( )

4. 电解质溶液中的离子平均活度系数 $\gamma_\pm<1$。 ( )

5. 离子迁移数 $t_+ + t_- > 1$。 ( )

6. 表示电解质溶液的摩尔电导率可以用两种方法:一是以 1mol 元电荷为基

本单元;另一种是以 1mol 电解质的量为基本单元,其值是一样的。　　(　　)

7. 虽然电导率 $\kappa=K_{cell}/R$,但是电导率 κ 与电导池常数 K_{cell} 无关。　　(　　)

8. 难溶盐的溶解度很小,可以近似认为难溶盐饱和溶液的 $\Lambda_m \approx \Lambda_m^{\infty}$。　　(　　)

9. 某电解质处于离子强度相同的不同溶液中,该电解质在各溶液中的浓度不一样,但是离子的平均活度系数相同。　　(　　)

10. 因为离子的平均质量摩尔浓度 $b_{\pm}$ 与平均活度系数 $\gamma_{\pm}$ 有相似的定义式,所以可以认为 $b_B = b_{\pm}^{\nu}$。　　(　　)

5.4.5　计算题

1. 298K 时,$\Lambda_{m,KAc}^{\infty}=0.011\,44 S \cdot m^2 \cdot mol^{-1}$,$\Lambda_{m,1/2\,K_2SO_4}^{\infty}=0.015\,35\ S \cdot m^2 \cdot mol^{-1}$,$\Lambda_{m,1/2\,H_2SO_4}^{\infty}=0.042\,98 S \cdot m^2 \cdot mol^{-1}$。计算该温度下的 $\Lambda_{m,HAc}^{\infty}$。

2. 已知 298K 时 AgBr 的溶度积 $K_{sp}=6.3\times10^{-13}$。试计算该温度下 AgBr 饱和溶液的电导率。已知 $\Lambda_{m,Ag^+}^{\infty}=61.9\times10^{-4}\ S \cdot m^2 \cdot mol^{-1}$,$\Lambda_{m,Br^-}^{\infty}=78.1\times10^{-4} S \cdot m^2 \cdot mol^{-1}$。

3. 298K 时,将 $20.00cm^3$ 浓度为 $0.1mol \cdot dm^{-3}$ 的 NaOH 水溶液盛在一电导池内,测得电导率为 $2.21S \cdot m^{-1}$。加入 $20.00cm^3$ 浓度为 $0.1mol \cdot dm^{-3}$ 的 HCl 水溶液后,电导率下降了 $1.65S \cdot m^{-1}$。求(1) NaOH 溶液的摩尔电导率;(2)NaCl 溶液的摩尔电导率。

4. 某电解池分为阴极区、中间区和阳极区,池中电解液为 $0.043\,56\ mol \cdot kg^{-1}$ $AgNO_3$ 溶液,两支银电极分别在阴极区和阳极区。通电后阴极上析出 Ag 0.000 723mol,阳极区有水 23.14g 和 Ag^+ 0.001 391mol。分别求离子迁移数 t_+ 和 t_-。

5. 多次蒸馏所得的高纯水,电导率 $\kappa=0.58\times10^{-5}S \cdot m^{-1}$。求水的离子积常数 K_w。

6. 试用德拜-休克尔极限公式计算 298K 时,$0.001mol \cdot kg^{-1}$ $K_4[Fe(CN)_6]$溶液的离子平均活度系数,并与实验值($\gamma_{\pm}=0.650$)相比,求其相对误差。

参考答案

5.4.1　选择题

1. D　2. C　3. A　4. D　5. A　6. B　7. A　8. D　9. C　10. B

5.4.2　填空题

1. $(\gamma_+^2\gamma_-^3)^{1/5}$　$108^{1/5}b$　$(108\gamma_+^2\gamma_-^3)^{1/5}b/b^{\ominus}$　2. 0.015　3. $0.6mol \cdot kg^{-1}$　4. 增大　减小

5. OH^-　6. 增大　7. 无关　8. 离子　9. 指示剂　10. 离子数目

5.4.3　思考题

(略)

5.4.4　判断题

1. 错　2. 错　3. 对　4. 错　5. 错　6. 错　7. 对　8. 对　9. 对　10. 错

5.4.5　计算题

1. $\Lambda_{m,HAc}^{\infty}=0.039\,07S\cdot m^2\cdot mol^{-1}$

2. $\kappa_{AgBr}=1.11\times10^{-5}S\cdot m^{-1}$

3. (1) $\Lambda_{m,NaOH}=221\times10^{-4}S\cdot m^2\cdot mol^{-1}$

(2) $\Lambda_{m,NaCl}=112\times10^{-4}S\cdot m^2\cdot mol^{-1}$

4. 阳极区有水 23.14g,通电前有 Ag^+ 为 $23.14\times10^{-3}\times0.043\,56=0.001\,008$(mol)

电解时阳极溶下 Ag^+ 0.000 723mol,迁移一部分 Ag^+,余下 0.001 391mol Ag^+。

故迁移的 Ag^+ 为 0.001 008+0.000 723−0.001 391=0.000 340(mol)

$$t_+=0.000\,340/0.000\,723=0.470$$

$$t_-=0.530$$

5. $K_w=1.12\times10^{-14}$

6. $\gamma_\pm=0.626$,与实验值($\gamma_\pm=0.650$)相比,其相对误差为 3.83%。

第 6 章　电　化　学

6.1　学习要求

(1) 掌握可逆电池(reversible cell)、可逆电极的类型、电极电势标准态、电动势、能斯特公式及其应用。

(2) 掌握可逆电池热力学、可逆电池电动势的测定方法及其在化学、生命体系及土壤体系等领域中的应用。

(3) 了解 pE、pH-电势图和生化标准电极电势。

(4) 了解不可逆电极过程的特点及与可逆电极变化的关系；了解分解电压、极化现象和超电势。

(5) 了解极谱分析的原理；了解金属腐蚀及防护。

6.2　内容概要

6.2.1　可逆电池

1. 可逆电池的条件

电池在充、放电时发生的反应必须为可逆反应；电池充、放电时的能量转换必须可逆，即通过电池的电流无限小，无热功转化。

2. 可逆电极的类型

(1) 金属电极。由金属浸在含有该金属离子的溶液中构成，包括汞齐电极。例如，Zn 电极 $Zn(s) \mid ZnSO_4(aq)$，电极电势为

$$\varphi_{Zn^{2+}/Zn} = \varphi^{\ominus}_{Zn^{2+}/Zn} - \frac{RT}{2F}\ln\frac{1}{a_{Zn^{2+}}}$$

(2) 气体电极。由惰性金属(通常用 Pt 或 Au 为导电体)插入某气体及其离子溶液中构成的电极。例如，氢电极 $Pt(s), H_2(p_{H_2}) \mid H^+(a_{H^+})$，电极电势为

$$\varphi_{H^+/H_2} = \varphi^{\ominus}_{H^+/H_2} - \frac{RT}{2F}\ln\frac{p_{H_2}/p^{\ominus}}{a^2_{H^+}}$$

(3) 金属难溶盐电极。将金属表面覆盖一薄层该金属的难溶盐，浸入含有该

难溶盐负离子的溶液中构成。例如，银-氯化银电极 Ag(s)，AgCl(s) | Cl^- (a_{Cl^-})，电极电势为

$$\varphi_{Cl^-,AgCl/Ag}=\varphi^{\ominus}_{Cl^-,AgCl/Ag}-\frac{RT}{F}\ln a_{Cl^-}$$

(4) 氧化还原电极。由惰性金属(如 Pt 片)插入某种元素两种不同氧化态的离子溶液中构成电极。例如，Sn^{2+}-Sn^{4+} 电极 Pt(s) | Sn^{4+} (a_2)，Sn^{2+} (a_1)，电极电势为

$$\varphi_{Sn^{4+}/Sn^{2+}}=\varphi^{\ominus}_{Sn^{4+}/Sn^{2+}}-\frac{RT}{2F}\ln\frac{a_{Sn^{2+}}}{a_{Sn^{4+}}}$$

3. 电池表示法

电池的书面表示所采用的规则：负极写在左方，进行氧化反应(是阳极)，正极写在右方，进行还原反应(是阴极)；组成电池的物质用化学式表示，并注明电极的状态；气体要注明分压和依附的不活泼金属、温度、所用的电解质溶液的活度等，如不写明，则指 298K，$p^{\ominus}$，$a=1$；用单垂线"|"表示接触界面，用双垂线"‖"表示盐桥(salt bridge)；在书写电极和电池反应时必须遵守物料平衡和电荷平衡。

6.2.2 电极电势

1. 标准氢电极

用镀铂黑的铂片插入氢离子活度为 1 的溶液中，用标准压力的干燥氢气不断冲击到铂电极上所构成的电极为标准氢电极，规定其电极电势为零。

2. 电极电势

把标准氢电极作为负极与给定电极构成电池，测出的电池电动势作为给定电极的电势。标准还原电极电势表上的值都是对标准氢电极的相对值。

3. 能斯特公式

对于任意给定的一个电极，其电极还原反应写成如下通式：

$$氧化态+ne^- \longrightarrow 还原态 \quad 或 \quad Ox+ne^- \longrightarrow Red$$

电极电势为

$$\varphi=\varphi^{\ominus}-\frac{RT}{nF}\ln\frac{a_{Red}}{a_{Ox}}=\varphi^{\ominus}+\frac{RT}{nF}\ln\frac{a_{Ox}}{a_{Red}}$$

若将电极写成一般形式

$$aA+dD+ne^- \longrightarrow gG+hH$$

电极电势为

$$\varphi = \varphi^{\ominus} - \frac{RT}{nF}\ln\prod a_{B}^{\nu_B}$$

可逆电池电动势(electromotive force)为

$$E = \varphi_{+} - \varphi_{-} \qquad E^{\ominus} = \varphi_{+}^{\ominus} - \varphi_{-}^{\ominus}$$

6.2.3　可逆电池热力学

$$(\Delta_r G_m)_{T,p} = W'_{max}$$

$$(\Delta_r G_m)_{T,p} = -nFE$$

如果电池两极的各种物质均处于标准态,则

$$\Delta_r G_m^{\ominus} = -nFE^{\ominus}$$

若可逆电池反应为 $a\mathrm{A}+d\mathrm{D}$═══$g\mathrm{G}+h\mathrm{H}$,可得能斯特方程

$$E = E^{\ominus} - \frac{RT}{nF}\ln\prod a_{B}^{\nu_B}$$

$$E^{\ominus} = \frac{RT}{nF}\ln K^{\ominus}$$

$$\Delta_r H_m = -nFE + nFT\left(\frac{\partial E}{\partial T}\right)_p$$

$$\Delta_r S_m = nF\left(\frac{\partial E}{\partial T}\right)_p$$

$$Q_R = nFT\left(\frac{\partial E}{\partial T}\right)_p = T\Delta_r S_m$$

由电池的温度系数(temperature coefficient)$\left(\frac{\partial E}{\partial T}\right)_p$ 的正、负可确定可逆电池工作时是吸热还是放热,即$\left(\frac{\partial E}{\partial T}\right)_p>0$,吸热;$\left(\frac{\partial E}{\partial T}\right)_p<0$,放热。

6.2.4　电池电动势的测定及其应用

1. 对消法测电动势

原电池的电动势等于没有电流通过时两极间的电势差,所以常用对消法测定电动势,而不能用伏特(Volt)计或万用电表测定。

2. 标准电池

标准电池(standard cell)的电动势必须精确已知,且能保持恒定,常用的是饱和韦斯顿标准电池。温度对其电池电动势影响很小,E 与温度的关系可由下式表示

$$E_T = 1.018\,45 - 4.05\times10^{-5}(T-293) - 9.5\times10^{-7}(T-293)^2 + 1\times10^{-8}(T-293)^3$$

3. 电动势测定的应用

通过测定电动势，可获得电化学体系的很多性质，如用于判断反应趋势；计算氧化还原反应、配位反应等的平衡常数；求微溶盐的溶解度和溶度积；求算弱电解质溶液的离解度和离解常数；计算热力学函数的改变量 $\Delta_r G_m$、$\Delta_r H_m$、$\Delta_r S_m$ 等；测定溶液的 pH；计算离子的活度和活度系数、电极电势、土壤和生命体系的氧化还原电势；从液接电势求离子的迁移数；确定离子价态以及电势滴定等。

*6.2.5 电子活度及电势-pH 图

1. 电子活度 a_e

电极反应

$$\text{氧化态} + n\text{e}^- \longrightarrow \text{还原态}$$

达平衡时

$$K^{\ominus} = \frac{a_{\text{Red}}}{a_{\text{Ox}} a_e^n}$$

式中：a_e 为电子活度(electron activity，其值反映了体系氧化还原性的强弱)。用 pE 表示电子活度的负对数，即

$$\text{p}E = -\lg a_e$$

并定义

$$\text{p}E^{\ominus} = \frac{1}{n}\lg K^{\ominus} \qquad \text{p}E = \text{p}E^{\ominus} - \frac{1}{n}\lg\frac{a_{\text{Red}}}{a_{\text{Ox}}}$$

298K 时

$$\varphi/\text{V} = 0.059\ 16\text{p}E \qquad \varphi^{\ominus}/\text{V} = 0.059\ 16\text{p}E^{\ominus}$$

当还原态活度与氧化态活度相等时 pE=p$E^{\ominus}$。pE 越小时，体系的电子活度越大，提供电子的趋势越大，还原性越大，电极电势越低；否则相反。pE 数值通过计算得到，不能由实验测定。

2. 电势-pH 图及应用

在温度和浓度恒定时，电极电势只与溶液的 pH 有关，电极电势与 pH 的关系曲线称为电势-pH 图。由图可以解决水溶液中发生的一系列反应及平衡问题，可以知道反应中各组分生成的条件及组分稳定存在的范围。

*6.2.6 生化标准电极电势

有氢离子参加的反应

$$\text{氧化态} + m\text{H}^+ + n\text{e}^- \longrightarrow \text{还原态}$$

电极电势为

$$\varphi=\varphi^{\ominus}-\frac{2.303RT}{nF}\lg\frac{a_{\mathrm{Red}}}{a_{\mathrm{Ox}}}+\frac{2.303RT}{nF}\lg a_{\mathrm{H^+}}^{m}$$

298K 时

$$\varphi=\varphi^{\ominus}-\frac{0.059\ 16\mathrm{V}}{n}\lg\frac{a_{\mathrm{Red}}}{a_{\mathrm{Ox}}}-\frac{0.059\ 16\mathrm{V}}{n}m\mathrm{pH}$$

如果电极反应是在 pH 固定的条件下进行，则 pH 与 $\varphi^{\ominus}$ 合并令其为 $\varphi^{\oplus}$，则

$$\varphi=\varphi^{\oplus}-\frac{0.059\ 16\mathrm{V}}{n}\lg\frac{a_{\mathrm{Red}}}{a_{\mathrm{Ox}}}$$

$\varphi^{\oplus}$ 称为生化标准电极电势，是在氧化态和还原态物质活度均为 1、pH 固定条件下电极反应的电极电势。pH 不同时，$\varphi^{\oplus}$ 也不同。

生理反应和一些土壤中的反应是在近中性条件下进行的，所以在生命体系和土壤科学中，经常用到 pH＝7.00 时的 $\varphi^{\oplus}$ 值。生物体内的氧化还原体系可以引发一系列的氧化还原反应，反应能否自发进行，可根据 $\varphi^{\oplus}$ 计算确定，或通过测定电池电动势确定。测定生物组织液的氧化还原电势，可以用来研究一些生理和病理现象。电池电动势的测定还用于土壤氧化还原状况的研究以及生物体呼吸链的研究。

6.2.7 不可逆电极过程

电解反应能持续稳定进行所必须施加的最小外加电压称为分解电压(decomposition voltage)。分解电压的数值是电解反应的电流-电压(I-V)曲线转折点对应的数值，实测分解电压 V_{d} 没有确切的理论意义，其数值大小受电极材料、电解液、温度等诸多因素的影响，但在实际应用中 V_{d} 有很大的意义。

电极上有电流通过时，发生不可逆电极过程(irreversible processes at electrodes)，电极电势偏离其平衡电极电势的现象称为电极的极化(polarization)。电极极化时电极电势相对于可逆电势的偏离值称为过电势或超电势(overpotential)。通过电极的电流密度越大，超电势越大。

电极的反应发生在电极与溶液的界面上，反应的结果改变了电极表面附近溶液中离子的浓度，而离子扩散的迟滞性导致电极表面附近的溶液与溶液本体之间产生浓度差，这样引起的极化作用称为浓差极化(concentration polarization)。

由于电极反应的迟缓性引起的极化称为电化学极化(electrochemical polarization)或活化极化(activation polarization)。

由于极化作用，阳极的极化电势高于可逆电势，阴极的极化电势低于可逆电势。因此原电池放电时两极间的实际电势差小于可逆电动势，在电解池中只有外加端电压高于可逆电动势时，电解反应才能得以进行。

H^+ 在阴极上电解还原成 H_2 时的超电势称为氢超电势(hydrogen overpotential)，其与电流密度的关系可用塔费尔方程(Tafel's equation)表示

$$\eta = a + b\lg i$$

式中：η 为氢超电势；i 为电流密度；a、b 为常数。氢超电势基本取决于电极材料，也与溶液组成、浓度、电流密度、温度等因素有关。在铂、钯等贵金属材料上氢超电势最小，其次为铁、镍、钴、铜、银、钨等，在锡、锌、汞、铅等上氢超电势较大。因此，在电解水制备氢气时，总希望氢超电势尽可能小，电能消耗少，经济效益高，故一般选用铁、镍等作为电极材料。而在电镀和电解 NaCl 溶液制取钠汞齐时，要求不析出氢气，需选用氢超电势大的材料。

6.2.8 极谱分析原理

以滴汞电极(dropping mercury electrode)为阴极对被测溶液进行电解时，随着电势改变，达到待测物质的分解电压后，电流迅速增大，在 *I-V* 图上出现一个“波”，称为极谱波(polarography wave)。波的中点对应的电势称为半波电势(half-wave potential)，其数值大小取决于待测物质的本性，而与其浓度无关，故测定半波电势可进行定性分析。极谱波的高度称为波高(height of the wave)，与之对应的电流称为极限电流(limiting current)，它与待测物质的浓度成正比，这是极谱分析的定量基础。上述定性分析和定量分析都称为极谱分析(polarography analysis)。极谱分析所用仪器比较简单，测试速度快，灵敏度高，准确度好，应用范围很广。

6.2.9 金属腐蚀

金属腐蚀(corrosion)可分为化学腐蚀和电化学腐蚀。金属直接与干燥气体、有机物等接触而变质损坏的现象是化学腐蚀，而大部分金属腐蚀是电化学原因造成的。各种金属部件在工作环境中与水或潮湿空气接触，空气中的 CO_2 和其他物质溶于水中形成电解质溶液。金属与其中所含的杂质电极电势不同，形成两个电极，加上电解质溶液作为离子导体，共同组成微电池(microcell)。这些微电池数量很多，且外电路短路电流不断，造成金属腐蚀。在实际工作中，往往采用在金属表面覆盖保护层、电化学方法保护、缓蚀剂(inhibitor)保护、金属钝化(passivation of metals)等方法进行金属防腐。

6.3 例题和习题解答

【例 6-1】 有一氧化还原反应 $Ag(s) + Fe^{3+}(a_{Fe^{3+}}) \longrightarrow Fe^{2+}(a_{Fe^{2+}}) + Ag^{+}(a_{Ag^{+}})$，在 298K 时，$\varphi^{\ominus}_{Ag^{+}/Ag}=0.7991V$，$\varphi^{\ominus}_{Fe^{2+}/Fe}=-0.440V$，$\varphi^{\ominus}_{Fe^{3+}/Fe}=-0.036V$。(1)将上述反应设计成电池；(2)计算电池的电动势。已知 $m_{Fe^{3+}}=1mol\cdot kg^{-1}$，$m_{Fe^{2+}}=0.1mol\cdot kg^{-1}$，$m_{Ag^{+}}=0.1mol\cdot kg^{-1}$，设活度系数均为 1。

解　(1) 设计电池为

$$Ag(s)\mid Ag^+(a_{Ag^+})\parallel Fe^{3+}(a_{Fe^{3+}}), Fe^{2+}(a_{Fe^{2+}})\mid Pt(s)$$

负极(氧化反应)　$Ag(s)\longrightarrow Ag^+(a_{Ag^+})+e^-$

正极(还原反应)　$Fe^{3+}(a_{Fe^{3+}})+e^-\longrightarrow Fe^{2+}(a_{Fe^{2+}})$

电池反应　$Ag(s)+Fe^{3+}(a_{Fe^{3+}})\longrightarrow Ag^+(a_{Ag^+})+Fe^{2+}(a_{Fe^{2+}})$

(2) $Fe^{3+}(a_{Fe^{3+}})+3e^-\longrightarrow Fe(s)$　$\Delta_r G^{\ominus}_{m,1}=-3\varphi^{\ominus}_{Fe^{3+}/Fe}F$

$Fe^{2+}(a_{Fe^{2+}})+2e^-\longrightarrow Fe(s)$　$\Delta_r G^{\ominus}_{m,2}=-2\varphi^{\ominus}_{Fe^{2+}/Fe}F$

$Fe^{3+}(a_{Fe^{3+}})+e^-\longrightarrow Fe^{2+}(a_{Fe^{2+}})$　$\Delta_r G^{\ominus}_{m,3}=-\varphi^{\ominus}_{Fe^{3+}/Fe^{2+}}F$

$$\Delta_r G^{\ominus}_{m,3}=\Delta_r G^{\ominus}_{m,1}-\Delta_r G^{\ominus}_{m,2}$$

$$-\varphi^{\ominus}_{Fe^{3+}/Fe^{2+}}=-3\varphi^{\ominus}_{Fe^{3+}/Fe}-(-2\varphi^{\ominus}_{Fe^{2+}/Fe})\varphi^{\ominus}_{Fe^{3+}/Fe^{2+}}=3\varphi^{\ominus}_{Fe^{3+}/Fe}-2\varphi^{\ominus}_{Fe^{2+}/Fe}$$

$$=3\times(-0.036)-2\times(-0.440)=0.77(\mathrm{V})$$

$$E=\varphi_+-\varphi_-=E^{\ominus}-\frac{RT}{nF}\ln\prod a_B^{\nu_B}=E^{\ominus}-\frac{RT}{F}\ln(a_{Ag^+}a_{Fe^{2+}}/a_{Fe^{3+}})$$

$$=\varphi^{\ominus}_{Fe^{3+}/Fe^{2+}}-\varphi^{\ominus}_{Ag^+/Ag}-\frac{2RT}{F}\ln\frac{0.1\times0.1}{1}$$

$$=0.77-0.7991-(8.314\times298/96\,485)\times\ln0.01$$

$$=-0.029+0.12=0.091(\mathrm{V})$$

【例 6-2】　已知电池 $Pt(s), H_2(p^{\ominus})\mid H_2SO_4(0.01mol\cdot kg^{-1})\mid O_2(p^{\ominus}), Pt(s)$，$H_2O(l)$的标准生成焓为$-285.830kJ\cdot mol^{-1}$，标准生成吉布斯自由能为$-237.129kJ\cdot mol^{-1}$，试计算上述电池在 298.15K 时的电动势和温度系数。

解　负极(氧化反应)　$H_2(p^{\ominus})\longrightarrow 2H^+(a_{H^+})+2e^-$

正极(还原反应)　$1/2O_2(p^{\ominus})+2H^+(a_{H^+})+2e^-\longrightarrow H_2O(l)$

电池反应　$H_2(p^{\ominus})+1/2O_2(p^{\ominus})\longrightarrow H_2O(l)$

所以

$$\Delta_r G_m=\Delta_f G^{\ominus}_{m,H_2O(l)}=-237.129kJ\cdot mol^{-1}$$

又

$$(\Delta_r G_m)_{T,p}=-nFE$$

故

$$E=-\frac{\Delta_r G_m}{nF}=-(-237.129)/(2\times96\,485)=1.229(\mathrm{V})$$

由 $\Delta_r H_m=-nFE+nFT\left(\frac{\partial E}{\partial T}\right)_p$，得

$$\left(\frac{\partial E}{\partial T}\right)_p=\frac{E}{T}+\frac{\Delta_r H_m}{nFT}$$

$$=1.229/298.15+(-285.830)/(2\times96\,485\times298.15)$$

$$=-8.46\times10^{-4}(\text{V}\cdot\text{K}^{-1})$$

【例 6-3】 在 298.15K 时，已知 $\varphi^{\ominus}_{Ag^+/Ag}=0.80\text{V}$，$\varphi^{\ominus}_{Br_2(l)/Br^-,Pt}=1.09\text{V}$，AgBr(s)的溶度积 $K_{sp}=4.57\times10^{-13}$。试设计电池，计算 298.15K 时 AgBr(s)的标准生成吉布斯自由能 $\Delta_f G^{\ominus}_m$。

解 AgBr(s)的溶解反应

$$\text{AgBr(s)}\longrightarrow \text{Ag}^+(a_{Ag^+})+\text{Br}^-(a_{Br^-})$$

设计电池为

$$\text{Ag(s)}\mid \text{Ag}^+(a_{Ag^+})\parallel \text{Br}^-(a_{Br^-})\mid \text{AgBr(s)},\text{Ag(s)}$$

负极(氧化反应)　$\text{Ag(s)}\longrightarrow \text{Ag}^+(a_{Ag^+})+e^-$

正极(还原反应)　$\text{AgBr(s)}+e^-\longrightarrow \text{Ag(s)}+\text{Br}^-(a_{Br^-})$

电池反应　$\text{AgBr(s)}\longrightarrow \text{Ag}^+(a_{Ag^+})+\text{Br}^-(a_{Br^-})$

$$E^{\ominus}=\varphi^{\ominus}_{Br^-,AgBr(s)/Ag}-\varphi^{\ominus}_{Ag^+/Ag}=\frac{RT}{nF}\ln K_{sp}$$

所以

$$\begin{aligned}\varphi^{\ominus}_{Br^-,AgBr(s)/Ag}&=\varphi^{\ominus}_{Ag^+/Ag}+\frac{RT}{nF}\ln K_{sp}\\&=0.80+[8.314\times298.15/(1\times96\,485)]\times\ln(4.57\times10^{-13})\\&=0.07(\text{V})\end{aligned}$$

AgBr(s)的生成反应

$$\text{Ag(s)}+\frac{1}{2}\text{Br}_2(\text{l})\longrightarrow \text{AgBr(s)}$$

设计电池为

$$\text{Ag(s)},\text{AgBr(s)}\mid \text{Br}^-(a_{Br^-})\mid \text{Br}_2(\text{l}),\text{Pt(s)}$$

负极(氧化反应)　$\text{Ag(s)}+\text{Br}^-(a_{Br^-})\longrightarrow \text{AgBr(s)}+e^-$

正极(还原反应)　$\frac{1}{2}\text{Br}_2(\text{l})+e^-\longrightarrow \text{Br}^-(a_{Br^-})$

电池反应　$\text{Ag(s)}+\frac{1}{2}\text{Br}_2(\text{l})\longrightarrow \text{AgBr(s)}$

$$E^{\ominus}=\varphi^{\ominus}_{Br_2(l)/Br^-,Pt}-\varphi^{\ominus}_{Br^-,AgBr(s)/Ag}=1.09-0.07=1.02(\text{V})$$

$$\begin{aligned}\Delta_f G^{\ominus}_{m,298.15K}&=\Delta_r G^{\ominus}_{m,298.15K}=-nFE^{\ominus}\\&=-1\times96\,485\times1.02\times10^{-3}=-98.41(\text{kJ}\cdot\text{mol}^{-1})\end{aligned}$$

【例 6-4】 已知 298K 时电池 Au(s),AuI(s) | HI(b) | $H_2(p^{\ominus})$,Pt(s)。(1)写出电池反应和电极反应；(2)当 $b_1=10^{-4}\text{mol}\cdot\text{kg}^{-1}$ 时，$E_1=-0.97\text{V}$；当 $b_2=3.0\text{mol}\cdot\text{kg}^{-1}$，$E_2=-0.41\text{V}$。计算 $3.0\text{mol}\cdot\text{kg}^{-1}$ HI 溶液的离子平均活度系数。

解 (1) 负极(氧化反应) $\text{Au(s)}+\text{I}^-(a)\longrightarrow \text{AuI(s)}+e^-$

正极(还原反应) $H^+(a)+e^- \longrightarrow \frac{1}{2}H_2(p^\ominus)$

电池反应 $Au(s)+HI(a) \longrightarrow AuI(s)+\frac{1}{2}H_2(p^\ominus)$

(2) $b_\pm=(\nu_+^{\nu_+}\nu_-^{\nu_-})^{1/\nu}b_B=b_B$

$$E=E^\ominus-(RT/F)\ln(1/a_{HI})=-\varphi^\ominus_{I^-,AuI(s)/Au}+0.059\ 16V\lg a_\pm^2$$
$$=-\varphi^\ominus_{I^-,AuI(s)/Au}+2\times0.059\ 16V\lg(\gamma_\pm b_\pm/b^\ominus)$$
$$=-\varphi^\ominus_{I^-,AuI(s)/Au}+2\times0.059\ 16V\lg(\gamma_\pm b/b^\ominus)$$

$b_1=10^{-4}mol\cdot kg^{-1}$时,$\gamma_\pm\approx1$

$$-0.97=-\varphi^\ominus_{I^-,AuI(s)/Au}+2\times0.059\ 16\times\lg10^{-4}$$

$b_2=3.0mol\cdot kg^{-1}$时

$$-0.41=-\varphi^\ominus_{I^-,AuI(s)/Au}+2\times0.059\ 16\lg(\gamma_\pm\times3)$$

解上述两式,得

$$\gamma_\pm=1.81$$

【例 6-5】 计算下列电池在 298K 时的电动势:(1)$Pt(s),H_2(p^\ominus)\mid HCl(b)\mid H_2(0.5p^\ominus),Pt(s)$;(2)$Ag(s)\mid AgNO_3(0.01mol\cdot kg^{-1},\gamma_\pm=0.90)\parallel AgNO_3(0.1\ mol\cdot kg^{-1},\gamma_\pm=0.72)\mid Ag(s)$。

解 (1) 该电池为无液体接界的浓差电池。

负极(氧化反应) $H_2(p_1)\longrightarrow 2H^+(a_{H^+})+2e^-$

正极(还原反应) $2H^+(a_{H^+})+2e^-\longrightarrow H_2(p_2)$

电池反应 $H_2(p_1)\longrightarrow H_2(p_2)$

电池电动势为

$$E=\varphi_+-\varphi_-=E^\ominus-(RT/2F)\ln(p_2/p_1)$$

$$E=(0.059\ 16/2)\times\lg(p_1/p_2)=(0.059\ 16/2)\times\lg(p^\ominus/0.5p^\ominus)=0.0089(V)$$

(2) 该电池为用盐桥消除液体接界电势的浓差电池。

负极(氧化反应) $Ag(s)\longrightarrow Ag^+(a_1)+e^-$

正极(还原反应) $Ag^+(a_2)+e^-\longrightarrow Ag(s)$

电池反应 $Ag^+(a_2)\longrightarrow Ag^+(a_1)$

电池电动势为

$$E=\varphi_+-\varphi_-=E^\ominus-(RT/F)\ln(a_1/a_2)$$

由 $a_B=a_\pm^\nu=(\gamma_\pm b_\pm/b^\ominus)^\nu$,$b_\pm=(\nu_+^{\nu_+}\nu_-^{\nu_-})^{1/\nu}b_B=b_B$,得

$$E=0.059\ 16\times\lg(a_2/a_1)$$
$$=0.059\ 16\times\lg[(\gamma_\pm b_B/b^\ominus)_2^2/(\gamma_\pm b_B/b^\ominus)_1^2]$$
$$=0.059\ 16\times\lg[(0.72\times0.1)^2/(0.90\times0.01)^2]=0.107(V)$$

【例 6-6】 298K、$p^\ominus$下用光亮铂电极电解 $1mol\cdot dm^{-3}$ NaOH 溶液,得 H_2 和

O_2。分别写出两极的电极反应，并计算理论分解电压。实测分解电压为1.69V，实测分解电压大于理论分解电压的原因是什么？

解 阴极：发生还原反应 $2H^+(aq)+2e^- \longrightarrow H_2(g)$

阳极：发生氧化反应 $2OH^-(aq) \longrightarrow 1/2\ O_2(g)+H_2O(l)+2e^-$

理论分解电压就是两电极组成原电池的电动势

$$E^\ominus = \varphi^\ominus_{O_2/OH^-} - \varphi^\ominus_{H^+/H_2} = 1.23V$$

实测分解电压大于理论分解电压的原因是由于极化现象，包括浓差极化和电化学极化等，在两极上产生超电势，使实际分解电压升高。

【例 6-7】 填空

(1) 电解池在工作时，随电流密度增加，阳极的电极电势比可逆电势______，阴极的电极电势比可逆电势______，两极间的实际电势差比可逆电动势______。

(2) 不可逆电池放电时，正极的电极电势比可逆电势______，负极的电极电势比可逆电势______，电池两极间的实际电势差______可逆电动势。

答 (1) 高 低 大

(2) 低 高 小于

【习题 6-1】 写出下列电池的电极反应和电池反应。

(1) $Cu(s) \mid CuSO_4(aq) \parallel AgNO_3(aq) \mid Ag(s)$；

(2) $Pt(s), H_2(p_{H_2}) \mid H^+(a_{H^+}) \parallel Ag^+(a_{Ag^+}) \mid Ag(s)$；

(3) $Ag(s), AgBr(s) \mid Br^-(a_{Br^-}) \parallel Cl^-(a_{Cl^-}) \mid AgCl(s), Ag(s)$；

(4) $Pt(s) \mid Sn^{4+}(a_{Sn^{4+}}), Sn^{2+}(a_{Sn^{2+}}) \parallel Fe^{3+}(a_{Fe^{3+}}), Fe^{2+}(a_{Fe^{2+}}) \mid Pt(s)$；

(5) $Pb(s), PbSO_4(s) \mid SO_4^{2-}(a_{SO_4^{2-}}) \parallel Cu^{2+}(a_{Cu^{2+}}) \mid Cu(s)$。

解 (1) 负极(氧化反应) $Cu(s) \longrightarrow Cu^{2+}(a_{Cu^{2+}})+2e^-$

正极(还原反应) $2Ag^+(a_{Ag^+})+2e^- \longrightarrow 2Ag(s)$

电池反应 $Cu(s)+2Ag^+(a_{Ag^+}) \longrightarrow Cu^{2+}(a_{Cu^{2+}})+2Ag(s)$

(2) 负极(氧化反应) $1/2\ H_2(p_{H_2}) \longrightarrow H^+(a_{H^+})+e^-$

正极(还原反应) $Ag^+(a_{Ag^+})+e^- \longrightarrow Ag(s)$

电池反应 $1/2\ H_2(p_{H_2})+Ag^+(a_{Ag^+}) \longrightarrow H^+(a_{H^+})+Ag(s)$

(3) 负极(氧化反应) $Ag(s)+Br^-(a_{Br^-}) \longrightarrow AgBr(s)+e^-$

正极(还原反应) $AgCl(s)+e^- \longrightarrow Ag(s)+Cl^-(a_{Cl^-})$

电池反应 $Br^-(a_{Br^-})+AgCl(s) \longrightarrow AgBr(s)+Cl^-(a_{Cl^-})$

(4) 负极(氧化反应) $Sn^{2+}(a_{Sn^{2+}}) \longrightarrow Sn^{4+}(a_{Sn^{4+}})+2e^-$

正极(还原反应) $2Fe^{3+}(a_{Fe^{3+}})+2e^- \longrightarrow 2Fe^{2+}(a_{Fe^{2+}})$

电池反应 $Sn^{2+}(a_{Sn^{2+}})+2Fe^{3+}(a_{Fe^{3+}}) \longrightarrow Sn^{4+}(a_{Sn^{4+}})+2Fe^{2+}(a_{Fe^{2+}})$

(5) 负极(氧化反应) $Pb(s)+SO_4^{2-}(a_{SO_4^{2-}}) \longrightarrow PbSO_4(s)+2e^-$

正极(还原反应)　　　　$Cu^{2+}(a_{Cu^{2+}})+2e^{-}\longrightarrow Cu(s)$

电池反应 $Pb(s)+Cu^{2+}(a_{Cu^{2+}})+SO_4^{2-}(a_{SO_4^{2-}})\longrightarrow PbSO_4(s)+Cu(s)$

【习题 6-2】 将下列反应设计成电池。

(1) $Zn(s)+CuSO_4(aq)\longrightarrow ZnSO_4(aq)+Cu(s)$;

(2) $AgCl(s)+I^-(a_{I^-})\longrightarrow AgI(s)+Cl^-(a_{Cl^-})$;

(3) $Fe^{2+}(a_{Fe^{2+}})+Ag^+(a_{Ag^+})\longrightarrow Fe^{3+}(a_{Fe^{3+}})+Ag(s)$;

(4) $2H_2(g)+O_2(g)\longrightarrow 2H_2O(l)$;

(5) $Ag(s)+\frac{1}{2}Cl_2(p_{Cl_2})\longrightarrow AgCl(s)$。

解 (1) $Zn(s)\mid ZnSO_4(aq)\parallel CuSO_4(aq)\mid Cu(s)$

(2) $Ag(s),AgI(s)\mid I^-(a_{I^-})\parallel Cl^-(a_{Cl^-})\mid AgCl(s),Ag(s)$

(3) $Pt(s)\mid Fe^{2+}(a_{Fe^{2+}}),Fe^{3+}(a_{Fe^{3+}})\parallel Ag^+(a_{Ag^+})\mid Ag(s)$

(4) $Pt(s),H_2(p_{H_2})\mid H^+(a_{H^+})\mid O_2(p_{O_2}),Pt(s)$

(5) $Ag(s),AgCl(s)\mid Cl^-(a_{Cl^-})\mid Cl_2(p_{Cl_2}),Pt(s)$

【习题 6-3】 已知 273K 时韦斯顿标准电池电动势为 1.0186V，$\left(\frac{\partial E}{\partial T}\right)_p=-4.16\times10^{-5}V\cdot K^{-1}$，计算 293K 时电池反应的 Δ_rG_m、Δ_rS_m、Δ_rH_m、Δ_rU_m、Q_R、W'_{max}。

解 设 293K 时电池电动势为 E，则

$$(E-E_1)/(T-T_1)=-4.16\times10^{-5}V\cdot K^{-1}$$

$$E=-4.16\times10^{-5}\times(293-273)+1.0186=1.02(V)$$

设反应中 $n=2$

$$\Delta_rG_m=-nFE=-2\times1.02\times96\,485\times10^{-3}=-197(kJ\cdot mol^{-1})$$

$$\Delta_rS_m=nF\left(\frac{\partial E}{\partial T}\right)_p=2\times96\,485\times(-4.16\times10^{-5})$$

$$=-8.03(J\cdot mol^{-1}\cdot K^{-1})$$

$$\Delta_rH_m=-nFE+nFT\left(\frac{\partial E}{\partial T}\right)_p=\Delta_rG_m+T\Delta_rS_m$$

$$=-197+293\times(-8.03)\times10^{-3}$$

$$=-199(kJ\cdot mol^{-1})$$

$$Q_R=nFT\left(\frac{\partial E}{\partial T}\right)_p=T\Delta_rS_m=293\times(-8.03)\times10^{-3}$$

$$=-2.35(kJ\cdot mol^{-1})$$

$$W'_{max}=\Delta_rG_m=-197kJ\cdot mol^{-1}$$

$$\Delta_rU_m=Q_R+W'_{max}=-2.35-197=-199(kJ\cdot mol^{-1})$$

【习题 6-4】 电池 $Zn(s)\mid Zn^{2+}(a=0.1)\parallel Cu^{2+}(a=0.1)\mid Cu(s)$，已知

298K 时，$\varphi^{\ominus}_{Cu^{2+}/Cu}=0.337V$，$\varphi^{\ominus}_{Zn^{2+}/Zn}=-0.763V$。计算(1) 电池的电动势；(2)电池反应吉布斯自由能变化值；(3)电池反应的平衡常数。

解 负极(氧化反应) $Zn(s) \longrightarrow Zn^{2+}(a_{Zn^{2+}})+2e^-$

正极(还原反应) $Cu^{2+}(a_{Cu^{2+}})+2e^- \longrightarrow Cu(s)$

电池反应 $Zn(s)+Cu^{2+}(a_{Cu^{2+}}) \longrightarrow Zn^{2+}(a_{Zn^{2+}})+Cu(s)$

(1) 反应中 $n=2$

$$E^{\ominus}=\varphi^{\ominus}_{+}-\varphi^{\ominus}_{-}=0.337-(-0.763)=1.10(V)$$

$$E=\varphi_{+}-\varphi_{-}=E^{\ominus}-\frac{RT}{nF}\ln\prod a_B^{\nu_B}=E^{\ominus}-\frac{RT}{nF}\ln(a_{Zn^{2+}}/a_{Cu^{2+}})$$

$$=1.10-\frac{RT}{nF}\ln(0.1/0.1)=1.10(V)$$

(2) $\Delta_r G_m=-nFE=-2\times1.10\times96\ 485\times10^{-3}=-212(kJ\cdot mol^{-1})$

(3) $\Delta_r G^{\ominus}_m=-RT\ln K^{\ominus}=-nFE^{\ominus}$

$$\ln K^{\ominus}=\frac{nFE^{\ominus}}{RT}=2\times1.10\times96\ 485/(8.314\times298)=85.7$$

$$K^{\ominus}=1.62\times10^{37}$$

【习题 6-5】 已知 $\varphi^{\ominus}_{Cr^{2+}/Cr}=-0.91V$，$\varphi^{\ominus}_{Cr^{3+}/Cr}=-0.74V$，分别写出电极反应并计算 $\varphi^{\ominus}_{Cr^{3+},Cr^{2+}/Pt}$。

解 $Cr^{3+}(a_{Cr^{3+}})+3e^- \longrightarrow Cr(s)$ $\Delta_r G^{\ominus}_{m,1}=-3F\varphi^{\ominus}_{Cr^{3+}/Cr}$

$Cr^{2+}(a_{Cr^{2+}})+2e^- \longrightarrow Cr(s)$ $\Delta_r G^{\ominus}_{m,2}=-2F\varphi^{\ominus}_{Cr^{2+}/Cr}$

$Cr^{3+}(a_{Cr^{3+}})+e^- \longrightarrow Cr^{2+}(a_{Cr^{2+}})$ $\Delta_r G^{\ominus}_{m,3}=-F\varphi^{\ominus}_{Cr^{3+},Cr^{2+}/Pt}$

$$\Delta_r G^{\ominus}_{m,3}=\Delta_r G^{\ominus}_{m,1}-\Delta_r G^{\ominus}_{m,2}$$

$$-F\varphi^{\ominus}_{Cr^{3+},Cr^{2+}/Pt}=-3F\varphi^{\ominus}_{Cr^{3+}/Cr}-(-2F\varphi^{\ominus}_{Cr^{2+}/Cr})$$

$$\varphi^{\ominus}_{Cr^{3+},Cr^{2+}/Pt}=3\varphi^{\ominus}_{Cr^{3+}/Cr}+2\varphi^{\ominus}_{Cr^{2+}/Cr}=3\times(-0.74V)-2\times(-0.91V)=-0.40V$$

【习题 6-6】 已知 298K 时，$Sn(s)\mid Sn^{2+}(a_{Sn^{2+}}=0.005)\parallel Cl^-(a_{Cl^-}=0.05)\mid AgCl(s),Ag(s)$电池的标准电池电动势为 0.36V，试写出该电池的电极反应和电池反应，并计算电池电动势 E。

解 电池的电极反应：

负极 $Sn(s) \longrightarrow Sn^{2+}(a_{Sn^{2+}}=0.005)+2e^-$

正极 $2AgCl(s)+2e^- \longrightarrow 2Ag(s)+2Cl^-(a_{Cl^-}=0.05)$

电池反应

$Sn(s)+2AgCl(s) \longrightarrow 2Ag(s)+Sn^{2+}(a_{Sn^{2+}}=0.005)+Cl^-(a_{Cl^-}=0.05)$

$$E=E^{\ominus}-\frac{RT}{2F}\ln(a_{Sn^{2+}}\cdot a^2_{Cl^-})$$

$$=0.36V-298K\times8.314\ J\cdot K^{-1}\cdot mol^{-1}/(2\times96485C\cdot mol^{-1})$$

$\times\ln(0.005\times0.05^2)$

$=0.59\text{V}$

【习题 6-7】 若 298K 时，$\varphi^{\ominus}_{Tl^+/Tl}=-0.3363\text{V}$，$\varphi^{\ominus}_{Zn^{2+}/Zn}=-0.763\text{V}$，对于电池 Zn(s) | $Zn(NO_3)_2$(aq) ‖ $TlNO_3$(aq) | Tl(s)，试计算(1)标准电池电动势；(2)$a_{Zn^{2+}}=0.95$，$a_{Tl^+}=0.93$ 时的电池电动势。

解 负极(氧化反应)　　$Zn(s)\longrightarrow Zn^{2+}(a_{Zn^{2+}})+2e^-$

正极(还原反应)　　$2Tl^+(a_{Tl^+})+2e^-\longrightarrow 2Tl(s)$

电池反应　　$Zn(s)+2Tl^+(a_{Tl^+})\longrightarrow Zn^{2+}(a_{Zn^{2+}})+2Tl(s)$

(1)　　$E^{\ominus}=\varphi^{\ominus}_{+}-\varphi^{\ominus}_{-}=-0.3363-(-0.763)=0.427(\text{V})$

(2) 反应中 $n=2$

$$E=\varphi_+-\varphi_-=E^{\ominus}-\frac{RT}{nF}\ln\prod a_B^{\nu_B}=E^{\ominus}-\frac{RT}{nF}\ln(a_{Zn^{2+}}/a^2_{Tl^+})$$

$=0.427-[8.314\times298/(2\times96\ 485)]\times\ln(0.95/0.93^2)$

$=0.426(\text{V})$

【习题 6-8】 298K 时测得电池 Pt(s)，$H_2(p^{\ominus})$ | HBr($0.100\text{mol}\cdot\text{kg}^{-1}$) | AgBr(s)，Ag(s)的电动势为 0.200V，$\varphi^{\ominus}_{Br^-,AgBr(s)/Ag}=0.071\ 03\text{V}$，试写出电极反应与电池反应，并计算 HBr 的平均活度系数。

解 负极(氧化反应)　　$\frac{1}{2}H_2(p^{\ominus})\longrightarrow H^+(a_{H^+})+e^-$

正极(还原反应)　　$AgBr(s)+e^-\longrightarrow Ag(s)+Br^-(a_{Br^-})$

电池反应　　$\frac{1}{2}H_2(p^{\ominus})+AgBr(s)\longrightarrow Ag(s)+HBr(a)$

反应中 $n=1$

$$E=\varphi_+-\varphi_-=E^{\ominus}-\frac{RT}{nF}\ln\prod a_B^{\nu_B}=E^{\ominus}-\frac{RT}{F}\ln(a_{H^+}a_{Br^-})$$

$$=E^{\ominus}-\frac{RT}{F}\ln a^2_{\pm}=E^{\ominus}-\frac{2RT}{F}\ln\frac{b_{\pm}}{b^{\ominus}}-\frac{2RT}{F}\ln\gamma_{\pm}$$

$$\ln\gamma_{\pm}=\frac{F(E-E^{\ominus})}{2RT}-\ln\frac{b_{\pm}}{b^{\ominus}}$$

$=(0.071\ 03-0.200)\times96\ 485/(2\times8.314\times298)-\ln0.1$

$=-0.208$

$$\gamma_{\pm}=0.812$$

【习题 6-9】 298K 时测定下列电池的电动势：玻璃电极 | 某种酸溶液 ‖ 饱和甘汞电极。(1)当使用 pH＝4.00 的缓冲溶液时，测得该电池的电动势 $E_1=0.1120\text{V}$，若换另一待测的缓冲溶液，测得电动势 $E_2=0.2065\text{V}$，试求该缓冲溶液的 pH；(2)若再换用 pH＝2.50 的缓冲溶液，电池的电动势应为多少？

解 (1) $pH_x = pH_s + (E_x - E_s)/0.059\,16$

$= 4.00 + (0.2065 - 0.1120)/0.059\,16 = 5.60$

(2) $E_x = E_s - 0.059\,16(pH_s - pH_x)$

$= 0.1120 - 0.059\,16 \times (4.00 - 2.50)$

$= 0.0233(V)$

【习题 6-10】 (1)将反应 $H_2(p^\ominus) + I_2(s) \longrightarrow 2HI(a_\pm = 1)$ 设计成电池；(2)求此电池的 $E^\ominus$ 及电池反应在 298K 时的 $K^\ominus$；(3)若反应写成 $\frac{1}{2}H_2(p^\ominus) + \frac{1}{2}I_2(s) \longrightarrow HI(a_\pm = 1)$，电池的 $E^\ominus$ 及反应的 $K^\ominus$ 值与(2)是否相同？为什么？已知 $\varphi^\ominus_{I_2/I^-} = 0.5362V$。

解 (1) 设计电池为 $Pt(s), H_2(p^\ominus) \mid HI(a_\pm = 1) \mid I_2(s), Pt(s)$

(2) 反应中 $n = 2$

$$E^\ominus = \varphi^\ominus_+ - \varphi^\ominus_- = 0.5362V$$

$$\ln K^\ominus = \frac{nFE^\ominus}{RT} = 2 \times 96\,485 \times 0.5362/(8.314 \times 298) = 41.76$$

$$K^\ominus = 1.37 \times 10^{18}$$

(3) 反应中 $n = 1$，$E^\ominus$ 相同，$K^\ominus_2 = (K^\ominus_1)^{1/2}$。

电池的 $E^\ominus$ 和 E 与电池反应的书写方式无关，而 $K^\ominus$ 与电池反应的书写方式有关。

【习题 6-11】 298K 和 $p^\ominus$ 压力下，有化学反应 $Ag_2SO_4(s) + H_2(p^\ominus) = 2Ag(s) + H_2SO_4(0.1mol \cdot kg^{-1})$，已知 $\varphi^\ominus_{SO_4^{2-}, Ag_2SO_4(s)/Ag} = 0.627V$，$\varphi^\ominus_{Ag^+/Ag} = 0.799V$。(1)将该反应设计为可逆电池，并写出其电极和电池反应进行验证；(2)试计算该电池的电动势 E，设活度系数都等于 1；(3)计算 $Ag_2SO_4(s)$ 的离子活度积 K_{sp}。

解 (1) 设计的电池为

$Pt(s), H_2(p^\ominus) \mid H_2SO_4(0.1mol \cdot kg^{-1}) \mid Ag_2SO_4(s), Ag(s)$

负极(氧化反应) $H_2(p^\ominus) \longrightarrow 2H^+(a_{H^+}) + 2e^-$

正极(还原反应) $Ag_2SO_4(s) + 2e^- \longrightarrow 2Ag(s) + SO_4^{2-}(a_{SO_4^{2-}})$

电池反应 $H_2(p^\ominus) + Ag_2SO_4(s) \longrightarrow 2Ag(s) + 2H^+(a_{H^+}) + SO_4^{2-}(a_{SO_4^{2-}})$

(2) $E = E^\ominus - \frac{RT}{nF}\ln\prod a_B^{\nu_B}$

$= E^\ominus - \frac{RT}{2F}\ln(a^2_{H^+} a_{SO_4^{2-}}) = \varphi^\ominus_{SO_4^{2-}, Ag_2SO_4(s)/Ag} - \frac{RT}{2F}\ln(a^2_{H^+} a_{SO_4^{2-}})$

$= 0.627 - [8.314 \times 298/(2 \times 96\,485)] \times \ln(0.2^2 \times 0.1)$

$= 0.698(V)$

(3) 设计的电池为

$$Ag(s) \mid Ag^+(a_{Ag^+}) \parallel SO_4^{2-}(a_{SO_4^{2-}}) \mid Ag_2SO_4(s), Ag(s)$$

负极(氧化反应)　$2Ag(s) \longrightarrow 2Ag^+(a_{Ag^+}) + 2e^-$

正极(还原反应)　$Ag_2SO_4(s) + 2e^- \longrightarrow 2Ag(s) + SO_4^{2-}(a_{SO_4^{2-}})$

电池反应　$Ag_2SO_4(s) \longrightarrow 2Ag^+(a_{Ag^+}) + SO_4^{2-}(a_{SO_4^{2-}})$

$$E^\ominus = \varphi^\ominus_{SO_4^{2-}, Ag_2SO_4(s)/Ag} - \varphi^\ominus_{Ag^+/Ag} = 0.627 - 0.799 = -0.172(V)$$

$$K_{sp} = a^2_{Ag} \times a_{SO_4^{2-}} = \exp(nFE^\ominus/RT)$$

$$= \exp[2 \times (-0.172) \times 96\,485/(8.314 \times 298)]$$

$$= \exp(-13.40) = 1.52 \times 10^{-6}$$

【习题 6-12】 请利用甲烷燃烧过程设计燃料电池。设气体的分压均为 101 325Pa,电解质溶液是酸性的,求该电池的最高电压。如电解质溶液改为碱性的,写出两极反应及电池反应。此时最高电压是否改变?并根据结果讨论哪种电池更具有实用价值。设温度为 298K,已知有关数据如下:

物质	$CO_2(g)$	$H_2O(l)$	$CH_4(g)$	$OH^-(aq)$	$CO_3^{2-}(aq)$
$\Delta_f G^\ominus_m/(kJ \cdot mol^{-1})$	−394.38	−237.19	−50.79	−157.27	−528.10

解 将一个化学反应设计成燃料电池,首先明确两个电极反应,然后根据电极反应写出电池表示式。电池的最高电压就是电池的电动势,可以由参与电池反应的物质的 $\Delta_f G^\ominus_m$ 数据求出。介质酸碱性对电池电动势的影响根据介质改变后电池反应的变化而定。如果电池反应改变了,反应的吉布斯自由能就会发生改变,电池的最高电压也将发生改变。

电解质溶液为酸性时:

负极(氧化反应)　$CH_4(p^\ominus) + 2H_2O(l) \longrightarrow CO_2(p^\ominus) + 8H^+(a_{H^+}) + 8e^-$

正极(还原反应)　$2O_2(p^\ominus) + 8H^+(a_{H^+}) + 8e^- \longrightarrow 4H_2O(l)$

电池反应　$CH_4(p^\ominus) + 2O_2(p^\ominus) \longrightarrow CO_2(p^\ominus) + 2H_2O(l)$

电池表示式

$$Pt(s), CO_2(p^\ominus), CH_4(p^\ominus) \mid H^+(a_{H^+}=1) \mid O_2(p^\ominus), Pt(s)$$

电池电动势

$$E^\ominus_{H^+} = -\frac{1}{nF}\sum \nu_B \mu^\ominus_B$$

$$= -[(-394.38) + 2 \times (-237.19) - (-50.79)] \times 10^3/(8 \times 96\,485)$$

$$= 1.06(V)$$

电解质溶液为碱性时:

负极(氧化反应)　$CH_4(p^\ominus) + 10OH^-(a_{OH^-}) \longrightarrow CO_3^{2-}(a_{CO_3^{2-}}) + 7H_2O(l) + 8e^-$

正极(还原反应)　$2O_2(p^\ominus) + 4H_2O(l) + 8e^- \longrightarrow 8OH^-(a_{OH^-})$

电池反应

$$CH_4(p^{\ominus})+2O_2(p^{\ominus})+2OH^-(a_{OH^-})\longrightarrow 3H_2O(l)+CO_3^{2-}(a_{CO_3^{2-}})$$

电池表示式

$Pt(s),CH_4(p^{\ominus})\mid CO_3^{2-}(a_{CO_3^{2-}}=1)\parallel OH^-(a_{OH^-}=1)\mid O_2(p^{\ominus}),Pt(s)$

电池电动势

$$\begin{aligned}E^{\ominus}_{OH^-}&=-\frac{1}{nF}\sum\nu_B\mu_B^{\ominus}\\&=-[(-528.10)+3\times(-237.19)-(-50.79)-2\times(-157.27)]\times 10^3/(8\times 96\,485)\\&=1.13(V)\end{aligned}$$

由计算可知，电解质溶液不同，电池反应也不同，因而反应的 $\Delta_rG_m^{\ominus}$ 发生改变，电池的标准电动势也发生改变。

从最高电压的数据来看，电解质溶液为碱性时更具有实用价值。但是，电解质溶液为碱性时，碱液作为原料不断被消耗掉，变成副产物碳酸盐，从收益及效益两方面综合分析，电解质溶液为酸性时更具有实用价值。

【习题 6-13】 Write the electrode half reaction and the cell reaction for the cell

$$Pb(s)\mid Pb^{2+}(a=0.01)\parallel Cl^-(a=0.5)\mid Cl_2(p^{\ominus}),Pt(s)$$

Calculate E, Δ_rG_m and $K^{\ominus}$ of the cell. It is known that $\varphi^{\ominus}_{Pb^{2+}/Pb}=-0.13V$, $\varphi^{\ominus}_{Cl_2/Cl^-}=1.36V$ at 298K.

解 $E=\varphi_+-\varphi_-=\varphi_{Cl_2/Cl^-}-\varphi_{Pb^{2+}/Pb}$

$$=\left(\varphi^{\ominus}_{Cl_2/Cl^-}-\frac{RT}{2F}\ln\frac{a^2_{Cl^-}}{p_{Cl_2}/p^{\ominus}}\right)-\left(\varphi^{\ominus}_{Pb^{2+}/Pb}-\frac{RT}{2F}\ln\frac{1}{a_{Pb^{2+}}}\right)$$

$$=\left(1.36-\frac{RT}{2F}\ln\frac{0.5^2}{p^{\ominus}/p^{\ominus}}\right)-\left(-0.13-\frac{RT}{2F}\ln\frac{1}{0.01}\right)=1.57(V)$$

$$\Delta_rG_m=-nFE=-302.96kJ\cdot mol^{-1}$$

$$E^{\ominus}=\varphi^{\ominus}_{Cl_2/Cl^-}-\varphi^{\ominus}_{Pb^{2+}/Pb}=1.36-(-0.13)=1.49(V)$$

$$\ln K^{\ominus}=nFE^{\ominus}/RT=116$$

$$K^{\ominus}=2.51\times 10^{50}$$

【习题 6-14】 The electromotive force was 1.1604V for a cell

$$Zn(s)\mid ZnCl_2(0.008mol\cdot kg^{-1})\mid AgCl(s),Ag$$

at 298K. Calculate the mean activity and the mean activity coefficient of $ZnCl_2$ in this solution. It is known that $\varphi^{\ominus}_{Cl^-,AgCl(s)/Ag}=0.22V$, $\varphi^{\ominus}_{Zn^{2+}/Zn}=-0.76V$ at 298K.

解 负极(氧化反应) $Zn(s)\longrightarrow Zn^{2+}(a_{Zn^{2+}})+2e^-$

正极(还原反应) $2AgCl(s)+2e^-\longrightarrow 2Ag(s)+2Cl^-(a_{Cl^-})$

电池反应 $Zn(s)+2AgCl(s) \longrightarrow 2Ag(s)+Zn^{2+}(a_{Zn^{2+}})+2Cl^-(a_{Cl^-})$

由电池反应的能斯特公式

$$E=E^{\ominus}-\frac{RT}{nF}\ln(a_{Zn^{2+}}a_{Cl^-}^2)=E^{\ominus}-\frac{RT}{nF}\ln a_{\pm}^3=E^{\ominus}-\frac{3RT}{nF}\ln a_{\pm}$$

$$=E^{\ominus}-\frac{3RT}{nF}\ln(\gamma_{\pm}b_{\pm}/b^{\ominus})=E^{\ominus}-\frac{3RT}{2F}\ln(\gamma_{\pm}b_{\pm}/b^{\ominus})$$

$$=\varphi^{\ominus}_{Cl^-,AgCl(s)/Ag}-\varphi^{\ominus}_{Zn^{2+}/Zn}-\frac{3RT}{2F}\ln[\gamma_{\pm}(2^2\times1^1)^{1/3}b_B/b^{\ominus}]$$

所以

$$1.1604=0.22-(-0.76)-(3/2)\times0.05916\times\lg(\gamma_{\pm}\times4^{1/3}\times0.008)$$

$$\lg(0.0127\gamma_{\pm})=-2.033$$

$$\gamma_{\pm}=0.73$$

$$a_{\pm}=\gamma_{\pm}b_{\pm}/b^{\ominus}=\gamma_{\pm}(2^2\times1^1)^{1/3}b_B/b^{\ominus}$$

$$=0.73\times4^{1/3}\times0.008=0.0093$$

【习题 6-15】 What is the fundament of polarographic analysis?

答 （略）

【习题 6-16】 What is the equilibrium constant $K^{\ominus}$ for the reaction $2Cu^+(a_{Cu^+})=Cu^{2+}(a_{Cu^{2+}})+Cu(s)$? $\varphi^{\ominus}_{Cu^+/Cu}=0.521V$, $\varphi^{\ominus}_{Cu^{2+}/Cu}=0.337V$.

解 电极反应

$$Cu^+(a_{Cu^+})+e^-=Cu(s) \qquad \varphi^{\ominus}_{Cu^+/Cu}=0.521V$$

$$Cu^{2+}(a_{Cu^{2+}})+2e^-=Cu(s) \qquad \varphi^{\ominus}_{Cu^{2+}/Cu}=0.337V$$

$$E^{\ominus}=\varphi^{\ominus}_{+}-\varphi^{\ominus}_{-}=\varphi^{\ominus}_{Cu^+/Cu}-\varphi^{\ominus}_{Cu^{2+}/Cu}=0.521-0.337=0.184(V)$$

$$\Delta G=-nFE^{\ominus}=-2.303RT\lg K^{\ominus}$$

$$\lg K^{\ominus}=\frac{2\times96485\times0.184}{2.303\times8.314\times298}=6.22$$

$$K^{\ominus}=1.66\times10^6$$

6.4 练 习 题

6.4.1 选择题

1. 有甲、乙两电池如下：

甲：$Pt(s),H_2(p^{\ominus})\mid HCl(0.01mol\cdot L^{-1})\parallel HCl(0.1mol\cdot L^{-1})\mid H_2(p^{\ominus}),Pt(s)$

乙：$Pt(s),H_2(p^{\ominus})\mid HCl(0.01mol\cdot L^{-1})\parallel Cl_2(p^{\ominus})\mid HCl(0.1mol\cdot L^{-1})\mid H_2(p^{\ominus}),Pt(s)$

其电动势关系为________。

A. $E_{甲}=0.5E_{乙}$　B. $E_{甲}=E_{乙}$　C. $E_{甲}=2E_{乙}$　D. $E_{甲}=4E_{乙}$

2. 某电池反应可以写成如下两种形式：

甲：$1/2\ H_2(p^{\ominus})+AgI(s) \longrightarrow Ag(s)+HI(a)$

乙：$H_2(p^{\ominus})+2AgI(s) \longrightarrow 2Ag(s)+2HI(a)$

则________。

A. $E_{甲}=E_{乙}, K_{甲}=K_{乙}$　B. $E_{甲}\neq E_{乙}, K_{甲}=K_{乙}$

C. $E_{甲}=E_{乙}, K_{甲}\neq K_{乙}$　D. $E_{甲}\neq E_{乙}, K_{甲}\neq K_{乙}$

3. 电池(1) $Cu(s) \mid Cu^{+}(a_{Cu^{+}}) \parallel Cu^{+}(a_{Cu^{+}}), Cu^{2+}(a_{Cu^{2+}}) \mid Pt(s)$

(2) $Cu(s) \mid Cu^{2+}(a_{Cu^{2+}}) \parallel Cu^{+}(a_{Cu^{+}}), Cu^{2+}(a_{Cu^{2+}}) \mid Pt(s)$

反应均可写成 $Cu(s)+Cu^{2+}(a_{Cu^{2+}}) \longrightarrow 2Cu^{+}(a_{Cu^{+}})$，此两电池的标准电池电动势 $E^{\ominus}$ 及电池反应的标准吉布斯自由能变化 $\Delta_r G_m^{\ominus}$ 的关系为________。

A. $\Delta_r G_m^{\ominus}$，$E^{\ominus}$ 均相同　B. $\Delta_r G_m^{\ominus}$ 相同，$E^{\ominus}$ 不同

C. $\Delta_r G_m^{\ominus}$ 不同，$E^{\ominus}$ 相同　D. $\Delta_r G_m^{\ominus}$，$E^{\ominus}$ 均不同

4. 原电池在定温、定压可逆的条件下放电时，其在过程中与环境交换的热量为________。

A. $\Delta_r H_m$　B. 零　C. $T\Delta_r S_m$　D. $\Delta_r G_m$

5. 在下列电池中，液接电势不能被忽略的是________。

A. $Pt(s), H_2(p_1) \mid HCl(a) \mid H_2(p_2), Pt(s)$

B. $Pt(s), H_2(p_1) \mid HCl(a_1) \parallel HCl(a_2) \mid H_2(p_2), Pt(s)$

C. $Pt(s), H_2(p_1) \mid HCl(a_1) \mid HCl(a_2) \mid H_2(p_2), Pt(s)$

D. $Pt(s), H_2(p_1) \mid HCl(a_1) \mid AgCl(s), Ag\text{-}Ag, AgCl(s) \mid HCl(a_2) \mid H_2(p_2), Pt(s)$

6. 298K 时电池 $Pt(s), H_2(p^{\ominus}) \mid HCl(b) \mid H_2(0.1p^{\ominus}), Pt(s)$ 的电池电动势为________。

A. 0.118V　B. −0.059V　C. 0.0295V　D. −0.0295V

7. 已知 298K 时：

$$Hg_2Cl_2(s)+2e^- \longrightarrow 2Hg(l)+2Cl^-(a_{Cl^-}) \quad \varphi^{\ominus}=0.27V$$

$$AgCl(s)+e^- \longrightarrow Ag(s)+Cl^-(a_{Cl^-}) \quad \varphi^{\ominus}=0.22V$$

当电池反应为 $Hg_2Cl_2(s)+2Ag(s) \longrightarrow 2AgCl(s)+2Hg(l)$ 时，其标准电池电动势为________。

A. 0.050V　B. −0.170V

C. −0.085V　D. 0.025V

8. 在应用电位差计测定电池电动势的实验中，通常必须用到________。

A. 标准氢电极　B. 标准电池

C. 甘汞电极　D. 活度为 1 的电解质溶液

9. 蓄电池在充电和放电时的反应正好相反，则其充电时正极和负极、阴极和阳极的关系为________。

A. 正、负极不变，阴、阳极不变　　B. 正、负极不变，阴、阳极正好相反

C. 正、负极改变，阴、阳极不变　　D. 正、负极改变，阴、阳极正好相反

10. 标准氢电极是________。

A. $Pt(s), H_2(p^\ominus) \mid OH^-(a_{OH^-}=1)$

B. $Pt(s), H_2(p^\ominus) \mid OH^-(a_{OH^-}=10^{-7})$

C. $Pt(s), H_2(p^\ominus) \mid H^+(a_{H^+}=10^{-7})$

D. $Pt(s), H_2(p^\ominus) \mid H^+(a_{H^+}=1)$

6.4.2　填空题

1. 在双液电池中不同电解质溶液间或不同浓度的同种电解质溶液的接界处存在电势差，通常采用加________的方法来减少或消除。

2. 在标准还原电极电势表上，还原电极电势大者为________极，还原电极电势小者为________极。

3. 如果规定标准氢电极的电势为 1V，则可逆电池的 $E^\ominus$ 值________，可逆电极的 $\varphi^\ominus$ 值________。

4. 某电池反应可写成(1) $H_2(p_1)+Cl_2(p_2)$ ══ $2HCl(a_1)$ 或(2) $1/2\ H_2(p_1)+1/2\ Cl_2(p_2)$ ══ $HCl(a_1)$，这两种不同的表示式算出的 E 值________，$E^\ominus$ 值________，$\Delta_r G_m$ 值________，$K^\ominus$ 值________(填相同或不同)。

5. AgCl(s)电极属于________电极，其电极反应为________，其电极表示式可写为________。

6. 实验室最常用的参比电极为________，其电极表示式为________。

7. 原电池的电动势常用________进行测定，而不能用________或________直接测定。

8. 测定溶液的 pH，可以用________和一已知电极电势的________组成电池，常用的________是甘汞电极，________是氢离子指示电极，但由于制作和使用不方便，常用________作氢离子指示电极。

9. 根据电动势突变时加入滴定液的体积确定被分析离子的活度的方法称为________，该方法更适用于________难以监控滴定终点的反应。

10. 原电池在定温、定压可逆条件下放电时，电池反应的 $\Delta_r H_m$ ________ $\Delta_r U_m$（=，>，<）。

6.4.3　思考题

1. 原电池和电解池有什么不同?

2. 用补偿法测定电池电动势的实验中，如果检流计始终偏向一边，则可能的原因是什么？

3. 实验测定电池电动势采用补偿法的目的是什么？

4. 定温定压下，指定原电池分三种情况放电：(1)电流等于零；(2)电流大于零；(3)电池短路。在上述三种情况下，电池的电动势是否相同？

5. 根据电池符号，按照 $E=\varphi_+-\varphi_-$ 计算电动势时，是否需要强调是电化学平衡体系？

6. 为什么不能用普通电压表直接测量可逆电池的电动势？

7. 标准电极电势等于电极与周围活度为 1 的电解质之间的电势差，这种说法对吗？为什么？

8. 如果规定标准氢电极的电势为 5V，则可逆电池 $E^{\ominus}$ 和可逆电极的 $\varphi^{\ominus}$ 值将有什么变化？

9. 盐桥的作用是什么？盐桥中所用电解质应具备哪些条件？

10. 在标准还原电极电势表中，凡是 $\varphi^{\ominus}$ 为正值的电极一定作原电池的正极，$\varphi^{\ominus}$ 为负值的电极一定作负极，这种说法是否正确？为什么？

*11. HNO_3、H_2SO_4、NaOH 和 KOH 溶液的实际分解电压数据为什么很接近？

6.4.4 计算题

1. 将下列反应 $Sn^{2+}(a_{Sn^{2+}})+Pb^{2+}(a_{Pb^{2+}})\longrightarrow Sn^{4+}(a_{Sn^{4+}})+Pb(s)$ 设计为原电池，计算 298K 时电池反应的 $\Delta_r G_m^{\ominus}$ 和平衡常数 $K^{\ominus}$。已知 $\varphi^{\ominus}_{Sn^{4+}/Sn^{2+}}=0.15V$，$\varphi^{\ominus}_{Pb^{2+}/Pb}=-0.13V$。

2. 电池 Sb(s)，Sb_2O_3(s) | pH=3.98 的缓冲溶液 ‖ 饱和甘汞电极，298K 时测得电池电动势 $E_1=0.230V$；如果将 pH=3.98 的缓冲溶液换为待测 pH 的溶液，298K 时测得电池电动势 $E_2=0.345V$，试计算待测溶液的 pH。

3. 计算 298K 时下列电池的电动势：

Ag(s)，AgCl(s) | HCl(0.1mol · kg^{-1}) | $H_2(0.1p^{\ominus})$，Pt(s)

已知 298K 时 $\varphi^{\ominus}_{Ag^+/Ag}=0.80V$，AgCl(s) 在水中饱和溶液的浓度为 1.245×10^{-5}mol · kg^{-1}。设活度系数均为 1。

4. 有一土壤溶液，用醌-氢醌电极和标准 AgCl(s)-Ag(s) 电极组成电池，并用盐桥隔开，测得电池电动势为 0.18V，测定时用醌-氢醌电极作正极，298K 时 $\varphi^{\ominus}_{Cl^-,AgCl(s)/Ag}=0.22V$，$\varphi^{\ominus}_{醌/氢醌}=0.699V$。(1)写出电池表示式以及电池放电时的电极反应和电池反应；(2)计算土壤溶液的 pH。

5. 某反应没有气体参加或生成，在 298K、$p^{\ominus}$、反应进度为 1mol 时放热 67.35kJ，若在同样条件下在可逆电池中完成反应，则吸热 6.735kJ。求(1)该反应

的 $\Delta_r S_m^\ominus$；(2)反应进度为 1mol 时，该反应体系可做的最大电功。

参考答案

6.4.1 选择题

1. B 2. C 3. B 4. C 5. C 6. C 7. A 8. B 9. B 10. D

6.4.2 填空题

1. 液接界 盐桥 2. 正 负 3. 不变 增加 1V 4. 相同 相同 不同 不同

5. 金属难溶盐 $Ag(s)+Cl^-(a_{Cl^-})\longrightarrow AgCl(s)+e$ $Ag(s),AgCl(s)\mid Cl^-(a_{Cl^-})$

6. 甘汞电极 $Hg(l),Hg_2Cl_2(s)\mid Cl^-(a_{Cl^-})$ 7. 对消法 伏特计 万用电表

8. 氢电极 参比电极 参比电极 氢电极 玻璃电极 9. 电势滴定 指示剂 10. =

6.4.3 思考题

(略)

6.4.4 计算题

1. $\Delta_r G_m^\ominus=54.0\text{kJ}\cdot\text{mol}^{-1}$，$K^\ominus=3.38\times10^{-10}$

2. $pH_x=5.92$

3. 负极(氧化反应) $Ag(s)+Cl^-(a_{Cl^-})\longrightarrow AgCl(s)+e^-$

正极(还原反应) $H^+(a_{H^+})+e^-\longrightarrow 1/2\ H_2(a_{H_2})$

电池反应 $Ag(s)+Cl^-(a_{Cl^-})+H^+(a_{H^+})\longrightarrow AgCl(s)+1/2H_2(a_{H_2})$

$$E=\varphi^\ominus_{H^+/H_2}-\varphi^\ominus_{Cl^-,AgCl(s)/Ag}-\frac{RT}{nF}\ln[a_{H_2}^{1/2}/(a_{H^+}a_{Cl^-})]$$

计算电池的电动势需要 $\varphi^\ominus_{Cl^-,AgCl(s)/Ag}$ 的数值，通过设计电池，可以由 AgCl(s)的溶度积数据计算得到。设计电池为

$$Ag(s)\mid Ag^+(a_{Ag^+})\parallel Cl^-(a_{Cl^-})\mid AgCl(s),Ag(s)$$

负极(氧化反应) $Ag(s)\longrightarrow Ag^+(a_{Ag^+})+e^-$

正极(还原反应) $AgCl(s)+e^-\longrightarrow Ag(s)+Cl^-(a_{Cl^-})$

电池反应 $AgCl(s)\longrightarrow Ag^+(a_{Ag^+})+Cl^-(a_{Cl^-})$

$$E^\ominus=\varphi^\ominus_{Cl^-,AgCl(s)/Ag}-\varphi^\ominus_{Ag^+/Ag}=\frac{RT}{nF}\ln K_{sp}$$

$$=[8.314\times298/(1\times96\ 485)]\times\ln(1.2452\times10^{-5})^2=-0.58(V)$$

$$\varphi^\ominus_{Cl^-,AgCl(s)/Ag}=E^\ominus+\varphi^\ominus_{Ag^+/Ag}=-0.58+0.80=0.22(V)$$

所以 $E=-0.22-[8.314\times298/(1\times96\ 485)]\times\ln[0.1/(0.1\times0.1)]=-0.28(V)$

该电池为逆向自发。

4. (1) $Ag(s),AgCl(s)\mid Cl^-(a_{Cl^-}=1)\parallel H^+(\text{pH 待测})\mid Q,H_2Q\mid Pt(s)$

负极(氧化反应) $2Ag(s)+2Cl^-(a_{Cl^-})\longrightarrow 2AgCl(s)+2e^-$

正极(还原反应) $Q+2H^+(a_{H^+})+2e^-\longrightarrow H_2Q$

电池反应 $2Ag(s)+2Cl^-(a_{Cl^-})+Q+2H^+(a_{H^+})\longrightarrow 2AgCl(s)+H_2Q$

(2)
$$E=\varphi_+-\varphi_-=\varphi^\ominus_{\text{醌/氢醌}}-0.059\ 16\text{pH}-\varphi^\ominus_{Cl^-,AgCl(s)/Ag}$$

$$0.18=0.699-0.22-0.059\ 16\text{pH}$$

$$\text{pH}=5.05$$

5. (1) $\Delta_r S_m^\ominus=Q_r/T=6.735\times10^3/298=22.6(\text{J}\cdot\text{K}^{-1})$

(2) $\Delta_r H_m^\ominus=\Delta_r U_m^\ominus$， $W'=\xi\Delta_r G_m^\ominus=1\times(\Delta_r H_m^\ominus-T\Delta_r S_m^\ominus)=-74.08(\text{kJ})$

第7章　化学动力学

7.1　学习要求

(1) 掌握化学反应速率的表示方法、反应级数和反应分子数的概念。

(2) 掌握具有简单级数反应的动力学特征；掌握从实验数据确定此类反应的级数、反应速率常数和其他有关计算。

(3) 掌握可逆反应、连串反应和平行反应的动力学特征及有关计算。

(4) 掌握温度对反应速率的影响；掌握阿伦尼乌斯(Arrhenius)公式及其应用；了解活化能的概念及其对反应速率的影响。

(5) 了解复合反应的近似处理方法，一般性了解化学反应机理探讨。

(6) 了解两个反应速率理论的基本要点。

(7) 掌握催化剂作用及其基本特征；了解酶催化反应动力学。

(8) 初步掌握光化学反应的特点及其基本规律；了解光化学反应的初级过程、次级过程、量子效率等。

7.2　内容概要

7.2.1　基本概念

1. 化学反应速率

化学反应速率以单位体积内反应进度随时间的变化率来表示，即

$$r=\frac{1}{V}\frac{\mathrm{d}\xi}{\mathrm{d}t}=\frac{1}{V\nu_{\mathrm{B}}}\frac{\mathrm{d}n_{\mathrm{B}}}{\mathrm{d}t}$$

在恒定体积条件下

$$r=\frac{1}{\nu_{\mathrm{B}}}\frac{\mathrm{d}c_{\mathrm{B}}}{\mathrm{d}t}$$

任意反应 $a\mathrm{A}+d\mathrm{D}=\!=\!=g\mathrm{G}+h\mathrm{H}$，用不同物质表示反应速率时有下列关系：

$$r=-\frac{1}{a}\frac{\mathrm{d}c_{\mathrm{A}}}{\mathrm{d}t}=-\frac{1}{d}\frac{\mathrm{d}c_{\mathrm{D}}}{\mathrm{d}t}=\frac{1}{g}\frac{\mathrm{d}c_{\mathrm{G}}}{\mathrm{d}t}=\frac{1}{h}\frac{\mathrm{d}c_{\mathrm{H}}}{\mathrm{d}t}$$

反应速率的量纲是[物质的量]·[体积]$^{-1}$·[时间]$^{-1}$。

2. 基元反应

反应物分子在碰撞中一步直接转化为生成物分子的反应称为基元反应。

3. 反应分子数

在基元反应中，参加反应的分子（原子、分子、离子等）数目称为反应分子数（molecularity of reaction）。反应分子数只可能是简单的正整数，一般是 1 和 2，3 分子反应较少，4 分子反应目前尚未发现。

4. 质量作用定律

对于基元反应，反应速率与反应物浓度的幂乘积成正比，幂指数就是基元反应方程式中各反应物的系数。

质量作用定律（law of mass action）只适用于基元反应。对于非基元反应，要从反应速率的实验数据归纳整理才能表达成合适的速率方程式。

5. 反应级数

速率方程式中各反应物浓度项中的指数称为该反应物的级数。所有反应物浓度项指数的代数和称为该反应的总级数。

某反应的速率方程为

$$r_A = -\frac{dc_A}{dt} = kc_A^{\alpha}c_B^{\beta}$$

式中：α、β 分别为 A 和 B 的级数，该反应的总级数 $n=\alpha+\beta$。反应级数可以是正数、负数、整数、分数或零。有的非基元反应无法用简单的数字来表示级数。

6. 反应的速率常数

反应速率与浓度之间的数学关系式称为速率方程。$r = kc_A^{\alpha}c_B^{\beta}\cdots$中的比例系数 k 称为速率常数（rate constant）。

速率常数的物理意义是当速率方程中各物质浓度均为单位浓度时的反应速率。它的值与反应物的浓度无关，在催化剂等条件一定时，k 值只是温度的函数。

速率常数 k 的单位随着反应级数的不同而不同。零级反应，k 的单位为 $mol \cdot dm^{-3} \cdot s^{-1}$；一级反应，$k$ 的单位为 s^{-1}；二级反应，k 的单位为 $dm^3 \cdot mol^{-1} \cdot s^{-1}$。

7.2.2 具有简单级数反应的动力学特征

1. 一级反应

一级反应（first order reaction）的反应速率与反应物浓度一次方成正比，速率

方程为

$$-\mathrm{d}c_{\mathrm{A}}/\mathrm{d}t = kc_{\mathrm{A}}$$

将一级反应速率方程的微分式转化为积分式得

$$\ln c_{\mathrm{A}} = -kt + \ln c_{\mathrm{A},0}$$

一级反应的特征：①以 $\ln c$ 对 t 作图为一条直线，直线的斜率为 $-k$；②反应的半衰期(half-life time)与反应物的起始浓度无关，$t_{1/2}=\ln 2/k$；③速率常数的量纲为时间$^{-1}$，与浓度的单位无关。

2. 二级反应

二级反应(second order reaction)的速率与浓度的二次方成正比，或与两种物质浓度的乘积成正比。二级反应的通式可写成

$$\mathrm{A}+\mathrm{B}\longrightarrow\mathrm{P} \quad 或 \quad 2\mathrm{A}\longrightarrow\mathrm{P}$$

相应的速率方程式为

$$-\frac{\mathrm{d}c_{\mathrm{A}}}{\mathrm{d}t}=kc_{\mathrm{A}}c_{\mathrm{B}} \quad 或 \quad -\frac{\mathrm{d}c_{\mathrm{A}}}{\mathrm{d}t}=kc_{\mathrm{A}}^{2}$$

(1) 对于速率方程为$\frac{-\mathrm{d}c_{\mathrm{A}}}{\mathrm{d}t}=kc_{\mathrm{A}}^{2}$ 的二级反应，积分式为

$$\frac{1}{c_{\mathrm{A}}}-\frac{1}{c_{\mathrm{A},0}}=kt$$

半衰期为

$$t_{1/2}=\frac{1}{kc_{\mathrm{A},0}}$$

此类二级反应的特征：①以$\frac{1}{c_{\mathrm{A}}}$对 t 作图得一条直线，斜率为 k；②反应的半衰期与起始浓度成反比；③速率常数的量纲为[浓度]$^{-1}$ · [时间]$^{-1}$。

(2) 对于速率方程式为$-\frac{\mathrm{d}c_{\mathrm{A}}}{\mathrm{d}t}=kc_{\mathrm{A}}c_{\mathrm{B}}$ 的二级反应，$c_{\mathrm{A}}\neq c_{\mathrm{B}}$，产物浓度为 x，将该方程式定积分，得

$$\frac{1}{c_{\mathrm{A},0}-c_{\mathrm{B},0}}\ln\frac{c_{\mathrm{B},0}(c_{\mathrm{A},0}-x)}{c_{\mathrm{A},0}(c_{\mathrm{B},0}-x)}=kt$$

此类二级反应的特征：①以 $\ln\frac{c_{\mathrm{A}}}{c_{\mathrm{B}}}$对 t 作图得一条直线，直线的斜率为$(c_{\mathrm{A},0}-c_{\mathrm{B},0})k$；②对于不同的反应物，半衰期不同；③速率常数的量纲为[浓度]$^{-1}$ · [时间]$^{-1}$。

3. 零级反应

零级反应(zeroth order reaction)的反应速率与物质的浓度无关，其速率方程

式为$-\frac{dc_A}{dt}=k$，其积分式为$c_{A,0}-c_A=kt$。

零级反应的特征：①以c_A对t作图得一条直线，直线的斜率为$-k$；②反应的半衰期与反应物的起始浓度成正比，$t_{1/2}=\frac{c_{A,0}}{2k}$；③速率常数的量纲为[浓度]·[时间]$^{-1}$。

4. 三级反应

三级反应(third order reaction)速率与反应物浓度的3次方成正比，如

$$3A \longrightarrow P \qquad -\frac{dc_A}{dt}=kc_A^3$$

积分方程为

$$\frac{1}{c_{A,0}^2}-\frac{1}{c_A^2}=2kt$$

三级反应的特征：①以$\frac{1}{c_A^2}$对t作图得一条直线，直线的斜率为$-2k$；②反应的半衰期与起始浓度的二次方成反比，$t_{1/2}=\frac{3}{2kc_{A,0}^2}$；③速率常数的量纲为[浓度]$^{-2}$·[时间]$^{-1}$。

7.2.3　反应级数的确定方法

1. 积分法

利用速率方程的积分形式确定反应级数的方法称为积分法。

计算法：将实验测得的各组浓度c和时间t数据代入速率方程的积分式中，计算速率常数k值，若k为一常数，则所用公式对应的级数就是该反应的级数。

作图法：根据各级反应速率方程的积分式，进行线性处理

$$\ln c_A=-kt+\ln c_{A,0} \qquad (一级)$$

$$\frac{1}{c_A}=kt+\frac{1}{c_{A,0}} \qquad (二级)$$

$$c_A=-kt+c_{A,0} \qquad (零级)$$

将实验的c、t数据代入以上各式作图，若所作的图是一条直线，则该直线所代表的级数就是反应的级数。

2. 微分法

利用速率方程的微分形式确定反应级数的方法称为微分法。

速率方程的一般形式为$-\frac{dc_A}{dt}=kc_A^n$，取对数得$\ln\left(-\frac{dc_A}{dt}\right)=\ln k+n\ln c_A$。

根据实验数据，作 c_A-t 曲线，在曲线上取若干点作切线求斜率，便得到不同时刻的 $-dc_A/dt$，再以 $\ln(-dc_A/dt)$ 对 $\ln c_A$ 作图，得一条直线，从直线的斜率便得到反应级数 n。

3. 半衰期法

根据各级反应的半衰期表达式，可总结为一通式

$$t_{1/2} = Ac_{A,0}^{1-n}$$

对于同一反应，A 为常数，两边取对数，得

$$\ln t_{1/2} = \ln A + (1-n)\ln c_{A,0}$$

用不同的起始浓度测半衰期，以 $\ln t_{1/2}$ 对 $\ln c_{A,0}$ 作图，得一条直线，从直线的斜率求出反应级数 n。

7.2.4　温度对反应速率的影响

温度对反应速率的影响一般用阿伦尼乌斯公式表示：

指数式

$$k = A\exp\left(-\frac{E_a}{RT}\right)$$

对数式

$$\ln k = -\frac{E_a}{RT} + \ln A$$

微分式

$$\frac{d\ln k}{dT} = \frac{E_a}{RT^2}$$

定积分式

$$\ln\frac{k_2}{k_1} = \frac{E_a}{R}\left(\frac{1}{T_1} - \frac{1}{T_2}\right)$$

式中：A 称为指前因子或频率因子，是与温度无关的常数，但对于不同的反应，A 的值不同，其单位与 k 的单位相同；E_a 称为活化能(activation energy)，被视为与温度无关的常数，其单位为 $J \cdot mol^{-1}$。以 $\ln k$ 对 $\frac{1}{T}$ 作图，得一条直线，从直线的斜率便可求出 E_a。

活化能越大，反应速率就越慢，温度的变化对反应速率的影响就越大。

7.2.5　典型的复杂反应

1. 对峙反应

对于 1-1 型的可逆反应

$$\mathrm{A} \underset{k_2}{\overset{k_1}{\rightleftharpoons}} \mathrm{B}$$

	A	B
$t=0$	a	0
$t=t$	$a-x$	x

正反应速率为

$$r_+ = k_1(a-x)$$

逆反应速率为

$$r_- = -k_2 x$$

总速率为

$$\frac{\mathrm{d}x}{\mathrm{d}t} = k_1(a-x) - k_2 x$$

反应达到平衡时，$x=x_\mathrm{e}$，$k_1(a-x)=k_2 x_\mathrm{e}$，则

$$a = \frac{k_1 + k_2}{k_1} x_\mathrm{e}$$

可逆反应速率方程积分式变为

$$\ln \frac{x_\mathrm{e}}{x_\mathrm{e} - x} = (k_1 + k_2) t$$

当 $t \to \infty$ 时，$x \to x_\mathrm{e}$，即反应趋于平衡。

2. 平行反应

在平行反应中，同一反应物发生两个或两个以上不同方向的反应，生成各不相同的产物。对于如下简单的平行反应：

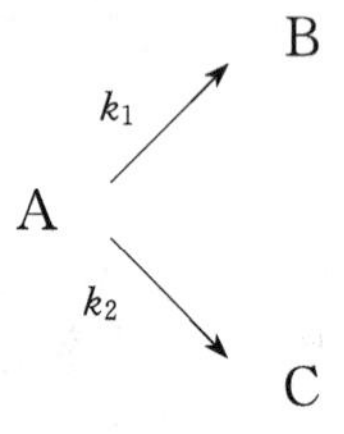

	A	B	C
$t=0$	a	0	0
$t=t$	$a-x$	y	z

反应物 A 消耗的速率为

$$\frac{\mathrm{d}x}{\mathrm{d}t} = \frac{\mathrm{d}y}{\mathrm{d}t} + \frac{\mathrm{d}z}{\mathrm{d}t} = k_1(a-x) + k_2(a-x) = (k_1+k_2)(a-x)$$

积分得

$$\ln \frac{a}{a-x} = (k_1 + k_2) t$$

这与简单的一级反应很相似，B 和 C 的浓度随时间的变化分别为

$$y=\frac{k_1a}{k_1+k_2}[1-e^{-(k_1+k_2)t}] \qquad z=\frac{k_2a}{k_1+k_2}[1-e^{-(k_1+k_2)t}]$$

任一时刻，y 与 z 的比值为 $y/z=k_1/k_2$，即级数相同的平行反应，产物的浓度之比等于速率常数之比，与反应物初始浓度和时间无关。可以通过改变温度或选用催化剂的办法改变两种产物的浓度之比。

3. 连续反应

在连续反应中，前一步反应的生成物是后一步反应的反应物。对于以下简单的连续反应

$$\mathrm{A} \xrightarrow{k_1} \mathrm{B} \xrightarrow{k_2} \mathrm{C}$$

	A	B	C
$t=0$	a	0	0
$t=t$	x	y	z

$$-\mathrm{d}x/\mathrm{d}t=k_1x \qquad \mathrm{d}y/\mathrm{d}t=k_1x-k_2y$$

解此二微分方程式

$$x=a\mathrm{e}^{-k_1t} \qquad y=\frac{ak_1}{k_2-k_1}(\mathrm{e}^{-k_1t}-\mathrm{e}^{-k_2t}) \qquad z=a-x-y$$

分别将 A、B 和 C 的浓度对时间 t 作图，图中 B 的浓度起初随时间的延长而增加，后又下降，中间有一极大值，其值为 $c_\mathrm{B}=a\frac{k_1}{k_2}\frac{k_2}{k_2-k_1}$。B 的浓度达到最大值时所需的时间 $t_{\mathrm{B,m}}=\frac{\ln k_1-\ln k_2}{k_1-k_2}$。所以可以通过控制反应时间来获取最大量的中间产物 B。

4. 复合反应的近似处理

探讨反应机理是化学动力学的重要内容之一。探讨反应机理的一般方法是根据一些实验事实和理论拟定反应机理，由此推导总反应的速率方程，再与实验结果比较是否相符。推导复杂反应的速率方程通常采用稳态和平衡假设两种近似方法。

(1) 稳态法。采用某种手段或反应进行到某种程度，使中间产物的浓度稳定不变，从而求出难以从实验直接测定的中间产物浓度的表示式。例如：

$$\mathrm{A} \xrightarrow{k_1} \mathrm{B} \xrightarrow{k_2} \mathrm{C}$$

达到稳态时

$$\frac{\mathrm{d}c_\mathrm{B}}{\mathrm{d}t}=k_1c_\mathrm{A}-kc_\mathrm{B}=0 \qquad c_\mathrm{B}=\frac{k_1c_\mathrm{A}}{k_2}$$

(2) 平衡假设法。反应机理中存在一可逆步骤,可逆反应较快,假设该步处于平衡态,可利用平衡原理求出中间产物的表示式。例如:

$$A \underset{k_-}{\overset{k_+}{\rightleftharpoons}} B \xrightarrow{k_2} P$$

$$k_1 c_A = k_2 c_B \qquad c_B = \frac{k_1 c_A}{k_2}$$

7.2.6　催化作用

1. 催化剂与催化作用

在化学反应体系中加入少量物质能改变化学反应速率,其本身在反应前后并未消耗,这种物质称为催化剂(catalyst)。其中增大反应速率的称为正催化剂,而降低反应速率的称为负催化剂。这种由催化剂引起反应速率改变的现象称为催化作用(catalysis),有催化剂参与的反应称为催化反应(catalytic reaction)。

2. 催化剂的基本特征

(1) 催化剂虽然能改变反应速率,但不能改变反应的方向和限度。

(2) 催化剂对于反应加速作用具有选择性。不同的反应需要不同的催化剂才有明显的加速作用;有时同一反应物选用不同的催化剂将得到不同的产物。

(3) 催化剂参与化学反应过程,改变原反应的途径,从而可降低活化能。

3. 酶催化反应

以酶为催化剂的反应称为酶催化反应(enzyme catalyzed reaction),它普遍存在于生物体内的新陈代谢过程。和普通催化剂比较,酶具有很高的催化效率和很高的选择特异性,并且反应在很温和条件(常温、常压、酸碱度中性或近中性)下进行。

最简单的酶催化反应机理为

$$E + S \underset{k_-}{\overset{k_+}{\rightleftharpoons}} ES \xrightarrow{k_2} P + E$$

7.2.7　光化学反应的基本规律

光化学反应(photochemistry reaction)是在光作用下,反应物处于激发态(excited state)所发生的反应。相对于光化学反应,普通化学反应中反应物处于基态(ground state),故称为热反应(thermal reaction)。光反应和热反应的对比列于表 7-1。反应物发生的光电离、光分解、光异构化、被光活化的分子所参与的其他反应等均为光反应。

表 7-1　光反应和热反应对比

因素	光反应	热反应
反应后体系的吉布斯自由能	可能升高	只会降低
反应活化能的来源	吸收的光量子	从环境吸收的热
升高温度	对反应速率几乎无影响	反应速率加快
入射光的频率、强度	对反应机理、反应速率等都可能有很大影响	无影响

1. 光化学第一定律

只有被反应物分子(原子)吸收的光才能有效地引发光化学反应。光化学第一定律(first law of photochemistry)也称为格罗塞斯-德雷帕(Grotthuss-Draper)定律。

2. 光化学第二定律

在光化学反应的初级过程中,被活化的反应物分子(原子)数等于被吸收的光量子数,也称为斯塔克-爱因斯坦(Stark-Einstein)定律或爱因斯坦光当量定律。

一个光量子可活化一个分子,1mol 光量子的总能量称为一个 Einstein,用 U 表示为

$$U=Lh\nu=Lhc/\lambda$$

式中:L 为阿伏伽德罗(Avogadro)常量($6.02\times10^{23}\,mol^{-1}$);$h$ 为普朗克(Planck)常量($6.63\times10^{-34}\,J\cdot s$);$\nu$ 为光的频率;λ 为光的波长;c 为光速($3\times10^{8}\,m\cdot s^{-1}$)。

3. 光化学反应的初级过程和次级过程

反应物吸收光量子直接引起的过程称为初级过程(primary process),包括光物理过程和光化学过程。

初级过程中产生的活性中间体引发的其他反应称为次级过程(secondary process)。严格地说,次级过程不是光化学步骤,而是热化学步骤。

光化学反应中消耗的反应物分子数与体系吸收的光量子数之比称为量子效率(quantum efficiency),用 Φ 表示

$$\Phi=\frac{\text{反应消耗的反应物分子数}}{\text{体系所吸收的光量子数}}$$

显然初级过程的量子效率均为 1,而光化学反应的总量子效率取决于反应机理,有的光反应 Φ 大于 1,有的光反应 Φ 小于 1 或等于 1。

4. 光化学反应的机理及其动力学

反应物在光化学反应的初级过程中吸收光子,成为激发态。处于激发态的分

子可通过释热、发光(荧光 fluorescence,磷光 phosphorescence)等途径失去能量,回到基态,也可能进一步发生反应。激发态分子 D^* 可发生的反应有以下几种类型:

(1) D^* 直接生成产物 P。

$$D^* \longrightarrow P$$

(2) D^* 先生成活性中间体(或自由基)B,B 再进一步反应生成产物 P 或失活回到基态 D。

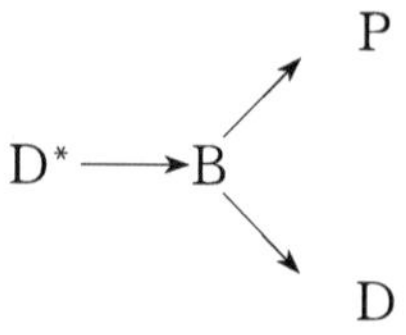

(3) D^* 将能量传给另一基态物质 A,使 A 激发成 A^*,而自身失活回到基态。A^* 再进一步反应得到产物或失活回到基态。

$$D^* + A \longrightarrow D + A^*$$

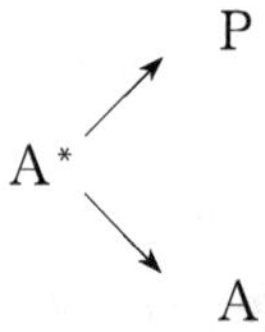

这类反应称为光敏反应或感光反应(photosensitization),D^* 在反应中作为能量给体,将吸收光量子获得的能量传递给不能吸收光的能量受体 A,使之激发成 A^*。D 不参与化学反应,称为光敏剂或感光剂(photo sensitizer)。

光化学反应的初级过程速率与入射光的强度成正比,与反应物的浓度无关。次级过程的速率方程与热反应的速率表达式相同。故研究光化学反应的动力学时必须综合考虑初级过程和次级过程。

7.3　例题和习题解答

【例 7-1】 某抗生素注入人体后,在血液中呈简单的级数反应。如果在人体中注射 0.50g 该抗生素,然后在不同时间 t 测定它在血液中的浓度 c_A(以 $mg \cdot 100cm^{-3}$ 表示),得下列数据:

t/h	4	8	12	16
$c_A/(mg \cdot 100cm^{-3})$	0.480	0.326	0.222	0.151

(1)确定反应级数;(2)计算反应速率常数;(3)求半衰期;(4)若要使血液中抗生素

浓度不低于 0.37mg·100cm^{-3}，需几小时后注射第二针？

解　(1) 用作图法尝试，发现 $\lg c_A$-t 为一条直线，故该反应是一级反应，直线的截距为−0.1516，斜率为−0.041 81。

(2) 一级反应速率方程 $\lg c_A = -\dfrac{k}{2.303}t + \lg c_{A,0}$，由直线斜率 $-0.041\,81 = -\dfrac{k}{2.303}$，所以 $k=0.0963\text{h}^{-1}$。

(3)
$$t_{1/2}=\frac{0.693}{k}=\frac{0.693}{0.0963}=7.20(\text{h})$$

(4) 由 $\lg\dfrac{c_{A,0}}{c_A}=\dfrac{k}{2.303}t$，有

$$t=\frac{2.303}{k}\lg\frac{c_{A,0}}{c_A}=\frac{2.303}{k}(\lg c_{A,0}-\lg c_A)$$
$$=\frac{2.303}{0.0963}\times(-0.1516-\lg 0.37)=6.7(\text{h})$$

【例 7-2】　在 518℃，对于乙醛气相热分解反应的半衰期与乙醛起始压力 p 之间的关系，实验测得数据如下：

p/kPa	48.4	22.53
$t_{1/2}$/s	410	880

试计算该反应的速率常数。

解　先求出反应级数

$$n=1+\frac{\lg\dfrac{(t_{1/2})_1}{(t_{1/2})_2}}{\lg\dfrac{p_2}{p_1}}=1+\frac{\lg\dfrac{410}{880}}{\lg\dfrac{22.53}{48.4}}=1+0.999\approx 2$$

对于二级反应

$$t_{1/2}=\frac{1}{pk_2}$$

$$k_2=\frac{1}{pt_{1/2}}=\frac{1}{48.4\times 1000\times 410}=5\times 10^{-8}(\text{Pa}^{-1}\cdot\text{s}^{-1})$$

【例 7-3】　某反应在 40℃进行时转化率达到 20%所需时间为 15min，初始浓度相同，反应在 60℃进行时，达到与上述相同的转化率所需时间为 3min，计算该反应的活化能。

解　$\dfrac{\Delta c_A}{t_1}=k_{T_1}c_A^n$，$\dfrac{\Delta c_A}{t_2}=k_{T_2}c_A^n$，所以

$$k_{T_1}t_1=k_{T_2}t_2$$
$$T_1=273.15+40=313.15(\text{K})\qquad t_1=15\text{min}$$

$$T_2 = 273.15 + 60 = 333.15(\text{K}) \qquad t_2 = 3\text{min}$$

$$k_{T_2}/k_{T_1} = 15/3 = 5$$

由阿伦尼乌斯公式

$$\ln\frac{k_{T_2}}{k_{T_1}} = \frac{E_a}{R}\left(\frac{1}{T_1} - \frac{1}{T_2}\right)$$

$$\ln 5 = \frac{E_a}{8.314} \times \left(\frac{1}{313.15} - \frac{1}{333.15}\right)$$

$$E_a = 70.0\text{kJ} \cdot \text{mol}^{-1}$$

【例 7-4】 二丙酮左罗糖酸$\xrightarrow{k_1}$抗坏血酸$\xrightarrow{k_2}$分解产物，这是一个在酸性溶液中水解分解的连串反应，一定条件下测得 50℃时 $k_1 = 0.42\times10^{-2}\text{min}^{-1}$，$k_2 = 0.20\times10^{-4}\text{min}^{-1}$。试求 50℃时生成抗坏血酸最适宜的反应时间及相应的最大产率。

解 $$t_m = \frac{\ln k_2 - \ln k_1}{k_2 - k_1} = \frac{\ln\dfrac{0.2\times10^{-4}}{42\times10^{-4}}}{0.2\times10^{-4} - 42\times10^{-4}} = 1.3\times10^3(\text{min})$$

设 c_B 为抗坏血酸的浓度

$$c_B = \frac{k_1 c_{A,0}}{k_2 - k_1}(e^{-k_1 t} - e^{-k_2 t})$$

当 $t = t_m$ 时，$c_{B,m} = c_{A,0}\left(\dfrac{k_1}{k_2}\right)^{\frac{k_1}{k_2 - k_1}}$，其中 $c_{A,0}$ 为反应物初始浓度，所以最大产率为

$$\frac{c_{B,m}}{c_{A,0}} = \left(\frac{k_1}{k_2}\right)^{\frac{k_1}{k_2 - k_1}} = \left(\frac{42\times10^{-4}}{0.2\times10^{-4}}\right)^{\frac{42\times10^{-4}}{0.2\times10^{-4} - 42\times10^{-4}}} = 0.46\%$$

【例 7-5】 某有机化合物吸收 549.5nm 波长的光，发生光化学反应，已知 2.31E 的光可激活 0.050mol 反应物分子，求反应的量子效率 Φ 和反应进度 $\xi = 1\text{mol}$ 时吸收的总能量。

解 $$\Phi = \frac{\text{激活的反应物分子数}}{\text{吸收的光量子数}} = \frac{0.050\times6.02\times10^{23}}{2.31\times6.02\times10^{23}} = 0.0216$$

当 $\xi = 1\text{mol}$ 时，吸收的总能量为

$$E = \xi U/\Phi = \frac{1\times6.02\times10^{23}\times6.63\times10^{-34}\times3\times10^8}{549.5\times10^{-9}\times0.0216}\times10^{-3}$$

$$= 1.01\times10^4(\text{kJ})$$

【例 7-6】 某光化学反应中每吸收 8 个波长 600nm 的光子可使水和二氧化碳生成一个碳水化合物产物分子。该产物的燃烧热为 468.6kJ · mol^{-1}。求反应中吸收的光能转化为化学能的转化率。

解 $$U = Lhc/\lambda = (6.02\times10^{23}\times6.63\times10^{-34}\times3\times10^8/600\times10^{-9})\times10^{-3}$$

$$= 200(\text{kJ} \cdot \text{mol}^{-1})$$

生成 1mol 产物吸收光能

$$E=8U=8\times200=1.60\times10^3(\mathrm{kJ\cdot mol^{-1}})$$

能量转化率

$$\eta=\frac{\Delta_c H_m}{E}\times100\%=\frac{468.6}{1.60\times10^3}\times100\%=29.3\%$$

【习题 7-1】 蔗糖转化反应在酸性条件下进行

$$C_{12}H_{22}O_{11}+H_2O\longrightarrow C_6H_{12}O_6(\text{葡萄糖})+C_6H_{12}O_6(\text{果糖})$$

蔗糖与葡萄糖是右旋性物质，果糖是左旋性物质。在转化反应进行时，右旋角不断减小，至零度后，体系的左旋角不断增大，直至最大左旋角。在某温度下测得时间 t 与旋光角 α_t 的实验数据如下：

t/min	3.26	6.33	13.93	20.51	∞
α_t/°	+9.10	+6.00	+1.20	−1.15	−4.35

试求该反应的速率常数 k 和半衰期 $t_{1/2}$。

解 设蔗糖、果糖和葡萄糖的旋光度与其浓度的比例系数分别为 k_A、k_B 和 k_C，最初体系的旋光度为 α。蔗糖完全转化时的旋光角为 α_∞，蔗糖的初始浓度为 $c_{A,0}$，时间为 t 时的浓度和旋光角分别为 c_A 和 α_t。

$$C_{12}H_{22}O_{11}(\text{蔗})+H_2O\longrightarrow C_6H_{12}O_6(\text{果})+C_6H_{12}O_6(\text{葡})$$

$t=0$	$c_{A,0}$	0	0
$t=t$	c_A	$c_{A,0}-c_A$	$c_{A,0}-c_A$
$t=\infty$	0	$c_{A,0}$	$c_{A,0}$

$$\alpha_0=k_Ac_{A,0}\qquad \alpha_\infty=(k_B+k_C)c_{A,0}\qquad \alpha_t=k_Ac_A+(k_B+k_C)(c_{A,0}-c_A)$$

联立此三式，解得

$$c_{A,0}=\frac{\alpha_0-\alpha_\infty}{k_A-k_B-c_C}=k(\alpha_0-\alpha_\infty)$$

$$c_A=\frac{\alpha_t-\alpha_\infty}{k_A-k_B-k_C}=k(\alpha_t-\alpha_\infty)$$

由一级反应速率方程的积分式，即

$$\ln\frac{c_{A,0}}{c_A}=k_1t\qquad \ln(\alpha_t-\alpha_\infty)=-k_1t+\ln(\alpha_0-\alpha_\infty)$$

由题给数据计算出 $\ln(\alpha_A-\alpha_\infty)$ 的值，列表如下：

t/min	3.26	6.33	13.93	20.51
$\ln(\alpha_t-\alpha_\infty)$	2.60	2.34	1.72	1.16

以 $\ln(\alpha_t-\alpha_\infty)$ 对 t 作图得一条直线，其斜率为 $-k_1=-0.0834\mathrm{min^{-1}}$。所以

$$k_1=0.0834\text{min}^{-1} \qquad t_{1/2}=\frac{\ln 2}{k_1}=8.31\text{min}$$

【习题 7-2】 放射性同位素$^{32}_{15}P$的蜕变$^{32}_{15}P \longrightarrow ^{32}_{16}S+\beta$，现有一批该同位素的样品，经测定其活性在 10d 后降低了 38.42%。求蜕变速率常数、半衰期及经多长时间蜕变 99.0%。

解 放射性同位素的蜕变为一级反应，用一级反应速率方程式

$$\ln\frac{c_A}{c_A}=k_1t \qquad \ln\frac{100}{61.58}=k_1\times 10$$

所以

$$k_1=0.0485\text{d}^{-1} \quad t_{1/2}=\frac{\ln 2}{k_1}=14.3\text{d}$$

蜕变 99.0%所需时间为

$$t=\ln\frac{1}{0.01}/0.0485=95(\text{d})$$

【习题 7-3】 氯化重氮苯在水中分解

$$C_6H_5N_2Cl+H_2O \longrightarrow C_6H_5OH+HCl+N_2$$

35℃时测定不同时间释放的氮气体积如下：

t/min	20	40	60	80	100	120	140	∞
$V_{N_2}/10^{-3}dm^3$（标准状态）	15.0	26.9	36.0	43.4	49.5	53.7	57.6	71.2

试确定该反应的级数和速率常数。

解 $C_6H_5N_2Cl+H_2O \longrightarrow C_6H_5OH+HCl+N_2$

$t=0$ $\quad n_0 \quad 0$

$t=t$ $\quad n_t \quad n_0-n_t$

$t=\infty$ $\quad 0 \quad n_0$

$$n_0=pV_\infty/RT, \qquad n_t=p(V_\infty-V_t)/RT$$

用尝试法，按一级反应速率方程式，即

$$\ln\frac{c_{A,0}}{c_A}=k_1t \qquad \ln\frac{n_0/V_1}{n_t/V_1}=\ln\frac{n_0}{n_t}=k_1t$$

$$\ln(V_\infty-V_t)=-k_1t+\ln V_\infty$$

由题给数据计算出 $\ln(V_\infty-V_t)$的值，将 $\ln V_\infty=4.27$ 代入上式计算 k_1 的值，列表如下：

t/min	20	40	60	80	100	120	140
$\ln(V_\infty-V_t)$	4.03	3.79	3.56	3.33	3.08	2.86	2.61
k_1	0.012	0.012	0.0118	0.0118	0.0119	0.0118	0.0119

计算所得各组数据的 k_1 值基本相同，所以该反应为一级反应，$k_1=0.0119\text{min}^{-1}$。

【习题 7-4】 某一级反应，35min 反应物消耗 30%。求速率常数 k 及 5h 反应物消耗的百分数。

解　由一级反应速率方程式

$$\ln\frac{1}{1-0.3}=k\times 35$$

所以 $k_1=0.0102\text{min}^{-1}$，设反应经过 5h 后反应物消耗的百分数为 x，则

$$\ln\frac{1}{1-x}=0.0102\times 5\times 60=3.06\qquad x=95.3\%$$

【习题 7-5】 乙酸乙酯皂化 $CH_3COOC_2H_5+OH^-\longrightarrow CH_3COO^-+C_2H_5OH$，当 $CH_3COOC_2H_5$ 的起始浓度为 $6.67\times 10^{-3}\text{mol}\cdot\text{dm}^{-3}$，$OH^-$ 的起始浓度为 $1.33\times 10^{-2}\text{mol}\cdot\text{dm}^{-3}$ 时，测得 50℃时数据如下：

t/min	0	5	10	15	20	25
$c_{CH_3COO^-}/(10^{-3}\text{mol}\cdot\text{dm}^{-3})$	0	4.90	6.03	6.41	6.56	6.62

求此反应的级数和速率常数。

解　用尝试法。设反应对 $CH_3COOC_2H_5$ 和 OH^- 各为一级。总反应级数为二级，根据二级反应方程式

$$\frac{1}{a-b}\ln\frac{a-x}{b-x}-\frac{1}{a-b}\ln\frac{a}{b}=k_2t$$

式中：a 为 OH^- 的初始浓度；b 为 $CH_3COOC_2H_5$ 的初始浓度。计算出各时间 $\ln\dfrac{a-x}{b-x}$ 的值，列表如下：

t/min	0	5	10	15	20	25
$\ln\dfrac{a-x}{b-x}$	0.692	1.56	2.43	3.28	4.12	5.30

以 $\ln\dfrac{a-x}{b-x}$ 对 t 作图得一条直线，所以该反应物为二级反应。

通过直线的斜率 $(a-b)k_2=0.173\text{mol}\cdot\text{dm}^{-3}$，得该反应的速率常数 $k_2=26.0\text{dm}^3\cdot\text{mol}^{-1}\cdot\text{min}^{-1}$。

【习题 7-6】 反应 $A+B\longrightarrow P$ 的速率方程为 $-dc_A/dt=kc_Ac_B$，298K 时 $k=1.5\times 10^{-4}\text{dm}^3\cdot\text{mol}^{-1}\cdot\text{s}^{-1}$，当初始浓度 $c_{A,0}=0.4\text{mol}\cdot\text{dm}^{-3}$，$c_{B,0}=0.6\text{mol}\cdot\text{dm}^{-3}$ 时，求半衰期 $t_{1/2,A}$ 和 $t_{1/2,B}$。

解　由速率方程的积分式

$$\frac{1}{a-b}\ln\frac{a-x}{b-x}-\frac{1}{a-b}\ln\frac{a}{b}=k_2t$$

当 $x=\frac{1}{2}c_{A,0}=0.2\text{mol}\cdot\text{dm}^{-3}$ 时

$$\frac{1}{0.6-0.4}\times\ln\frac{0.4}{0.2}-\frac{1}{0.6-0.4}\times\ln\frac{0.6}{0.4}=1.5\times10^{-4}t_{1/2,A}$$

$$t_{1/2,A}=9.6\times10^{3}\text{s}=1.6\times10^{2}\text{min}$$

当 $x=\frac{1}{2}c_{B,0}=0.3\text{mol}\cdot\text{dm}^{-3}$ 时

$$\frac{1}{0.6-0.4}\times\ln\frac{0.3}{0.1}-\frac{1}{0.6-0.4}\times\ln\frac{0.6}{0.4}=1.5\times10^{-4}t_{1/2,B}$$

$$t_{1/2,B}=2.3\times10^{4}\text{s}=3.8\times10^{2}\text{min}$$

【习题 7-7】 某一级反应 600K 时半衰期为 370min，活化能为 2.77×10^{5} $\text{J}\cdot\text{mol}^{-1}$。求该反应在 650K 时的速率常数和反应物消耗 75%所需的时间。

解 由一级反应的动力学特征

$$t_{1/2}=\frac{\ln2}{k_1}\qquad k_{600\text{K}}=\ln2/t_{1/2}=1.87\times10^{-3}\text{min}^{-1}$$

由阿伦尼乌斯公式

$$\ln\frac{k_{650\text{K}}}{k_{600\text{K}}}=\frac{E}{R}\left(\frac{1}{600}-\frac{1}{650}\right)$$

$$\ln\frac{k_{650\text{K}}}{1.87\times10^{-3}}=\frac{2.77\times10^{5}}{8.314}\times\left(\frac{1}{600}-\frac{1}{650}\right)$$

$$k_{650\text{K}}=0.130\text{min}^{-1}$$

由一级反应速率方程式

$$\ln\frac{a}{a-x}=k_{650\text{K}}t\qquad \ln\frac{1}{0.25}=0.130t$$

所以反应物消耗 75%所需时间 $t=10.6\text{min}$。

【习题 7-8】 已知反应 $CCl_3COOH\longrightarrow CO_2+CHCl_3$，在 90℃时速率常数为 $3.11\times10^{-4}\text{s}^{-1}$，70℃时为 $1.71\times10^{-5}\text{s}^{-1}$。求该反应的活化能及 50℃时的速率常数，并判断该反应的级数。

解 由阿伦尼乌斯公式 $\ln\frac{k_{90℃}}{k_{70℃}}=\frac{E_a}{R}\left(\frac{1}{343}-\frac{1}{363}\right)$，得

$$\ln\frac{3.11\times10^{-4}}{1.71\times10^{-5}}=\frac{E_a}{8.314}\times\left(\frac{1}{343}-\frac{1}{363}\right)$$

所以该反应的活化能为

$$E_a=1.50\times10^{5}\text{J}\cdot\text{mol}^{-1}$$

当反应温度为 50℃时

$$\ln\frac{k_{50℃}}{k_{70℃}}=\frac{E_a}{R}\left(\frac{1}{343}-\frac{1}{323}\right)$$

$$\ln\frac{k_{50℃}}{1.71\times10^{-5}}=\frac{1.50\times10^{5}}{8.314}\times\left(\frac{1}{343}-\frac{1}{323}\right)$$

所以

$$k_{50℃}=6.58\times10^{-7}\mathrm{s}^{-1}$$

由题中反应速率常数的单位 s^{-1} 可知，该反应为一级。

【习题 7-9】 在不同温度下丙酮二羧酸在水中分解的速率常数如下：

T/K	273	293	313	333
$k/10^{-5}\mathrm{min}^{-1}$	2.46	47.5	576	5480

利用阿伦尼乌斯公式的不定积分式作图，求该反应的活化能 E_a 和指前因子 A，判断该反应的级数，并求 373K 时的半衰期。

解 由阿伦尼乌斯公式 $\ln k=-\frac{E_a}{R}\frac{1}{T}+B$，根据题给的 T 值，计算 $\frac{1}{T}$ 和 $\ln k$。列表如下：

$(1/T)/\mathrm{K}^{-1}$	0.003 66	0.003 41	0.003 20	0.003 00
$k/10^{-5}\mathrm{min}^{-1}$	2.46	47.5	576	5480
$\ln k$	−10.61	−7.652	−5.157	−2.904

以 $\ln k$ 对 $1/T$ 作图得一条直线，直线的斜率 $-E_a/R=-11.26\times10^3\mathrm{K}$，所以 $E_a=93.66\times10^3\mathrm{J\cdot mol^{-1}}$，直线的截距为 30.89，指前因子 $A=2.602\times10^{13}\mathrm{min}^{-1}$。根据 k 的单位可知该反应为一级反应。373K 时的反应速率常数由阿伦尼乌斯公式计算

$$\ln k_{373\mathrm{K}}=-\frac{93.66\times10^3}{8.314}\times\frac{1}{373}+30.89$$

$$k_{373\mathrm{K}}=1.992\mathrm{min}^{-1}$$

所以，373K 时的半衰期为 $t_{1/2}=\frac{\ln2}{k_1}=0.348\mathrm{min}$。

【习题 7-10】 某乳制品在 28℃时 6h 就开始变酸，在 4℃的冷藏箱中可保鲜 10d，估算该酸败过程的活化能。

解 $k_{28℃}/k_{4℃}=\frac{240}{6}=40$

由阿伦尼乌斯公式

$$\ln\frac{k_{28℃}}{k_{4℃}}=\frac{E_a}{R}\left(\frac{1}{277}-\frac{1}{301}\right)$$

$$\ln40=\frac{E_a}{8.314}\times\left(\frac{1}{277}-\frac{1}{301}\right)$$

所以

$$E_a=1.06\times10^5\,\text{J}\cdot\text{mol}^{-1}$$

【习题 7-11】 溴乙烷分解反应在 650K 时速率常数为 $2.14\times10^{-4}\text{s}^{-1}$，若要在 10min 使反应完成 60%，应在什么温度下进行反应？已知活化能 $E_a=229.3\,\text{kJ}\cdot\text{mol}^{-1}$，指前因子 $A=5.73\times10^{14}\text{s}^{-1}$。

解 该反应为一级反应，要在 10min 使反应完成 60%，速率常数应为 $k_{1,T}$，由一级反应的速率方程式

$$\ln\frac{1}{1-0.6}=k_{1,T}\times10\times60 \qquad k_{1,T}=0.001\,527\text{s}^{-1}$$

由阿伦尼乌斯公式

$$\ln0.001\,527=-\frac{229.3\times1000}{8.314}\times\frac{1}{T}+\ln(5.73\times10^{14})$$

所以反应温度应为

$$T=682\text{K}$$

【习题 7-12】 催化剂在反应中的作用是什么？

答 （略）

【习题 7-13】 简述酶催化反应的特点。

答 （略）

【习题 7-14】 某光分解反应中，需要 $478.6\text{kJ}\cdot\text{mol}^{-1}$的能量破坏化学键。选用什么波长的光来照射比较合适？

解 $U=Lhc/\lambda$

$$478.6\times10^3=6.02\times10^{23}\times6.63\times10^{-34}\times3\times10^8/\lambda$$

$$\lambda=2.50\times10^{-7}\text{m}=250\text{nm}$$

【习题 7-15】 萘激发后发射荧光和磷光。设光的衰减符合一级反应速率方程。荧光的半衰期为 1.5×10^{-8}s，磷光的半衰期为 1.4s。求萘激发后荧光和磷光分别衰减到 1%所需的时间。

解 设荧光和磷光分别衰减到 1%所需时间分别为 t_{I} 和 t_{II}。

一级反应半衰期

$$t_{1/2}=\ln2/k$$

一级反应速率方程

$$\ln\frac{a}{a-x}=kt$$

衰减到 1%时

$$a-x=0.01a$$

对于荧光

$$k_{\text{I}}=\ln2/t_{1/2}=4.6\times10^7\text{s}^{-1}$$

$$\ln\frac{a}{0.01a} = k_{\mathrm{I}} t_{\mathrm{I}}$$

$$t_{\mathrm{I}} = 1.0\times 10^{-7}\mathrm{s}$$

对于磷光

$$k_{\mathrm{II}} = \ln 2/t_{1/2} = 0.495\mathrm{s}^{-1}$$

$$\ln\frac{a}{0.01a} = k_{\mathrm{II}} t_{\mathrm{II}}$$

$$t_{\mathrm{II}} = 9.3\mathrm{s}$$

【习题 7-16】 某光化学反应吸收 510nm 波长的光，每吸收 1.5U 的光可使 0.051mol 的分子激发，求该反应的量子效率和激发 1mol 分子的能量。

解

$$\Phi = \frac{n}{I_0} = \frac{0.051}{1.5} = 0.034$$

活化 1mol 分子所需能量为

$$\begin{aligned} E &= U/\Phi = Lhc/\lambda\Phi \\ &= [6.02\times 10^{23}\times 6.63\times 10^{-34}\times 3\times 10^{8}/(510\times 10^{-9}\times 0.034)]\times 10^{-3} \\ &= 6900(\mathrm{kJ}) \end{aligned}$$

【习题 7-17】 Some medicine, 30% of which was decomposed, lose efficiency. The rate constant of decompose reaction was $7.08\times 10^{-4}\ \mathrm{h}^{-1}$ and $3.55\times 10^{-3}\mathrm{h}^{-1}$ at 323K and 343K separately. Calculate the activation energy for the medicine decompose reaction and the term of validity at 298K.

解

$$\ln\frac{k_2}{k_1} = \frac{E_{\mathrm{a}}}{R}\left(\frac{1}{T_1} - \frac{1}{T_2}\right)$$

$$\ln\frac{3.55\times 10^{-3}}{7.08\times 10^{-4}} = \frac{E_{\mathrm{a}}}{8.314}\times\left(\frac{1}{323} - \frac{1}{343}\right)$$

$$E_{\mathrm{a}} = 231\mathrm{kJ}\cdot\mathrm{mol}^{-1}\qquad k_{298\mathrm{K}} = 5.20\times 10^{-5}\mathrm{h}^{-1}$$

$$\ln\frac{1}{1-0.3} = k_{298\mathrm{K}}t$$

$$t = 7.13\times 10^{3}\mathrm{h}\approx 10\mathrm{months}$$

【习题 7-18】 Some medicine solution was made up with the concentration of 400 unit per milliliter, and the concentration of 300 unit per milliliter was found after 11 months. The medicine decompose was considered a first order reaction. Calculate (1) the concentration of the medicine solution 40 days after it was made up, (2) the period of half medicine was decomposed.

解　$\ln = \frac{c_{\mathrm{A},0}}{c_{\mathrm{A}}} = k_1 t$　　$\ln\frac{400}{300} = k_1\times 11\times 30$　　$k_1 = 8.72\times 10^{-4}\mathrm{d}^{-1}$

$$\ln\frac{400}{c} = k_1\times 40\qquad c = 395.4\ \text{单位}\cdot\mathrm{cm}^{-3}$$

$$t_{1/2}=\frac{0.693}{k_1}\approx 800\text{d}$$

【习题 7-19】 The decomposability of oxirane is the first order. At the temperature of 653K, the half-life time is 365min, the activation energy is 217.57 kJ · mol^{-1}. Calculate the time that the percent of the decomposability for oxirane is 75% at 723K.

解 $t_{1/2}=\ln 2/k_1$　　$365=0.693/k_1$　　$k_1=1.90\times10^{-3}\text{min}^{-1}$

$$\ln\frac{k_2}{k_1}=\frac{E_a}{R}\left(\frac{1}{T_1}-\frac{1}{T_2}\right)$$

$$\ln\frac{k_2}{1.90\times10^{-3}}=\frac{217.57\times10^3}{8.314}\times\left(\frac{1}{653}-\frac{1}{723}\right)$$

$$k_2=9.20\times10^{-3}\text{min}^{-1}$$

$$t=2t_{1/2,723\text{K}}=2\times0.693/(9.20\times10^{-3})=15.1(\text{min})$$

【习题 7-20】 1.27×10^{-3}mol HI decomposed $2HI\longrightarrow I_2+H_2$ when 300J energy was absorbed with 253.7nm light. Calculate the overall quantum yield of the reaction.

解 $U=Lhc/\lambda=0.1197/\lambda=0.1197/(253.7\times10^{-7})=4718(\text{kJ}\cdot\text{mol}^{-1})$

$$\phi=4718\times10^3\times1.27\times10^{-3}/300=2$$

7.4 练　习　题

7.4.1 选择题

1. 某化学反应的速率常数为 2.0mol · dm^{-3} · s^{-1}，该化学反应的级数为________。

A. 1　　B. 2　　C. 0　　D. −1

2. 放射性^{201}Pb 的半衰期为 8h，1g 放射性^{201}Pb 经 24h 衰变后还剩________。

A. $\frac{1}{3}$g　　B. $\frac{1}{4}$g　　C. $\frac{1}{8}$g　　D. 0g

3. 对于一个反应，下列说法正确的是________。

A. ΔS 越小，反应速率越快　　B. ΔH 越小，反应速率越快

C. 活化能越大，反应速率越快　　D. 活化能越小，反应速率越快

4. 某反应在一定条件下平衡的转化率为 25%，当有催化剂存在时，其转化率应当________25%。

A. 大于　　B. 小于　　C. 等于　　D. 大于或小于

5. 某反应 $A+B\rightleftharpoons P$，实验确定速率方程为$-\frac{dc_A}{dt}=kc_Ac_B$，该反应________。

A. 一定是基元反应　　B. 一定不是基元反应

C. 不一定是基元反应　　D. 以上说法都不对

6. 任一基元反应,反应分子数与反应级数的关系是________。

A. 反应级数等于反应分子数　　B. 反应级数小于反应分子数

C. 反应级数大于反应分子数　　D. 反应级数大于或等于反应分子数

7. 对于任一反应,反应级数________。

A. 只能是正整数　　B. 只能是正数

C. 只能是整数　　D. 可以是负分数

8. 一级反应的半衰期与反应物的初始浓度________。

A. 无关　　B. 成正比　　C. 成反比　　D. 二次方成正比

9. 在一定温度下,反应 $A+B\longrightarrow 2D$ 的反应速率可表示为 $-dc_A/dt=k_Ac_Ac_B$,也可表示为 $dc_D/dt=k_Dc_Ac_B$,速率常数 k_D 和 k_A 的关系为________。

A. $k_D=k_A$　　B. $k_D=2k_A$

C. $2k_D=k_A$　　D. 无关

10. 下列对于催化剂特征的描述中,不正确的是________。

A. 催化剂只能改变反应到达平衡的时间,对已经达到平衡的反应无影响

B. 催化剂在反应前后自身的化学性质和物理性质均不变

C. 催化剂不影响平衡常数

D. 催化剂不能实现热力学上不能发生的反应

11. 只有________,才能有效地引发光化学反应。

A. 照射到反应体系上的光　　B. 被反应体系吸收的光

C. 通过反应体系的光　　D. 被反应体系反射的光

12. 下列变化中________不是光化学反应。

A. 光合作用　　B. 摄影照相

C. 洛杉矶烟雾　　D. 温室效应

13. 在光敏反应中,吸收光量子的物质是________。

A. 光敏物质,反应中的能量给体

B. 光敏物质,反应中的能量受体

C. 非光敏物质,反应中的能量受体

D. 非光敏物质,反应中的能量给体

14. 光化学反应的量子效率________。

A. 一定等于 1　　B. 一定大于 1

C. 一定小于 1　　D. 上述 3 条都不对

7.4.2　填空题

1. 某反应的速率常数 $k=4.20\times10^{-2}\,s^{-1}$,初始浓度为 $0.10mol\cdot dm^{-3}$,则该

反应的半衰期 $t_{1/2}$ 为________。

2. 对于基元反应 $A+B \longrightarrow P$，当 A 的浓度远远大于 B 的浓度时，该反应为________级，速率方程式为________。

3. 某放射性同位素的蜕变为一级反应，已知某半衰期 $t_{1/2}=6d$，经过 16d 后，该同位素的衰变率为________。

4. $2A \longrightarrow B$ 为双分子基元反应，该反应的级数为________。

5. 对峙反应 $A \underset{k_-}{\overset{k_+}{\rightleftharpoons}} B$，$k_+=0.06\text{min}^{-1}$，$k_-=0.002\text{min}^{-1}$，反应的半衰期为________。

6. 在下列反应机理中，$A+B \xrightarrow{k_1} C$，$C \xrightarrow{k_2} A+B$，$C \xrightarrow{k_3} P$，$k_2 \gg k_3$，产物 P 生成的速率方程是________。

7. 某化学反应中，反应物消耗 7/8 所需的时间是它耗掉 3/4 所需时间的 1.5 倍，该反应的级数为________级。

7.4.3 判断题

1. 复杂反应是由若干个基元反应组成的，所以复杂反应的分子数是基元反应分子数之和。 (　　)

2. 当某反应对物质 A 的反应级数为负值时，该反应的速率随物质 A 的浓度升高而减小。 (　　)

3. 破坏臭氧的反应机理 $NO+O_3 \longrightarrow NO_2+O_2$，$NO_2+O \longrightarrow NO+O_2$ 中，NO 是反应的中间体。 (　　)

4. 对于一个在定温定压下不做非膨胀功的化学反应来说，ΔG 越小，反应速率越快。 (　　)

5. 某一反应 $A \longrightarrow B$，A 的半衰期为 30min，那么该反应进行完全所需的时间为 60min。 (　　)

6. 已知反应 $2A \longrightarrow P$ 为零级反应，A 的半衰期为 30min，由此可知，A 消耗 3/4所需的时间为 45min。 (　　)

7. 在任意条件中，任意一基元反应的活化能不会小于零，但对于非基元反应，活化能可以是正值，也可以是负值，甚至为零。 (　　)

8. 凡是反应级数为分数的反应都是复杂反应，凡是反应级数为 1、2 和 3 的反应都是基元反应。 (　　)

9. 催化剂加速反应到达平衡是由于它提高了正反应的速率，同时降低了逆反应的速率。 (　　)

10. 某反应在一定的条件下的平衡转化率为 48%，但在该条件下反应进行了

较长时间，转化率只有 8.5%，合适的催化剂可提高转化率，但不会超过 48%。（　）

11. 在常温常压下将氢气和氧气混合，数日后尚未检测到有任何变化。所以在该条件下，氢气和氧气的混合物在热力学上是稳定的。（　）

12. 某化学反应是放热的，活化能较高，在没找到合适催化剂的情况下，要提高反应的效率，反应应该在较低的温度下进行。（　）

7.4.4　思考题

1. 速率常数的大小取决于哪些因素？既然它相当于单位浓度时的反应速率，能不能认为其数值大小与体系中所有物质的浓度无关？

2. 试系统归纳零级、一级和二级反应的特征。

3. 判断下列说法是否正确。

(1) 反应级数等于反应分子数。

(2) 具有简单级数的反应是基元反应。

(3) 反应分子数只能是正整数，一般不会大于 3。

(4) 连串反应的速率由其中最慢的一步决定，因此速率控制步骤的级数就是总反应的级数。

(5) 过渡态理论中的活化络合物就是一般反应机理中的活化分子。

(6) 光化学反应的量子效率不可能大于 1。

4. 碰撞理论中引入了方位因子 P，它包含哪些因素？

5. 某反应的 $\Delta G>0$，采用催化剂能否使反应进行？采用光照是否有可能使反应进行？采用加入电能的方法能否使反应进行？

6. 请简要描述过渡态理论和碰撞理论的优缺点。

7. 对于某一级连串反应 $A \longrightarrow B \longrightarrow C$，为了最经济地由原料 A 生产 B，工艺上应如何考虑？

7.4.5　计算题

1. 硝基氨 NH_2NO_2 当有碱存在时分解为 N_2O 和水，该反应为一级，当把 50cm^3 硝基氨加到保持 75℃ 的乙酸盐缓冲溶液中时，经 70min 后在同温、101.325kPa 下有 6.19cm^3 干燥气体放出。试求在 75℃时，该溶液中硝基氨的半衰期。

2. 设有物质 A 与等物质的量 B 混合，反应至 1000s 时，A 消耗掉一半，问反应至 2000s 时 A 的剩余百分数。(1) 假定该反应为 A 的一级反应；(2) 假定该反应为一分子 A 与一分子 B 的二级反应；(3) 假定该反应为零级。

3. 273K 时 $CO(CH_2COOH)_2$ 分解，反应速率常数为 $2.46\times10^{-5}\ s^{-1}$；303K

时，反应速率常数为 $163\times10^{-5}\,s^{-1}$。求该反应的活化能和指前因子。

4. 溴乙烷分解反应的活化能为 $229.3\,kJ\cdot mol^{-1}$，650K 时，反应速率常数为 $2.14\times10^{-4}\,s^{-1}$。若要求在 10min 反应完成 90%，温度应控制为多少？

5. 在 480nm 光照下 Cl_2 与 H_2 反应生成 HCl，量子效率约为 1×10^{6}。每吸收 1J 光能可生成多少 HCl？

6. 在 313.0nm 光照下 $(CH_3)_2CO \longrightarrow C_2H_6 + CO$，若反应池容积为 $0.059\,dm^3$，温度为 56.7℃，入射光强度为 $4.81\times10^{-3}\,J\cdot s$ 时，丙酮蒸气的透光率为 70%，照射 3.5h 后反应池的压力从 102.16kPa 升高到 104.42kPa。求该反应的量子效率。

参考答案

7.4.1 选择题

1. C 2. C 3. D 4. C 5. C 6. A 7. D 8. A 9. B 10. B 11. B 12. D 13. A 14. D

7.4.2 填空题

1. 16.5s 2. 准一级 $dc_P/dt=kc_B$。 3. 85.25% 4. 2 5. 11.73min 6. $dc_P/dt=(k_1k_3/k_2)c_Ac_B$
7. 一

7.4.3 判断题

1. 错 2. 对 3. 错 4. 错 5. 错 6. 对 7. 对 8. 错 9. 错 10. 对 11. 错 12. 错

7.4.4 思考题

（略）

7.4.5 计算题

1. $t_{1/2}=\dfrac{0.693}{k}=124\,\text{min}$

2. (1) 25%

(2) 33.3%

(3) 0

3. 代入阿伦尼乌斯公式，得

$$\ln\frac{163\times10^{-5}}{2.46\times10^{-5}}=\frac{E_a}{8.314}\times\left(\frac{1}{273}-\frac{1}{303}\right)$$

$$E_a=96.1\,kJ\cdot mol^{-1}$$

指前因子

$$A=k\exp(E_a/RT)=2.46\times10^{-5}\times\exp(96.1\times10^3/8.314\times273)$$
$$=6.09\times10^{13}$$

4. $\ln(a/a-x)=kt$， $\ln(1/0.1)=k\times600$， $k=3.84\times10^{-3}\,s^{-1}$

$$\ln\frac{2.14\times10^{-4}}{3.84\times10^{-3}}=\frac{229.3\times10^3}{8.314}\times\left(\frac{1}{650}-\frac{1}{T}\right)$$

$$T=698\,K$$

5. 一个光子的能量为

$$E=hc/\lambda=6.63\times10^{-34}\times3\times10^8/(480\times10^{-9})=4.14\times10^{-19}\,(J)$$

故能量为 1J 的光共有光子

$$1/(4.14\times10^{-19})=2.41\times10^{18}(个)$$

$\Phi=1\times10^6$ 时，可反应 Cl_2 和 H_2 分子 $=\Phi\times2.41\times10^{18}/(6.02\times10^{23})=4.01(\text{mol})$，故可得 HCl 8.02mol。

6. 丙酮分解，物质的量增加 1 倍，故发生反应的丙酮的量等于反应体系物质增加的量，即

$$n=\frac{p_{终}V}{RT}-\frac{p_{始}V}{RT}=1.91\times10^{-5}\text{mol}$$

$$U=Lhc/\lambda=3.83\times10^5\text{J}\cdot\text{mol}^{-1}$$

丙酮吸收的光子量为

$$\frac{4.81\times10^{-3}\times3.5\times3600\times(1-70\%)}{3.83\times10^5}=4.75\times10^{-5}(\text{mol})$$

$$\Phi=1.91\times10^{-5}/(4.75\times10^{-5})=0.402$$

第 8 章　表面物理化学

8.1　学 习 要 求

(1) 从热力学的一般规律出发,掌握比表面自由能、表面张力等基本概念。

(2) 掌握液体弯曲液面的特性及拉普拉斯(Laplace)方程、开尔文方程等相关公式及其应用。

(3) 掌握溶液的表面吸附;理解表面过剩量的概念;理解吉布斯方程。

(4) 了解表面活性物质的结构特点及其应用;了解 HLB 值;了解表面膜、胶束。

(5) 了解固体表面特性;了解液-固界面吸附。

(6) 理解物理吸附和化学吸附的意义和区别;掌握气-固界面的吸附作用、特性及弗兰德里希(Freundlich)定温式、朗缪尔(Langmuir)单分子层吸附定温式等相关吸附理论;了解 BET 多分子层吸附定温式及其内容。

(7) 了解液体对固体表面的润湿作用;理解接触角和杨氏(Young)方程。

8.2　内 容 概 要

8.2.1　表面吉布斯自由能和表面张力

两相间厚度约几个分子层的薄层称为界面层(interfacial layer)。

对固-气界面和液-气界面也称表面(surface)。

定义

$$\sigma=\left(\frac{\partial G}{\partial A}\right)_{T,p,n}$$

σ 称为(比)表面吉布斯自由能,简称表面自由能(surface free energy)。

σ 是强度性质,其物理意义是在定温定压下,增加单位表面积所引起的吉布斯自由能的增量,单位为 $J\cdot m^{-2}$。σ 也可称为表面张力(surface tension),它指沿着与表面相切的方向垂直作用于单位长度上的表面收缩力,单位为 $N\cdot m^{-1}$。对于同一物质,表面张力与表面自由能数值相等,符号相同,但所用单位不同,物理意义也不同。

8.2.2　弯曲液面的性质

1. 弯曲液面的附加压力

由于表面张力的存在,弯曲液面下将产生附加压力(additional pressure)Δp,

$\Delta p = p_r - p_0$，其中 p_r 是平衡时液体内部的压力，p_0 是外部气相压力。Δp 的方向为沿曲面法线的方向，总是指向曲面中心，对于曲率半径为 r 的球形液面，Δp 可由拉普拉斯公式计算

$$\Delta p = \frac{2\sigma}{r}$$

若液面呈凸形，则 r 为正值，Δp 为正值，方向指向液相；若液面呈凹形，则 r 为负值，Δp 为负值，方向指向气相；对平液面，$r=\infty$，$\Delta p=0$，即平液面附加压力为零。

若液体能润湿毛细管壁，则润湿角 $\theta<90°$，管内液面呈凹形，$\Delta p<0$，附加压力指向空气，液体将被压入管内，直到上升的液柱所产生的静压力与附加压力相等为止，则 $h=\dfrac{2\sigma\cos\theta}{r\rho g}$，其中 r 为毛细管半径。

当 $\theta=0$ 时，水能完全润湿玻璃毛细管，$h=\dfrac{2\sigma}{r\rho g}$。

对毛细管不能润湿的液体，$\theta>90°$，管内液面呈凸形，$h<0$，则液面会下降。

2. 弯曲液面上的饱和蒸气压

曲率半径为 r 的液滴上，其饱和蒸气压 p_r^* 与 r 的关系可用开尔文公式表示

$$\ln\frac{p_r^*}{p_0^*} = \frac{2\sigma M}{\rho RT}\frac{1}{r}$$

式中：ρ 和 M 分别为液体的密度和摩尔质量；p_r^* 和 p_0^* 分别为弯曲液面和平面上的饱和蒸气压。

对于凸液面，如小液滴 $r>0$，则 $p_r^*>p_0^*$，即小液滴的饱和蒸气压大于平液面的饱和蒸气压，且液滴半径越小，p_r^* 越大。

对于凹液面，如液体中的小气泡 $r<0$，则 $p_r^*<p_0^*$，即凹液面的饱和蒸气压小于平液面的饱和蒸气压，且气泡半径越小，p_r^* 越小。

注意：在使用开尔文公式计算时应将各物理量单位统一为国际单位，如 M 单位为 $kg \cdot mol^{-1}$，ρ 单位为 $kg \cdot m^{-3}$ 等。

8.2.3　溶液表面的热力学性质

1. 溶液的表面张力

当溶剂中加入溶质成为溶液后，和纯溶剂相比，溶液的表面张力会随着溶质的性质和浓度的变化而发生改变，或者升高，或者降低。

以水溶液为例，大致可分为三种情况。

(1) 表面张力随溶质浓度的增加而升高，而且接近于直线。此类溶质一般为无机酸、碱、盐及蔗糖、甘露醇等。

(2) 表面张力随溶质浓度的增加而降低，起初下降较快，随后下降趋势减小。这类溶质如短链醇、醛、酮、酸、酯等。

(3) 表面张力在溶质浓度很低时急剧下降，至一定浓度后表面张力几乎不再变化。这类溶质通常包括皂类、8 碳以上的直链有机酸碱金属盐、高碳直链烷基硫酸盐或磺酸盐、苯磺酸盐等。

通常将上述第三类物质称为表面活性物质(surfactant)。一般其分子是由亲水的极性基团(亲水基)和憎水的非极性基团(亲油基)两部分组成。

2. 溶液的表面吸附和吉布斯吸附定温式

由于溶质分子与溶剂分子之间亲和力的不同引起溶液表面张力的变化，同时导致溶质在表面层中的浓度和体相中浓度的不同，这种现象称为表面吸附(surface adsorption)。

单位面积的表面层中所含溶质的量与溶液本体中同量溶剂所含溶质的量之差称为溶质的表面吸附量(surface adsorptive capacity)或表面过剩量 Γ(surface excess)，单位为 $\mathrm{mol \cdot m^{-2}}$。

一定温度下，溶质的表面吸附量与溶液的浓度(严格地说应为活度)及表面张力等之间的定量关系可由吉布斯吸附公式表示

$$\Gamma = -\frac{c}{RT}\left(\frac{\partial\sigma}{\partial c}\right)_T$$

加入溶质能降低溶剂的表面张力，即 $\frac{\partial\sigma}{\partial c}<0$ 时，$\Gamma>0$，溶质在表面层中发生正吸附，溶质在表面层中的浓度大于溶液内部的浓度；反之，$\frac{\partial\sigma}{\partial c}>0$ 时，$\Gamma<0$，为负吸附。

3. 吸附层的结构

对于表面活性物质，一般的 Γ-c 吸附定温曲线可用以下经验公式表示：

$$\Gamma = \Gamma_{\mathrm{m}}\frac{Kc}{1+Kc}$$

式中：c 为浓度；K 为经验常数(与溶质的表面活性有关)；Γ_{m} 为饱和吸附量。

当浓度很小时，$Kc\ll1$，上式即为 $\Gamma=\Gamma_{\mathrm{m}}Kc=K'c$，此时吸附量与浓度成正比，呈线性关系；当浓度足够大时，$Kc\gg1$，上式即为 $\Gamma=\Gamma_{\mathrm{m}}$，此时吸附量为一常数，与浓度无关，即表面上溶质的吸附已达到饱和。

对直链脂肪酸、醇、胺等，不论碳氢链的长短($C_2\sim C_8$)，同系物 Γ_{m} 的值大致相同。在饱和吸附时，每个分子所占面积应为

$$S_0 = \frac{1}{\Gamma_m L}$$

式中：L 为阿伏伽德罗常量。说明饱和吸附时，表面上吸附的分子是定向排列的，而且是其极性基朝向水，非极性基朝向空气，并且直立排列。

8.2.4　表面活性物质

1. 表面活性物质的结构

表面活性物质分子同时具有亲水基团和亲油基团，称为两亲分子。按其化学结构特点分为离子型和非离子型两大类。离子型表面活性剂又分为阳离子型、阴离子型和两性型三种类型。

2. 亲水-亲油平衡值

一般用亲水-亲油平衡(hydrophile-lipophile balance，HLB)值来表示表面活性物质的亲水性或亲油性的相对强弱。规定石蜡和十二烷基硫酸钠的 HLB 值分别为 0 和 40，其他表面活性物质 HLB 值由实验确定。HLB 值越大，亲水性越强；相反 HLB 值越小，亲油性越强。

3. 胶束和临界胶束浓度

表面活性物质在溶液中达到饱和吸附，在表面层中其分子形成单分子层，溶液内部的表面活性剂分子形成极性基朝向水、憎水基相互接触的聚集体，即胶束(micelle)。形成胶束的最低浓度称为临界胶束浓度(critical micelle concentration，CMC)，这一浓度即它在溶液表面形成饱和吸附层时对应的浓度。胶束的形状随表面活性剂的浓度增大而变化，有球状、棒状或层状。

8.2.5　气体在固体表面的吸附

1. 吸附及类型

固体表面因存在过剩的不平衡力场而具有吸附能力。它从其周围的介质中吸附其他物质粒子时，可降低固体的表面张力，使体系的吉布斯自由能减少，即吸附作用可以自发进行。

具有吸附能力的物质称为吸附剂(adsorbent)；被吸附的物质称为吸附质(adsorbate)。

根据吸附作用力的不同，可将吸附分为物理吸附和化学吸附。

2. 定温吸附公式

一定温度下，吸附平衡时，单位质量吸附剂所吸附气体的体积(折算为 273K，标准状态下)或物质的量称为吸附量(adsorbance),单位为 $m^3 \cdot kg^{-1}$或 $mol \cdot kg^{-1}$。

定温下吸附量 Γ 与气体平衡压力 p 的关系式称为吸附定温式。

(1) 弗兰德里希吸附定温式

$$\Gamma = kp^{1/n} \quad 或 \quad \lg\Gamma = \frac{1}{n}\lg p + \lg k$$

式中:k、n 为经验常数。以 $\lg\Gamma$ 对 $\lg p$ 作图,应得一直线,其截距为 $\lg k$,斜率为 $1/n$,由此可求得 k 和 n。

此式是经验公式,一般适用于中压范围。

(2) 朗缪尔单分子层吸附理论:①气体在固体表面上的吸附是单分子层的;②固体表面是均匀的,各处吸附能力相同;③已被吸附的气体分子间无作用力;④吸附平衡是吸附与解吸的动态平衡。

(3) 朗缪尔吸附定温式

$$\Gamma = \Gamma_m \frac{bp}{1+bp} \quad 或 \quad \frac{p}{\Gamma} = \frac{1}{\Gamma_m b} + \frac{p}{\Gamma_m}$$

式中:b 为吸附平衡常数($b=k_1/k_{-1}$,吸附速率常数 k_1 与解吸速率常数 k_{-1}之比);Γ_m 为饱和吸附量。以$\frac{p}{\Gamma}$对 p 作图得直线,其截距为$\frac{1}{\Gamma_m b}$,斜率为$\frac{1}{\Gamma_m}$,由此可求得 Γ_m 和 b。

由 Γ_m 值可进一步求算吸附剂的比表面积 S_0

$$S_0 = \Gamma_m L A_m$$

式中:S_0 为 1kg 吸附剂具有的表面积,单位为 $m^2 \cdot kg^{-1}$;Γ_m 为 1kg 吸附剂饱和吸附单分子层吸附质分子的物质的量,单位为 $mol \cdot kg^{-1}$;A_m 为吸附质分子的截面积,单位为 m^2;L 为阿伏伽德罗常量($6.02\times10^{23}mol^{-1}$)。

多数化学吸附是单分子层吸附,当覆盖率不大、吸附热变化较小时均能满足朗缪尔吸附定温式。

(4) BET 多分子层吸附定温式

$$\frac{p}{\Gamma(p^*-p)} = \frac{1}{\Gamma_m C} + \frac{C-1}{\Gamma_m C}\frac{p}{p^*}$$

式中:p^* 为实验温度下吸附质呈液体时的饱和蒸气压;Γ、Γ_m 分别为平衡压力 p 下,多分子层吸附的吸附量和吸附剂单分子层饱和吸附时的吸附量;C 为常数。

以$\frac{p}{\Gamma(p^*-p)}$对$\frac{p}{p^*}$作图,得一直线,由直线的截距和斜率即可求得 Γ_m。此式适用于$\frac{p}{p^*}$为 0.05~0.35 的吸附,常用于测定吸附剂比表面。

8.2.6　固体在溶液中的吸附

1. 固体对溶质的吸附量 Γ

$$\Gamma = \frac{x}{m} = \frac{V(c_0 - c)}{m}$$

式中：Γ 为单位质量吸附剂所吸附的溶质的量；c_0、c 分别为溶液起始浓度和平衡浓度，单位为 $\mathrm{mol \cdot dm^{-3}}$；$V$ 为溶液的体积，单位为 $\mathrm{dm^3}$；m 为吸附剂质量，单位为 kg；x 为被吸附剂所吸附的溶质的物质的量，单位为 mol。

因为未考虑吸附剂对溶剂的吸附，Γ 通常称为表观吸附量。

2. 稀溶液中的吸附

稀溶液中的吸附大体与气体吸附规律相似，从吸附曲线的形状可近似地选用弗兰德里希定温式

$$\Gamma = \frac{x}{m} = kc^{1/n}$$

或朗缪尔定温式

$$\Gamma = \frac{x}{m} = \Gamma_{\mathrm{m}} \frac{bc}{1 + bc}$$

式中：Γ 为单位质量吸附剂所吸附的溶质的量；c 为溶液的平衡浓度，单位为 $\mathrm{mol \cdot dm^{-3}}$。

8.2.7　液体对固体的润湿作用

1. 润湿现象

固体表面上的气体被液体所取代的现象称为润湿(wetting)，可分为沾湿(adhesive wetting)、浸湿(immersional wetting)和铺展(spreading)三种情况。

由定温定压下单位表面吉布斯自由能变化 ΔG 可判断这三种润湿能否自发进行。

沾湿时

$$W_{\mathrm{a}} = \Delta G = \sigma_{\text{l-s}} - \sigma_{\text{g-s}} - \sigma_{\text{g-l}} < 0$$

浸湿时

$$W_{\mathrm{i}} = \Delta G = \sigma_{\text{l-s}} - \sigma_{\text{g-s}} < 0$$

铺展时

$$S = \Delta G = \sigma_{\text{g-l}} + \sigma_{\text{l-s}} - \sigma_{\text{g-s}} < 0$$

式中：W_{a}、W_{i}、S 分别为黏附功(work of adhesion)、浸湿功(work of immersion)和铺展系数(spreading coefficient)。

2. 接触角和润湿平衡——杨氏方程

液体在固体表面上的润湿程度还可用接触角(contact angle,润湿角)θ 来衡量。

界面张力与 θ 之间关系可用杨氏方程表示

$$\sigma_{g\text{-}s}=\sigma_{l\text{-}s}+\sigma_{g\text{-}l}\cos\theta \quad 或 \quad \cos\theta=\frac{\sigma_{g\text{-}s}-\sigma_{l\text{-}s}}{\sigma_{g\text{-}l}}$$

θ 为 $\sigma_{g\text{-}l}$ 与 $\sigma_{l\text{-}s}$ 间的夹角。目前 $\sigma_{g\text{-}s}$ 和 $\sigma_{l\text{-}s}$ 无法直接测得,而 $\sigma_{g\text{-}l}$、θ 可通过实验直接测得,因此用 $\sigma_{g\text{-}l}$、θ 表示的 W_a、W_i 和 S 分别为

$$W_a=-\sigma_{g\text{-}l}(1+\cos\theta)$$

$$W_i=-\sigma_{g\text{-}l}\cos\theta$$

$$S=\sigma_{g\text{-}l}(1-\cos\theta)$$

θ 越小,润湿情况越好。

习惯上,$\theta=0$ 称为完全润湿,$\theta<90°$ 为润湿,$\theta>90°$ 为不润湿,$\theta=180°$ 为完全不润湿。$\theta=0$(或不存在时)可铺展。

8.3　例题和习题解答

【例 8-1】 已知 27℃ 和 100℃ 时水的饱和蒸气压分别为 3.529kPa 和 101.325kPa;密度 ρ 分别为 $0.997\times10^3\text{kg}\cdot\text{m}^{-3}$ 和 $0.958\times10^3\text{kg}\cdot\text{m}^{-3}$;表面张力分别为 $7.18\times10^{-2}\text{N}\cdot\text{m}^{-1}$ 和 $5.89\times10^{-2}\text{N}\cdot\text{m}^{-1}$;水在 100℃、101.325kPa 下的摩尔汽化热 $\Delta_{vap}H_m$ 为 $40.656\text{kJ}\cdot\text{mol}^{-1}$。(1)若 27℃时水在半径 $r=5\times10^{-4}\text{m}$ 的某毛细管中上升高度是 $2.8\times10^{-2}\text{m}$,求接触角为多少?(2)当毛细管半径 $r=2\times10^{-9}\text{m}$ 时,求 27℃下水蒸气能在该毛细管内凝聚所具有的最低蒸气压是多少?(3)以 $r=2\times10^{-6}\text{m}$ 的毛细管作水的助沸物质,在外压为 101.325kPa 时,使水沸腾将过热多少度(设在沸点附近,水和毛细管的接触角与 27℃时近似相等)?欲提高助沸效果,毛细管半径应加大还是减小?

解　(1) $\cos\theta=\dfrac{hr\rho g}{2\sigma}$

$$=2.8\times10^{-2}\times5\times10^{-4}\times0.997\times10^3\times9.8/(2\times7.18\times10^{-2})$$

$$=0.953$$

$$\theta=17.7°$$

(2)

$$\ln\frac{p_r}{p}=\frac{-2\sigma M\cos\theta}{RT\rho r}$$

$$\ln\frac{p_r}{p}=\frac{-2\times7.18\times10^{-2}\times18.02\times10^{-3}\times0.953}{8.314\times300.15\times0.997\times10^3\times2\times10^{-9}}=-0.496$$

$$p_r = p \times 0.609 = 3.529 \times 0.609 = 2.15(\mathrm{kPa})$$

(3) 助沸毛细管中空气泡的半径

$$r_1 = r/\cos\theta = 2.1 \times 10^{-6}\,\mathrm{m}$$

若使液面下毛细管内的空气泡产生，则气泡内蒸气压至少应达到外压和气泡所受附加压力之和(此时忽略水的静压)，即

$$p = p_{外} + \Delta p = 101.325 \times 10^3 + 2 \times 5.89 \times 10^{-2}/(2.1 \times 10^{-6})$$
$$= 157.42(\mathrm{kPa})$$

由克拉贝龙-克劳修斯方程求蒸气压 p 时的沸腾温度

$$\ln\frac{p_r}{p} = -\frac{\Delta_{\mathrm{vap}}H_{\mathrm{m}}}{R}\left(\frac{1}{T_1} - \frac{1}{T}\right)$$

解得 $T=386\mathrm{K}$，即过热温度约 13℃。

欲提高毛细管的助沸效果，防止过热发生，应加大毛细管半径，以增大气泡半径，减小气泡所受附加压力 Δp。

【例 8-2】 292.15K 时，丁酸水溶液的表面张力可以表示为

$$\sigma = \sigma_0 - a\ln(1 + bc)$$

式中：σ_0 为纯水的表面张力；$a = 13.1 \times 10^{-3}\,\mathrm{N \cdot m^{-1}}$；$b = 19.62\,\mathrm{dm^3 \cdot mol^{-1}}$。试求(1)该溶液中丁酸的表面过剩量 Γ 和浓度 c 的关系；(2)$c=0.200\mathrm{mol \cdot dm^{-3}}$时的表面吸附量；(3)当丁酸的浓度足够大时，表面过剩量 Γ_{m} 为多少？设此时表面上丁酸成单分子层吸附，求液面上每个丁酸分子所占的截面积为多少？

解　(1)
$$\frac{\mathrm{d}\sigma}{\mathrm{d}c} = -a\,\frac{\mathrm{d}\ln(1+bc)}{\mathrm{d}c} = \frac{-ab}{1+bc}$$

把上式代入吉布斯吸附定温式，得

$$\Gamma = \frac{-c}{RT}\frac{\mathrm{d}\sigma}{\mathrm{d}c} = \frac{abc}{RT(1+bc)}$$

(2) 当 $c=0.200\mathrm{mol \cdot dm^{-3}}$时，表面过剩量为

$$\Gamma = \frac{1.31 \times 10^{-3} \times 19.62 \times 0.200}{8.314 \times 292.15 \times (1 + 19.62 \times 0.200)} = 4.30 \times 10^{-6}(\mathrm{mol \cdot m^{-2}})$$

(3) 当丁酸的浓度足够大时，即 $bc \gg 1$，此时吸附量 Γ 与浓度 c 无关，吸附达到饱和状态。

$$\Gamma = \frac{abc}{RT(1+bc)} = \frac{a}{RT}$$

$$\Gamma = \Gamma_{\mathrm{m}} = \frac{a}{RT} = \frac{13.1 \times 10^{-3}}{8.314 \times 292.15} = 5.39 \times 10^{-6}(\mathrm{mol \cdot m^{-2}})$$

每个丁酸在液面上所占的截面积为

$$A_{\mathrm{m}} = 1/(L\Gamma_{\mathrm{m}}) = 1/(6.02 \times 10^{23} \times 5.39 \times 10^{-6}) = 30.8 \times 10^{-20}(\mathrm{m^2})$$

【例 8-3】 293.2K 及 $1p^{\ominus}$时，将半径 $r_1 = 1.00 \times 10^{-3}\,\mathrm{m}$ 的水滴可逆地分散成

半径 $r_2=1.00\times10^{-9}$ m 的小水滴，已知该温度下水的表面张力为 0.0728 $N\cdot m^{-1}$，水分子的半径 $r_0=1.20\times10^{-10}$m。求(1)分散前后的比表面；(2)表面吉布斯自由能的变化；(3)完成上述过程，环境所做的表面功；(4)估算水滴分散前后一个水滴的表面分子数与水滴中总分子数之比。

解 (1) $S_{0,1}=\dfrac{3}{r_1}=\dfrac{3}{1.00\times10^{-3}}=3.00\times10^{3}(m^{-1})$

$$S_{0,2}=\frac{3}{r_2}=\frac{3}{1.00\times10^{-9}}=3.00\times10^{9}(m^{-1})$$

(2)
$$\frac{4}{3}\pi r_1^3=N\times\frac{4}{3}\pi r_2^3$$

$$N=\left(\frac{r_1}{r_2}\right)^3=\left(\frac{1.00\times10^{-3}}{1.00\times10^{-9}}\right)^3=10^{18}$$

$$\Delta G_A=\int_{A_1}^{A_2}\sigma dA=\sigma(A_2-A_1)=\sigma(N\times4\pi r_2^2-4\pi r_1^2)$$
$$=4\times3.14\times0.0728\times[10^{18}\times(1.00\times10^{-9})^2-(1.00\times10^{-3})^2]$$
$$=0.914(J)$$

(3)
$$W'=\Delta G_A=0.914(J)$$

(4) 每个水滴的表面分子数约为

$$N_s\approx\frac{\text{水滴表面积}}{\text{一个水分子的截面积}}=\frac{4\pi r^2}{\pi r_0^2}=\frac{4r^2}{r_0^2}$$

每个水滴中所含的水分子的总数约为

$$N_t=\frac{\text{水滴体积}}{\text{一个水分子体积}}=\frac{\frac{4}{3}\pi r^3}{\frac{4}{3}\pi r_0^3}=\frac{r^3}{r_0^3}$$

$$\frac{N_s}{N_t}=\frac{4r^2/r_0^2}{r^3/r_0^3}=\frac{4r_0}{r}$$

$$\left(\frac{N_s}{N_t}\right)_1=\frac{4r_0}{r_1}=\frac{4\times1.20\times10^{-10}}{1.00\times10^{-3}}=4.80\times10^{-7}$$

$$\left(\frac{N_s}{N_t}\right)_2=\frac{4r_0}{r_2}=\frac{4\times1.20\times10^{-10}}{1.00\times10^{-9}}=0.480$$

可见，当水滴半径为 1.00×10^{-3} m 时表面分子数所占分数极小，而当半径为 1.00×10^{-9}m 时表面分子数已占近一半。

【例 8-4】 在某温度下铜粉对氢气的吸附是单分子层吸附，其吸附量满足 $\Gamma=\dfrac{1.36p}{0.5+p}$，式中：$\Gamma$ 为氢气在铜粉上的吸附量，单位为 $cm^3\cdot g^{-1}$；p 为氢气的平衡压力。求在该温度下，表面上吸满单分子层的吸附量和 1g 铜粉的表面积。已知氢气

分子的截面积为 $1.318\times10^{-19}\,m^2$。

解　将 $\Gamma=\dfrac{1.36p}{0.5+p}$ 改写为

$$\frac{p}{\Gamma}=\frac{1}{1.36\times2}+\frac{p}{1.36}$$

将此式与 $\dfrac{p}{\Gamma}=\dfrac{1}{\Gamma_m b}+\dfrac{p}{\Gamma_m}$ 比较，得

$$\Gamma_m=1.36\,cm^3\cdot g^{-1}$$

$$S_0=\frac{1.36\times10^{-3}}{22.4\times10^{-3}}\times6.02\times10^{23}\times1.318\times10^{-19}=4.82(m^2\cdot g^{-1})$$

【例 8-5】　在 273K 时用钨粉末吸附正丁烷分子的数据如下：

p/p^*	0.05	0.11	0.17	0.23	0.31	0.38
$\Gamma/(dm^3\cdot kg^{-1})$	0.86	1.12	1.31	1.46	1.66	1.88

已知钨粉末的比表面积是 $1.55\times10^4\,m^2\cdot kg^{-1}$（在 77K 用吸附氮气实验测定）。试计算在单分子层覆盖下吸附的正丁烷分子的截面积。

解　由 BET 吸附公式

$$\frac{p}{\Gamma(p^*-p)}=\frac{1}{C\Gamma_m}+\frac{(C-1)p}{C\Gamma_m p^*}$$

算出 p/p^* 和 $p/[\Gamma(p^*-p)]$ 并列表如下：

$\{p/[\Gamma(p^*-p)]\}/(kg\cdot dm^{-3})$	0.061 20	0.1104	0.1564	0.2046	0.2706	0.3260
p/p^*	0.05	0.11	0.17	0.23	0.31	0.38

以 $p/[\Gamma(p^*-p)]$ 对 p/p^* 作图，得截距＝0.02，斜率＝0.8094，则

$$\Gamma_m=1/(\text{斜率}+\text{截距})=1/(0.02+0.8094)=1.206(dm^3\cdot kg^{-1})$$

Γ_m 表示每千克钨粉末表面挤满一层丁烷分子时，这层丁烷分子在标准状态下占有的体积。被吸附的第一层丁烷分子数为

$$N=pV_mL/RT$$
$$=101\,325\times1.206\times10^{-3}\times6.02\times10^{23}/(8.314\times273.15)=3.24\times10^{22}$$

由实验数据已知钨粉末的比表面 $S_0=1.55\times10^4\,m^2\cdot kg^{-1}$，故丁烷分子的截面积

$$A_m=S_0/N=1.55\times10^4/(3.24\times10^{22})=47.8\times10^{-20}(m^2)$$

【例 8-6】　试导出液体 C 在液体 A 和 B 的界面上展开的条件。

解　液体 C 在液体 A 和 B 的界面上展开即增加液体 C-A 间和液体 C-B 间的

界面，同时减少液体 A 和 B 的界面的过程。此过程的 $dG=(\sigma_{C\text{-}A}+\sigma_{C\text{-}B}-\sigma_{A\text{-}B})dA\leqslant 0$，因此液体 C 在液体 A 和 B 的界面上能铺展开的条件是 $\sigma_{C\text{-}A}+\sigma_{C\text{-}B}-\sigma_{A\text{-}B}\leqslant 0$。

【例 8-7】 CO 在 90K 时被云母吸附的数据如下：

p/Pa	0.755	1.400	6.040	7.266	10.55	14.12
$\Gamma\times 10^7/\text{m}^3$	1.05	1.30	1.63	1.68	1.78	1.83

(1)由朗缪尔吸附定温式求 Γ_m 和 b 值；(2)计算被饱和吸附的总分子数；(3)假定云母的总表面积为 0.624m²，计算饱和吸附时吸附剂表面上被吸附分子的密度，此时每个被吸附分子占有多少表面积？

解 (1) $\dfrac{p}{\Gamma}=\dfrac{1}{\Gamma_m b}+\dfrac{p}{\Gamma_m}$

由实验数据，可得

p/Pa	0.755	1.400	6.040	7.266	10.55	14.12
$[p/(\Gamma\times 10^{-7})]/(\text{Pa}\cdot\text{m}^{-3})$	0.719	1.077	3.706	4.325	5.927	7.716

利用上式对上述数据线性拟合，得

$$\text{直线斜率}=\frac{1}{\Gamma_m}=5.248\times 10^6\,\text{m}^{-3}$$

$$\text{直线截距}=\frac{1}{\Gamma_m b}=4.014\times 10^6\,\text{Pa}\cdot\text{m}^{-3}$$

$$\Gamma_m=1.91\times 10^{-7}\,\text{m}^3$$

$$b=1.31\text{Pa}^{-1}$$

(2) 被饱和吸附的总分子数为

$$\frac{\Gamma_m}{0.0224}\times L_0=\frac{1.91\times 10^{-7}}{0.0224}\times 6.022\times 10^{23}=5.13\times 10^{18}$$

(3) 被吸附分子的表面密度为

$$\frac{5.13\times 10^{18}}{0.624}=8.22\times 10^{18}(\text{m}^{-2})$$

每个被吸附分子占有的表面积为

$$\frac{0.624}{5.13\times 10^{18}}=1.22\times 10^{-19}(\text{m}^2)$$

【习题 8-1】 373K 时，10^{-3}kg 液态水等温可逆雾化(如缓慢地从喷雾器中喷出)成半径为 10^{-9}m 的小水滴，并与其蒸汽平衡。已知 373K 时纯水的表面张力 $\sigma=51.60\times 10^{-3}\text{N}\cdot\text{m}^{-1}$，密度为 $958.3\text{kg}\cdot\text{m}^{-3}$。试计算(1)水滴的比表面和雾化的水滴数；(2)雾化所需的功。

解　(1) $S_0=\frac{3}{r}=\frac{3}{10^{-9}}=3\times10^9(\mathrm{m}^{-1})$

$$N=\frac{V}{\frac{4}{3}\pi r^3}=\frac{m/\rho}{\frac{4}{3}\pi r^3}=\frac{10^{-3}/958.3}{\frac{4}{3}\times3.14\times(10^{-9})^3}=2.5\times10^{20}$$

(2) $\Delta G=W'=\Delta A\sigma=4\pi r^2N\sigma$

$$=2.5\times10^{20}\times4\times3.14\times(10^{-9})^2\times51.6\times10^{-3}$$

$$=162(\mathrm{J})$$

【习题 8-2】　283K 时，可逆地使纯水表面积增加 $1.0\mathrm{m}^2$，吸热 0.04J。已知 283K 时纯水的表面张力为 $0.074\mathrm{N\cdot m^{-1}}$。求该过程的 W、ΔU、ΔH、ΔS 和 ΔG。

解　$\Delta A=1.0\mathrm{m}^2$，　$\sigma=0.074\mathrm{N\cdot m^{-1}}$，　$Q=0.04\mathrm{J}$

$$W'=\Delta G=\Delta A\sigma=0.074\times1.0=0.074(\mathrm{J})$$

$$\Delta U=W'+Q=0.074+0.04=0.114(\mathrm{J})$$

$$\Delta S=\frac{Q}{T}=\frac{0.04}{283}=1.4\times10^{-4}(\mathrm{J\cdot K^{-1}})$$

$$\Delta G=\Delta H-T\Delta S$$

$$\Delta H=\Delta G+T\Delta S=\Delta G+Q=0.074+0.04=0.114(\mathrm{J})$$

【习题 8-3】　用毛细管上升法测定某液体表面张力。已知液体密度为 $790\ \mathrm{kg\cdot m^{-3}}$，在半径 $2.46\times10^{-4}\mathrm{m}$ 的玻璃毛细管中上升高度 $2.50\times10^{-2}\mathrm{m}$，假设该液体能很好地润湿玻璃。求此液体的表面张力。

解　$\sigma=\frac{\rho ghr}{2}=\frac{790\times9.8\times2.50\times10^{-2}\times2.46\times10^{-4}}{2}=2.38\times10^{-2}(\mathrm{N\cdot m^{-1}})$

【习题 8-4】　298K 时，平面水面上水的饱和蒸气压为 $3.168\times10^3\mathrm{Pa}$，已知 298K 时水的表面张力为 $0.072\mathrm{N\cdot m^{-1}}$，密度为 $1000\mathrm{kg\cdot m^{-3}}$。试求该温度下，半径为 $10^{-6}\mathrm{m}$ 的小水滴上水的饱和蒸气压。

解　$\ln\frac{p_r^*}{p_0^*}=\frac{2\sigma M}{\rho RT}\frac{1}{r}$

$$=\frac{2\times0.072\times18\times10^{-3}}{1000\times8.314\times298}\times\frac{1}{10^{-6}}=1.046\times10^{-3}$$

$$p_r^*=p_0^*\times1.001=3.168\times10^3\times1.001=3.171\times10^3(\mathrm{Pa})$$

【习题 8-5】　373K 纯水中有一直径为 $10^{-6}\mathrm{m}$ 的气泡，已知 373K 时，水的表面张力为 $51.6\times10^{-3}\mathrm{N\cdot m^{-1}}$，密度为 $958.3\mathrm{kg\cdot m^{-3}}$，水的蒸发热 $\Delta H=40.5\ \mathrm{kJ\cdot mol^{-1}}$。求(1)$p^\ominus$、373K 时，气泡内的水蒸气压；(2)在沸腾前过热的温度。

解　(1) $p=p^\ominus+\Delta p=p^\ominus+\frac{2\sigma}{r}$

$$=1.0\times10^5+\frac{2\times2\times51.6\times10^{-3}}{10^{-6}}=3.06\times10^5(\mathrm{Pa})$$

(2)
$$\ln\frac{p_0}{p^\ominus}=\frac{\Delta_{\mathrm{vap}}H_{\mathrm{m}}}{R}\left(\frac{1}{T}-\frac{1}{T_0}\right)$$
$$\ln\frac{3.06\times10^5}{1\times10^5}=\frac{40.5\times10^3}{8.314}\times\left(\frac{1}{373}-\frac{1}{T_0}\right)$$
$$T_0=408\mathrm{K}=135℃$$

【习题 8-6】 298K 时，乙醇水溶液的表面张力服从 $\sigma=72-5\times10^{-4}c+2\times10^{-7}c^2$，$\sigma$ 的单位为 $\mathrm{mN\cdot m^{-1}}$，c 为乙醇的浓度（$\mathrm{mol\cdot m^{-3}}$）。试计算 $c=500\ \mathrm{mol\cdot m^{-3}}$时乙醇的表面过剩量。

解
$$\Gamma=-\frac{c}{RT}\left(\frac{\partial\sigma}{\partial c}\right)_T=-\frac{c}{RT}\times(-5\times10^{-4}+4\times10^{-7}c)$$
$$=-\frac{500}{8.314\times298}\times(-5\times10^{-4}+4\times10^{-7}\times500)\times10^{-3}$$
$$=6.05\times10^{-8}(\mathrm{mol\cdot m^{-2}})$$

【习题 8-7】 苯的蒸气压是同温度下饱和蒸气压的 4.5 倍，即 $p_r^*/p_0^*=4.5$ 时，苯蒸气可自发凝结成液滴。若将过饱和苯蒸气迅速冷却到 293K，使之凝成液滴，求苯液滴的半径和每个液滴中苯的分子数目。已知 293K 时苯的密度为 $877\mathrm{kg\cdot m^{-3}}$，苯的表面张力为 $28.9\times10^{-3}\mathrm{N\cdot m^{-1}}$。

解
$$\ln\frac{p_r^*}{p_0^*}=\frac{2\sigma M}{\rho RT}\frac{1}{r}$$
$$\ln4.5=\frac{2\times28.9\times10^{-3}\times78\times10^{-3}}{877\times8.314\times293}\times\frac{1}{r}$$
$$r=1.4\times10^{-9}\mathrm{m}$$

$$n=\frac{\frac{4}{3}\pi r^3\rho}{M}L$$
$$=\frac{4\times3.14\times(1.4\times10^{-9})^3\times877\times6.02\times10^{23}}{3\times78\times10^{-3}}=78$$

【习题 8-8】 当氧气的平衡压力分别为 $10^5\mathrm{Pa}$ 和 $10^6\mathrm{Pa}$ 时，测得 1kg 的固体吸附 O_2 的体积分别为 $2.5\times10^{-3}\mathrm{dm^3}$ 和 $4.2\times10^{-3}\mathrm{dm^3}$（STP）。试求朗缪尔定温式中的 b 值。如果吸附量为饱和吸附量 Γ_{m} 一半时，则其平衡压力应为多少？

解 将 $p_1=10^5\mathrm{Pa}$，$p_2=10^6\mathrm{Pa}$，$\Gamma_1=2.5\times10^{-3}\mathrm{dm^3\cdot kg^{-1}}$，$\Gamma_2=4.2\times10^{-3}\mathrm{dm^3\cdot kg^{-1}}$分别代入$\frac{\Gamma}{\Gamma_{\mathrm{m}}}=\frac{bp}{1+bp}$，解得
$$b=1.2\times10^{-5}\mathrm{Pa^{-1}}\qquad \Gamma_{\mathrm{m}}=4.5\mathrm{dm^3\cdot kg^{-1}}$$
当 $\Gamma=\Gamma_{\mathrm{m}}/2$ 时
$$\frac{\frac{1}{2}\Gamma_{\mathrm{m}}}{\Gamma_{\mathrm{m}}}=\frac{bp}{1+bp}$$

$$p=8.2\times 10^4\,\text{Pa}$$

【习题 8-9】 239.4K 时测得 CO 在活性炭上吸附的数据如下(吸附体积已换算为 273K 标准状态下)：

p/kPa	13.5	25.1	42.7	57.3	72.0	89.3
$\Gamma/(\text{cm}^3\cdot\text{g}^{-1})$	8.54	13.1	18.2	21.0	23.8	26.3

试比较弗兰德里希定温式和朗缪尔定温式何者更适用于这种吸附,并计算公式中各常数的数值。

解　弗兰德里希公式

$$\Gamma = kp^{\frac{1}{n}}$$

$$\lg\Gamma = \lg k + \frac{1}{n}\lg p$$

由实验数据得

$\lg\Gamma$	0.931	1.117	1.260	1.322	1.377	1.420
$\lg p$	1.130	1.400	1.630	1.758	1.857	1.951

线性拟合得

$$\text{相关系数}\ r = 0.998\quad \text{斜率} = \frac{1}{n} = 0.595\quad n = 1.68$$

$$\text{截距} = \lg k = 0.274\quad k = 1.88$$

朗缪尔公式

$$\frac{p}{\Gamma} = \frac{1}{\Gamma_\text{m}b} + \frac{p}{\Gamma_\text{m}}$$

$\frac{p}{\Gamma}\Big/(\text{kPa}\cdot\text{g}\cdot\text{cm}^{-3})$	1.58	1.93	2.35	2.73	3.03	3.40
p/kPa	13.5	25.1	42.7	57.3	72.0	89.3

线性拟合得相关系数 $r=0.997$,斜率$=0.0239$,截距$=1.31$。则

$$\Gamma_\text{m} = 41.8\text{dm}^3\cdot\text{kg}^{-1}\quad b = 1.84\times 10^{-5}\,\text{Pa}^{-1}$$

计算表明,朗缪尔公式和弗兰德里希公式均适用于此吸附体系。

【习题 8-10】 对于微球硅酸铝催化剂,在 77.2K 时以 N_2 为吸附质,测得每克催化剂吸附量(已换算成 273K 标准状态下)与 N_2 的平衡压力的数据如下：

p/kPa	8.70	13.64	22.11	29.92	38.91
$\Gamma/(\text{cm}^3\cdot\text{g}^{-1})$	115.6	126.3	150.7	166.4	184.4

已知 77.2K 时 N_2 的饱和蒸气压为 99.13kPa，N_2 分子的截面积为 1.62×10^{-19} m^2。试用 BET 公式计算该催化剂的比表面。

解　BET 二常数公式

$$\frac{p}{\Gamma(p^*-p)}=\frac{1}{\Gamma_m C}+\frac{C-1}{\Gamma_m C}\frac{p}{p^*}$$

则由题述数据得

$\frac{p\times10^3}{\Gamma(p^*-p)}\Big/(g\cdot cm^{-3})$	0.832	1.262	1.905	2.598	3.504
$\frac{p}{p^*}$	0.0878	1.1376	0.2230	0.3018	0.3925

线性拟合得

$$直线斜率=\frac{C-1}{\Gamma_m C}=8.65\times10^{-3}cm^{-3}\cdot g$$

$$直线截距=\frac{1}{\Gamma_m C}=4.26\times10^{-5}cm^{-3}\cdot g$$

则

$$\Gamma_m=\frac{1}{8.65\times10^{-3}+4.26\times10^{-5}}=115(cm^3\cdot g^{-1})$$

$$A_m=1.62\times10^{-19}m^2\qquad L=6.02\times10^{23}mol^{-1}$$

$$S_0=\frac{\Gamma_m A_m L}{22.4\times10^3}=\frac{115\times1.62\times10^{-19}\times6.02\times10^{23}}{22.4\times10^3}$$

$$=5.01\times10^2(m^2\cdot g^{-1})$$

【习题 8-11】　298K 时用木炭吸附水溶液中的溶质 A，已知该体系符合弗兰德里希吸附定温式，并且公式 $\Gamma=kc^{\frac{1}{n}}$ 中的常数 $k=0.5$，$n=3.0$，Γ 为每克木炭所吸附 A 的质量(g)，c 的单位为 $g\cdot dm^{-3}$。若 $1dm^3$ 溶液中最初含有 2g A，用 2g 木炭可从该溶液中吸附多少克 A?

解　由弗兰德里希吸附定温式

$$\Gamma=0.5c^{\frac{1}{3}}$$

平衡时

$$c=2-2\Gamma$$

则

$$\Gamma=0.5\times(2-2\Gamma)^{\frac{1}{3}}$$

解得 $\Gamma=\frac{1}{2}$g，故 2g 木炭可吸附 1g A。

【习题 8-12】　在恒温条件下，取浓度不同的丙酮-水溶液各 $100cm^3$，分别加入

2g 活性炭，摇荡相同时间使达到平衡，测得各份溶液相应的平衡前后的丙酮浓度 c_0 和 c 的数据如下：

$c_0/(\mathrm{mol\cdot m^{-3}})$	5.993	10.584	19.98	49.93	200.4
$c/(\mathrm{mol\cdot m^{-3}})$	4.70	8.548	16.62	43.52	183.2

c_0 为吸附前的浓度，c 为吸附后达平衡的浓度。计算各平衡浓度下，1kg 活性炭吸附丙酮的量。试用朗缪尔吸附定温式表示，并用作图法求出公式中的 $\left(\frac{x}{m}\right)_\mathrm{m}$ 及 b 值。

解

$c/(\mathrm{mol\cdot m^{-3}})$	4.70	8.548	16.62	43.52	183.2
$\Gamma/(\mathrm{mol\cdot kg^{-1}})$	6.465×10^{-2}	10.18×10^{-2}	16.8×10^{-2}	32.05×10^{-2}	86×10^{-2}

以 Γ/c 对 c 作图，得

$$\text{直线斜率} = 0.7334 \qquad \text{直线截距} = 83.24$$

$$b = 0.7334/83.24 = 0.0088,\quad \Gamma_\mathrm{m} = 1.364\mathrm{mol\cdot kg^{-1}}$$

【习题 8-13】 293K 时，乙醚-水、汞-乙醚和汞-水的界面张力分别为 $10.7\times10^{-3}\mathrm{N\cdot m^{-1}}$、$379\times10^{-3}\mathrm{N\cdot m^{-1}}$ 和 $375\times10^{-3}\mathrm{N\cdot m^{-1}}$，在乙醚与汞的界面上滴一滴水，试求其接触角。

解 $\sigma_{\text{汞-乙醚}}=\sigma_{\text{汞-水}}+\sigma_{\text{乙醚-水}}\cos\theta$

$$\cos\theta=\frac{\sigma_{\text{汞-乙醚}}-\sigma_{\text{汞-水}}}{\sigma_{\text{乙醚-水}}}=\frac{379\times10^{-3}-375\times10^{-3}}{10.7\times10^{-3}}=0.374$$

$$\theta = 68.1^\circ$$

【习题 8-14】 293K 时水在石蜡面上的接触角为 105°，试求黏附功 W_a 和铺展系数 S。已知水的表面张力为 $72.8\times10^{-3}\mathrm{N\cdot m^{-1}}$。

解 黏附功

$$W_\mathrm{a}=-\sigma_{\mathrm{g\text{-}l}}(1+\cos\theta)$$
$$=72.8\times10^{-3}\times(1+\cos105^\circ)=-54.0\times10^{-3}(\mathrm{N\cdot m^{-1}})$$

铺展系数

$$S=\sigma_{\mathrm{g\text{-}l}}(1-\cos\theta)$$
$$=72.8\times10^{-3}\times(1-\cos105^\circ)=91.6\times10^{-3}(\mathrm{N\cdot m^{-1}})$$

因此水不能在石蜡表面铺展，但可以沾湿石蜡。

【习题 8-15】 氧化铝瓷件上需要涂银，当加热至 1273K 时，试用计算接触角的方法判断液态银能否润湿氧化铝瓷件表面。已知该温度下固体 Al_2O_3 的表面张力为 $1.0\mathrm{N\cdot m^{-1}}$，液态银表面张力为 $0.88\mathrm{N\cdot m^{-1}}$，液态银与固体 Al_2O_3 的界面张力为 $1.77\mathrm{N\cdot m^{-1}}$。

解
$$\sigma_{Al_2O_3}=\sigma_{Al_2O_3\text{-}Ag}+\sigma_{Ag}\cos\theta$$
$$\cos\theta=(\sigma_{Al_2O_3}-\sigma_{Al_2O_3\text{-}Ag})/\sigma_{Ag}=(1.00-1.77)/0.88=-0.875$$
$$\theta=151^\circ$$
所以，液态银不能润湿 Al_2O_3 瓷件表面。

【习题 8-16】 Kelvin equation can be used to calculate decomposition pressure of solid compound spherical particles. At 773.15K for solid $CaCO_3$, the density is 3900kg · m^{-3}, the surface tension is 1.210N · m^{-1}, the decomposition pressure is 101.325kPa. If solid $CaCO_3$ is abraded to powders which radius is 30×10^{-9}m, how much is the decomposition pressure at 773.15K?

解 $\ln\dfrac{p_r}{p_0^*}=\dfrac{2\sigma M}{RT\rho}\dfrac{1}{r}$
$$\ln\frac{p_r}{101.325\times10^3}=\frac{2\times1.210\times100.09\times10^{-3}}{8.314\times773.15\times3900}\times\frac{1}{30\times10^{-9}}$$
$$p_r=139.8\text{kPa}$$

【习题 8-17】 A capillary with diameter 4.0×10^{-4}m was inserted into mercury. The surface of mercury was lower $h=0.0136$m, contact angle between mercury and glass $\theta=140^\circ$, $\rho=13.550$kg · dm^{-3}. Calculate surface tension of mercury at test temperature.

解 汞与毛细管壁的作用力等于液柱的重力
$$2\pi r\sigma\cos\theta=\pi r^2\Delta hg\rho$$
$$2\pi\times4.0\times10^{-4}\times\sigma\times\cos140^\circ=\pi\times(4.0\times10^{-4})^2\times(-0.0136)\times9.8\times13.550\times10^3$$
$$\sigma=0.471\text{N}\cdot\text{m}^{-1}$$

【习题 8-18】 At 298K, $p^\ominus$, surface tension of a soapsuds is 24.0×10^{-3} N · m^{-1}, there are soap bubbles with radius 10^{-2}m and 10^{-3}m. Calculate pressure difference between inside and outside the soap bubbles separately.

解 肥皂泡有两个气-液界面，一为凸面，一为凹面。故肥皂泡内外的压力差
$$\Delta p=4\sigma/r$$
半径为 10^{-2}m 的肥皂泡
$$\Delta p_1=4\sigma/r_1=4\times24.0\times10^{-3}/10^{-2}=9.6(\text{Pa})$$
半径为 10^{-3}m 的肥皂泡
$$\Delta p_2=4\sigma/r_2=4\times24.0\times10^{-3}/10^{-3}=96(\text{Pa})$$

【习题 8-19】 At 273.15K, acticarbon is used to absorb $CHCl_3$ and the saturation absorptive capacity of acticarbon is 93.8dm^3 · kg^{-1}. When the partial pressure of $CHCl_3$ is 13.375kPa, the equilibrium absorptive capacity is 82.5dm^3 ·

kg^{-1}. Please calculate (1) the value of b in Langmuir absorption isothermal formula, (2) when the partial pressure of $CHCl_3$ is 6.6672kPa, how much is the equilibrium absorptive capacity?

解　(1)
$$\theta=\Gamma/\Gamma_m=bp/(bp+1)$$
$$82.5/93.8=b\times13.375\times10^3/(b\times13.375\times10^3+1)$$
$$b=0.546kPa^{-1}$$
(2)
$$\Gamma=73.6dm^3\cdot kg^{-1}$$

【习题 8-20】 There are two containers. One container of volume $100dm^3$ is filled with gas of mass 100mg. The other container of volume $10dm^3$ is filled with the same gas of mass 10mg. When acticarbon of mass 1g is put in every container, in which container the gas is absorbed more? Why?

答　吸附量与吸附质的分压有关，故大容器中有更多的气体被吸附。

【习题 8-21】 The adsorption of a gas is described by the Langmuir isotherm with $b=0.84kPa^{-1}$ at 298K. Calculate the pressure at which the fraction surface coverage is (1)0.25, (2)0.80.

解　(1)
$$\theta=bp/(bp+1)=0.25=0.84p/(0.84p+1)$$
$$p=0.40kPa$$
(2)
$$\theta=bp/(bp+1)=0.80=0.84p/(0.84p+1)$$
$$p=4.8kPa$$

8.4　练　习　题

8.4.1　选择题

1. 已知 20℃时水的表面张力为 $7.28\times10^{-2}N\cdot m^{-1}$，在此温度和压力 $p^{\ominus}$ 下将水的表面积可逆地增大 $10cm^2$ 时，体系的 ΔG 等于________。

A. $7.28\times10^{-5}J$　　B. $-7.28\times10^{-5}J$

C. $7.28\times10^{-1}J$　　D. $-7.28\times10^{-1}J$

2. 在定温定压条件下，将 10g 水的表面积增大 2 倍，做功 W，水的吉布斯自由能变化为 ΔG，则________。

A. $\Delta G=W$　B. $\Delta G=-W$　C. $\Delta G>W$　D. 不能回答

3. 将装有润湿性液体的毛细管水平放置，在其右端加热，则管内液体将________。

A. 向右移动　B. 向左移动　C. 不动　D. 左右来回移动

4. 液体在毛细管中上升的高度与________基本无关。

A. 温度　　B. 液体密度　　C. 大气压力　　D. 重力加速度

5. 微小晶体与同一种的大块晶体比较，下列说法中不正确的是________。

A. 微小晶体的饱和蒸气压大　　B. 微小晶体的表面张力未变

C. 微小晶体的溶解度小　　D. 微小晶体的熔点较低

6. 水在某毛细管内上升高度为 h，若将此管垂直地向水深处插下，露在水面以上的高度为 $h/2$，则________。

A. 水会不断冒出

B. 水不流出，管内液面凸起

C. 水不流出，管内凹液面的曲率半径增大为原先的 2 倍

D. 水不流出，管内凹液面的曲率半径减小为原先的一半

7. 在用最大气泡法测定液体表面张力的实验中，错误的是________。

A. 毛细管壁必须清洁干净　　B. 毛细管口必须平整

C. 毛细管必须垂直放置　　D. 毛细管须插入液体内部一定深度

8. 在干净、粗细均匀的 U 形玻璃毛细管中注入纯水，两侧液柱的高度相同，然后用微量注射器从右侧注入少量正丁酸水溶液，两侧液柱的高度将________。

A. 相同　　B. 左侧高于右侧

C. 右侧高于左侧　　D. 不能确定

9. 在三通活塞两端涂上肥皂液，关闭右端，在左端吹一大泡，关闭左端，在右端吹一小泡，然后使左右两端相通，将会出现________现象。

A. 大泡变小，小泡变大　　B. 小泡变小，大泡变大

C. 两泡大小保持不变　　D. 不能确定

10. 重量分析中的"陈化"过程，发生________。

A. 晶体粒子变大，晶粒数减小

B. 晶体粒子变小，晶粒数增多

C. 晶体粒子大小和数目均保持不变

D. 大小晶体粒子尺寸趋于相等，晶粒数保持不变

11. 在一支干净、水平放置、内径均匀的玻璃毛细管中部注入一滴纯水，形成一自由移动的液柱。然后用微量注射器向液柱右侧注入少量 NaCl 水溶液，假设接触角 θ 不变，则液柱将________。

A. 不移动　　B. 向右移动　　C. 向左移动　　D. 无法判断

12. 在潮湿的空气中放有 3 根粗细不等的毛细管，其半径大小顺序为 $r_1 > r_2 > r_3$，则毛细管内水蒸气易于凝结的顺序是________。

A. 1,2,3　　B. 2,3,1　　C. 3,2,1　　D. 无法判断

13. 人工降雨是将 AgI 微细晶粒喷洒在积雨云层中，目的是为降雨提供________。

A. 冷量　　B. 湿度　　C. 晶核　　D. 温度

14. 下列对于物理吸附的描述，________不正确。

A. 吸附力基于范德华力，吸附一般没有选择性

B. 吸附层可以是单分子层或多分子层

C. 吸附速率较快，吸附热较小

D. 吸附较稳定，不易解吸

15. 弗兰德里希吸附定温式$\frac{x}{m}=kp^n$ 适用于________。

A. 低压　　B. 中压　　C. 高压　　D. 任何压力

16. 朗缪尔吸附定温式所基于的假设是________。

A. 理想气体行为

B. 吸附与脱附的活化能均为零

C. 吸附热为一常数，不随吸附过程变化

D. 平整的固体表面

17. 多孔固体表面易吸附水蒸气，而不易吸附氧气、氮气，其主要原因是________。

A. 水蒸气相对分子质量比 O_2、N_2 小

B. 水蒸气分子的极性比 O_2、N_2 要大

C. 水蒸气的凝聚温度比 O_2、N_2 高

D. 水蒸气在空气中含量比 O_2、N_2 要少

18. 下列叙述不正确的是________。

A. 农药中加入润湿剂可使 $\sigma_{l\text{-}g}$ 和 $\sigma_{l\text{-}s}$ 减小，药液在植物表面易于铺展

B. 防水布上涂表面活性剂使 $\sigma_{s\text{-}g}$ 减小，水珠在其上不易铺展

C. 泡沫浮选法中捕集剂极性基吸附在矿石表面，非极性基向外易被吸附在泡沫上

D. 起泡剂的主要作用是增大液体表面张力

19. 液体在固体表面铺展过程中所涉及的界面变化是________。

A. 增加液体表面和固-液界面，减小固体表面

B. 增加固-液界面，减小固体表面

C. 减小液体表面和固体表面，增加固-液界面

D. 增加固体表面和固-液界面，液体表面不变

20. 液体 1 能在与之不互溶的液体 2 上铺展开的条件是________。

A. $\sigma_2>\sigma_1+\sigma_{1\text{-}2}$　　B. $\sigma_2<\sigma_1+\sigma_{1\text{-}2}$

C. $\sigma_1>\sigma_2+\sigma_{1\text{-}2}$　　D. $\sigma_1<\sigma_2+\sigma_{1\text{-}2}$

21. 对于亲水性固体表面，其表面张力间的关系________。

A. $\sigma_{s-l} > \sigma_{s-g}$　　B. $\sigma_{s-l} < \sigma_{s-g}$

C. $\sigma_{s-l} = \sigma_{s-g}$　　D. 无法确定

22. 对于亲水性固体表面，其固、液间的接触角 θ ________。

A. $\theta > 90°$　B. $\theta = 90°$　C. $\theta < 90°$　D. $\theta = 180°$

23. 将一滴汞滴在玻璃板上，界面张力之间的关系________。

A. $\sigma_{s-l} > \sigma_{s-g}$　　B. $\sigma_{s-l} < \sigma_{s-g}$

C. $\sigma_{g-l} = \sigma_{s-g}$　　D. $\sigma_{s-l} = \sigma_{l-g}$

8.4.2　判断题

1. 只有在比表面很大时才能明显地看到表面现象，所以系统表面增大是表面张力产生的原因。（　）

2. 对大多数体系来说，当温度升高时，表面张力下降。（　）

3. 过饱和蒸气之所以可能存在，是因新生成的微小液滴具有很大的比表面吉布斯自由能。（　）

4. 在吉布斯吸附定温式中，Γ 为溶质的吸附量，它随溶质（表面活性物质）加入量的增加而增加，并且当溶质达饱和时，Γ 达到极大值。（　）

5. 由于溶质在溶液的表面产生吸附，因此溶质在溶液表面的浓度恒大于它在溶液内部的浓度。（　）

6. 液体表面张力的存在力图扩大液体的表面积。（　）

7. 表面张力在数值上等于定温定压条件下，系统可逆地增加单位表面积时环境对系统所做的非体积功。（　）

8. 弯曲液面产生的附加压力与表面张力成反比。（　）

9. 弯曲液面产生的附加压力的方向总是指向曲面的曲率中心。（　）

10. 同温度下，小液滴的饱和蒸气压恒大于平液面的蒸气压。（　）

8.4.3　填空题

1. 憎液固体其表面不能为液体所润湿，其相应的接触角 θ ________ 90°。

2. 朗缪尔吸附定温式为__________，其中 b 为吸附系数，Γ_m 是________，p/Γ 对__________作图得一条直线，直线的截距是________，斜率是 $1/\Gamma_m$。

3. 润湿液体在毛细管中上升的高度与毛细管内径成________关系，与液体的表面张力成________关系。

4. 气体在固体表面发生定温吸附时，ΔS ________，ΔG ________，ΔH ________。

8.4.4　思考题

1. 如下图所示：中间有活塞的导管，一端连一大泡，另一端连一小泡。打开活塞使之连通，有何现象发生？为什么？

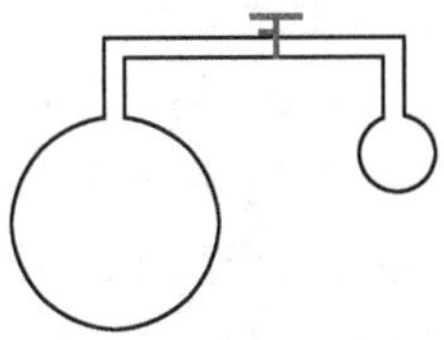

2. 两水平玻璃管中各有一段可以左右移动的液体，如下图所示。若在液体的一端加热，有何现象发生？为什么？

加热　　　　　　　　加热

3. 玻璃毛细管内水面上升高度为 h，将另一内径相同的玻璃毛细管在同样条件下竖直插入水中，水面外毛细管长度只有 $0.5h$，有何现象发生？为什么？

4. 用表面化学解释人工增雨的原理。

5. 用表面活性物质的特性解释如何用肥皂去除衣物上的油污。

6. 说明物理吸附与化学吸附的关系。

7. 金属切削机床工作时会产生大量的热，应选用哪种类型的乳状液作冷却剂？

8.4.5　计算题

1. 292.15K 时，丁酸水溶液的表面张力 $\sigma=\sigma_0-a\ln(1+bc/c^{\ominus})$，式中：$\sigma_0$ 为纯水的表面张力；a 和 b 为常数。求(1)该丁酸水溶液的表面过剩 Γ 与浓度 c 的关系；(2) $c=0.15\text{mol}\cdot\text{dm}^{-3}$ 丁酸水溶液的表面过剩 Γ，已知 $a=13.10\times10^{-3}\text{N}\cdot\text{m}^{-1}$，$b=19.62\times10^{-3}\text{mol}\cdot\text{m}^{-3}$。

2. 水蒸气骤冷会发生过饱和现象，在夏天的乌云中，用飞机撒干冰微粒，使气温降至 298K，水汽的过饱和度 p/p_s 达 4。已知 $g=9.8\text{m}\cdot\text{s}^{-2}$，$\sigma=0.0715\text{N}\cdot\text{m}^{-1}$，$\rho=1000\text{kg}\cdot\text{m}^{-3}$。计算(1)在此时开始形成雨滴的半径；(2)每一雨滴中所含的水分子数。

3. 290K 时，1,2-二硝基苯在水中的溶解度为 $5.90\times10^{-3}\text{mol}\cdot\text{dm}^{-3}$，1,2-二硝基苯固体的密度为 $1.57\times10^{3}\text{kg}\cdot\text{m}^{-3}$，与溶液的界面张力为 $0.0257\text{N}\cdot\text{m}^{-1}$。求颗粒半径为 $2.00\times10^{-9}\text{m}$ 的 1,2-二硝基苯在水中的溶解度。

4. 钢包(盛钢水的桶)底部有一透气砖，通过透气砖的透气孔，可以向钢包内吹入惰性气体氩气，以赶走包内氧气，净化钢水。为了在不吹氩气时钢水不从透气孔中漏出来，求透气砖的透气孔的最大半径为多少？已知钢水深 2m，密度 $\rho=7000\text{kg}\cdot\text{m}^{-3}$，表面张力 $\sigma=1300\times10^{-3}\text{N}\cdot\text{m}^{-1}$，重力加速度 $g=9.8\text{m}\cdot\text{s}^{-2}$，钢水

与孔壁的接触角 $\theta=150°$。

5. 298K 时，从一稀肥皂水溶液上刮下极薄的一层液体来，液膜表面积为 $3\times10^{-2}\mathrm{m}^2$，得到 $2\times10^{-3}\mathrm{dm}^3$ 溶液(2×10^{-3}kg)，其中肥皂含量为 4.013×10^{-5}mol，而溶液体相内同样体积的溶剂中含肥皂 4.000×10^{-5}mol。试根据吉布斯吸附公式和 $\sigma=\sigma_0-bc$ 计算溶液的表面张力。已知 298K 时纯水的表面张力 $\sigma_0=7.2\times10^{-2}\mathrm{N\cdot m^{-1}}$。

6. 请导出 A、B 两种吸附质在同一表面上吸附时的吸附定温式(设 A、B 都符合朗缪尔吸附)。

参考答案

8.4.1　选择题

1. A　2. D　3. B　4. C　5. C　6. C　7. D　8. B　9. B　10. A　11. B　12. C　13. C　14. D　15. B　16. C　17. C　18. D　19. A　20. A　21. B　22. C　23. A

8.4.2　判断题

1. 错　2. 对　3. 错　4. 错　5. 错　6. 错　7. 对　8. 错　9. 对　10. 对

8.4.3　填空题

1. $>$　2. $\Gamma=b\Gamma_m p/(1+bp)$　饱和吸附量　p　$1/\Gamma_m b$　(将吸附定温式改写为 $p/\Gamma=1/\Gamma_m b+p/\Gamma_m$)

3. 反比　正比　4. <0　<0　<0

8.4.4　思考题

(略)

8.4.5　计算题

1. (1) $\Gamma=\dfrac{abc}{RT(1+bc)}$

(2) $\Gamma=4.0\times10^{-6}\mathrm{mol\cdot m^{-2}}$

2. (1) $r=7.49\times10^{-10}$m

(2) 每个小液滴的质量为 $m=1.76\times10^{-24}$kg　每个小液滴所含分子数为 $N=59$

3. $c_r=1.85\times10^{-2}\mathrm{mol\cdot dm^{-3}}$

4. $r\approx10^{-5}$m，即当多孔砖的微孔半径小于 10^{-5}m(0.01mm)时就可保证钢液柱高为 2m 时，钢水不会渗漏出来。

5. $\sigma=6.1\times10^{-2}\mathrm{N\cdot m^{-1}}$

6. $\theta_A=\dfrac{b_A p_A}{1+b_A p_A+b_B p_B}$，$\theta_B=\dfrac{b_B p_B}{1+b_A p_A+b_B p_B}$

第9章 胶体化学

9.1 学习要求

(1) 掌握分散体系的基本特征;掌握溶胶的光学性质、动力学性质和电学性质。

(2) 掌握溶胶在稳定性方面的特点和聚沉。

(3) 掌握黏度的物理意义及其测定方法。

(4) 了解溶胶的制备和净化;了解溶胶的流变性。

(5) 掌握乳状液的特点、类型及类型的鉴别;掌握乳化剂的作用。

(6) 了解乳状液的类型理论;了解乳状液的制备、转型与破坏。

(7) 掌握泡沫的特点及稳定性。

(8) 掌握凝胶的结构类型及其对稳定性的影响;了解凝胶的性质;了解各因素对胶凝作用的影响。

9.2 内容概要

9.2.1 分散体系

分散体系(dispersion system)是指由一种或几种物质分散在另一种物质中所形成的体系。其中被分散的物质称为分散相(dispersion phase),分散相所处的介质称为分散介质(dispersion medium),前者是非连续相,后者是连续相。分散相颗粒半径为 $10^{-9}\sim10^{-6}$ m 的称为胶体分散体系(the dispersion system of colloid),分散相颗粒大于 10^{-6} m 的称为粗分散体系,小于 10^{-9} m 的称为小分子分散体系(真溶液)。

胶体分散体系按分散相和分散介质的聚集状态又可分为液溶胶、固溶胶和气溶胶。液溶胶简称溶胶(sol),是胶体的典型代表,是本章讨论的重点。

9.2.2 溶胶的制备与净化

溶胶是高度分散的多相体系,由于胶粒细小,比表面积很大,比表面能高,具有聚结不稳定性,因此在制备过程中必须加入稳定剂(如电解质或表面活性剂),才能得到相对稳定的溶胶。溶胶的制备方法可概括为两大类:分散法和凝聚法。示意如下：

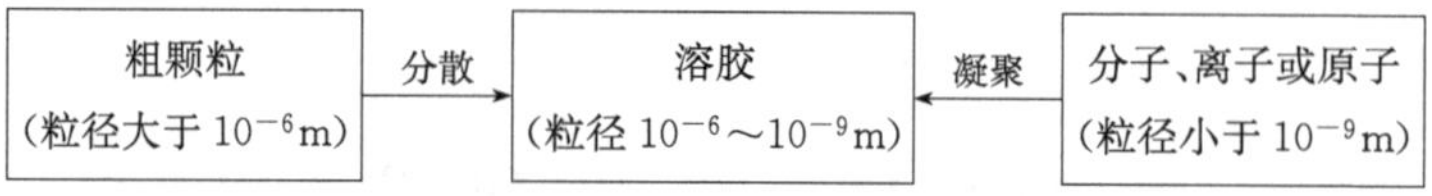

1. 分散法

使大块(或粗粒)物质分散在某种介质中形成胶体分散体系的方法称为分散法(dispersion method)。常用的有如下四种：

(1) 机械研磨法。使用胶体磨等工具粉碎的方法。

(2) 超声波分散法。利用超声波(频率大于 16 000Hz)所产生的能量来进行分散。

(3) 电弧法。主要用于制备金属水溶胶。

(4) 化学方法。也称为胶溶法，将新生成的沉淀加入稳定剂(少量适当的电解质)后又重新分散成溶胶。例如，新生成的 $Fe(OH)_3$ 沉淀加入少量 $FeCl_3$ 溶液，经搅拌后可制得红棕色的 $Fe(OH)_3$ 溶胶。

2. 凝聚法

与分散法相反，凝聚法是把小分子(或离子、原子)凝聚为胶体粒子的方法。

(1) 物理凝聚法。例如，用改换溶剂法来制备硫溶胶，利用的就是硫磺在乙醇和水中溶解度悬殊的特性。

(2) 化学反应法。利用各种化学反应如复分解、水解、氧化还原、沉淀等，控制反应条件使生成物在呈过饱和状态下逐步析出凝聚成胶粒的方法。例如

$$FeCl_3(\text{稀溶液}) + 3H_2O \xlongequal{\text{煮沸}} Fe(OH)_3(\text{溶胶}) + 3HCl$$

$$As_2O_3 + 3H_2S \xlongequal{} As_2S_3(\text{溶胶}) + 3H_2O$$

由以上方法制得的溶胶中往往含有多余的电解质和杂质，不利于溶胶的稳定存在，必须将其除去，此过程称为溶胶的净化(purification)。净化溶胶常用渗析法(dialysis method)、电渗析法和超滤法(ultrafiltration method)。

9.2.3 溶胶的光学性质

1. 丁铎尔效应

在暗室中，将一束聚焦的光线通过溶胶，在与入射光的垂直方向可以看到一个发光的圆锥体，这种现象称为丁铎尔(Tyndall)效应。

丁铎尔效应是由于胶粒对光的散射作用所引起的。它是溶胶的重要性质。利用这一特性可以鉴别溶胶与粗分散体系或真溶液。

2. 丁铎尔效应的规律

溶胶的散射光强度与体系性质之间的关系可用瑞利公式表示

$$I = \frac{9\pi^2 cV^2}{2\lambda^4 r^2}\left(\frac{n_2^2 - n_1^2}{n_2^2 + 2n_1^2}\right) I_0 (1 + \cos^2\theta)$$

式中：I 为散射角 θ、散射距离 r 处的溶胶的散射光强度；I_0 为入射光强度；λ 为入射光的波长；c 为分散体系中单位体积中的粒子数；V 为每个粒子的体积；n_1、n_2 分别为分散介质和分散相的折射率。

利用此性质制成测定胶体溶液浓度的仪器称为浊度计，可测定污水悬浮杂质的含量等，称为浊度分析。$I \propto I_0$，所以观察胶体的丁铎尔效应时常用聚敛光。

3. 超显微镜的原理和应用

超显微镜的原理就是利用普通显微镜观察胶体的丁铎尔效应。在超显微镜下看到的是以黑暗为背景，闪烁出的一个个亮点，并非胶体粒子的真实面貌。

超显微镜可用于确定胶粒的数目；观察胶粒的布朗(Brown)运动；估计胶体溶液的浓度；还可配合电泳仪测定胶粒的电泳速率等。

9.2.4 溶胶的动力学性质

1. 布朗运动

溶胶中胶粒在分散介质中不断地做不规则运动称为布朗运动。

产生布朗运动的原因是分散介质分子对胶粒的不断撞击。

爱因斯坦利用分子运动论的一些基本概念和公式，推导出布朗运动的公式

$$X = \left(\frac{RT}{L}\,\frac{t}{3\pi\eta r}\right)^{\frac{1}{2}}$$

式中：X 为粒子的平均位移；t 为观察间隔时间；R 为摩尔气体常量；η 为介质的黏度；r 为粒子的半径；L 为阿伏伽德罗常量。

由上式可以看出，粒子越小、温度越高、介质的黏度越小，则布朗运动越剧烈。

2. 扩散

胶粒由于布朗运动在分散介质中自发地从高浓度处向低浓度处的迁移现象称为扩散(diffusion)。扩散的结果使粒子趋于均匀分布。

爱因斯坦假定粒子为球形，导出了粒子在 t 时间的平均位移 X 和扩散系数 D 之间的关系式

$$X^2 = 2Dt$$

可得

$$D = \frac{RT}{6\pi\eta rL}$$

式中：D 为扩散系数，其物理意义为单位浓度梯度下，单位时间内通过单位面积的物质的量。由上式可以看出，粒子的半径越小、介质的黏度越小、温度越高，则 D 越大，粒子就越易扩散。

布朗运动的存在对溶胶的稳定性起着正反两方面的作用：①由布朗运动引起的扩散作用防止了胶粒的沉降，增加了溶胶的稳定性（称为动力学稳定性）；②由于布朗运动的存在，增加了胶粒的碰撞机会，降低了溶胶的抗聚结稳定性。

3. 沉降与沉降平衡

悬浮在分散介质中的胶体粒子在外力的作用下下沉的过程称为沉降（sedimentation）。

布朗运动引起的扩散作用与外力引起的沉降作用对胶体粒子浓度的影响是相反的。当这两种作用力即重力与扩散力大小相等时，任一高度处粒子的浓度不再随时间而变化，即粒子的分布达到平衡，称为沉降平衡（sedimentation equilibrium）。

若粒子以匀速沉降，则其所受的沉降重力=沉降阻力，即

$$\frac{4}{3}\pi r^3(\rho - \rho_0)g = 6\pi\eta r v$$

则

$$v = \frac{2r^2(\rho - \rho_0)g}{9\eta}$$

式中：v 为粒子的沉降速率；r 为粒子的半径；η 为介质的黏度；ρ、ρ_0 分别为粒子和介质的密度；g 为重力加速度。

由上式可以看出，沉度速率 v 与 r^2 成正比，所以粒子的大小对沉降速率的影响很大，粒子越小，其沉降速率越慢。对于半径为 $10^{-9} \sim 10^{-6}$ m 的胶体粒子来说，其沉降速率非常缓慢，且外界因素如热对流、机械振动等都会阻止沉降。

对于多级分散体系来说，由于粒子的大小不一，粒子的沉降速率不同，通过测定沉降速率，就可以求得粒子的大小及分散体系中某一定大小的粒子所占的百分数，这项工作称为沉降分析。沉降分析在土壤学上非常重要，属于土壤机械分析的一部分。

9.2.5 溶胶的电学性质

1. 电动现象

在外加电场的作用下，胶体颗粒在分散介质中的定向移动称为电泳（electrophoresis)。在外加电场的作用下,毛细管内或多孔性固体内液体相对于固体表面的运动称为电渗(electroosmosis)。电泳和电渗都属于电动现象。它们均是胶粒带电的最主要的实验证据。通过研究电动现象,可以确定胶粒所带电荷的符号,对进一步了解胶体的结构及电解质对溶胶稳定性的影响具有重要意义。

2. 胶粒表面电荷的来源

胶粒表面带电的主要原因如下:

(1) 吸附。溶胶粒子会选择性吸附溶液中某些离子而带电。例如,用水解反应制备$Fe(OH)_3$溶胶时,$Fe(OH)_3$ 颗粒表面会吸附溶液中的 FeO^+,而使胶粒带正电。

(2) 电离。例如,硅酸溶胶由于表面层分子发生电离($H_2SiO_3 \rightleftharpoons 2H^+ + SiO_3^{2-}$)而使胶粒带负电。

(3) 同晶置换。例如,黏土中的 Al^{3+} 被 Ca^{2+} 代替,粒子缺正电荷而带负电。

3. 双电层结构

由于胶粒带有电荷,则分散介质一定带有相反电荷,这样在固-液界面处便形成了双电层(double electrode layer)。通常把使固相表面带电的离子称为电势离子,而与其电荷相反的离子称为反离子。关于双电层的结构,人们先后提出了不同的模型,当前普遍接受的是斯特恩(Stern)双电层模型。

亥姆霍兹首先提出了平行板电容器模型,认为固体表面是一个电层,离开固体表面一定距离的溶液是另一个电层,二者相互平行,整齐排列,好像一个平行板电容器。

古依(Gouy)和查普曼(Chapman)分别提出了扩散双电层模型。他们认为,由于静电吸引和本身的热运动,使得介质中的反离子逐渐向外呈扩散状分布。紧靠固体表面附近反离子的数目较多,随着离固体表面距离的增大而减少,从而形成一个扩散双电层。

斯特恩在上述模型的基础上,提出了斯特恩双电层模型。他认为介质中的反离子层分为紧密层(或斯特恩层)和扩散层,紧密层中反离子构成的面称为斯特恩面,固体和液体在电场中发生错动的位置称为相对滑移面(shear surface),一般认为是在斯特恩面以外的某处,为一两个液体分子的厚度,但其确切位置尚无定论。在相对滑移面内,除了固体表面的电位离子和斯特恩层的反离子外,还包括小部分扩散层中的反离子,它们在外电场的作用下,与固体一起运动,称为固定层;在相对滑移面以外,是不随固体一起运动的扩散层部分,称为可动层。

4. 电动电势 ζ

从固体表面到溶液本体之间存在着三种电势。φ_0 为固体表面双电层的总电势，即热力学电势，其值取决于固体表面的电势离子的浓度；φ_δ 为斯特恩面上的电势，它是紧密层与扩散层分界处的电势；相对滑移面与溶液本体的电势差称为电动电势(electrokinetic potential)或 ζ 电势。ζ 电势略低于 φ_δ，二者都只是 φ_0 的一部分。

ζ 电势受外加电解质的影响很大。随着外加电解质浓度的增加，由于离子交换或压缩作用，使扩散层的厚度减小，有更多的反离子进入固定层中，从而使 ζ 电势降低。当扩散层被压缩到与固定层相重叠时，ζ 电势降低到零，这时胶粒不带电。如果外加电解质中的反离子发生强烈吸附，甚至可以使 ζ 电势的符号改变。

ζ 电势与电泳、电渗直接相关，可以通过电泳、电渗速率的测定求出 ζ 电势。

9.2.6 溶胶的流变性质

黏度(viscosity)是液体流动时所表现出来的内摩擦阻力，用 η 表示。它的单位是 Pa·s。黏度与切力、切速率之间的关系可用牛顿(Newton)黏性流动定律表示，公式如下：

$$\frac{F}{A}=\eta\frac{\mathrm{d}u}{\mathrm{d}y}$$

符合上式的液体称为牛顿液体，其特点是 η 与外加切力无关，只与温度有关。在一定温度下，η 是一个定值。大多数的纯液体或小分子的稀溶液，都属于牛顿液体。不服从上式的液体称为非牛顿液体，如溶胶、悬浮液或高分子溶液等。其特点是液体的黏度随外加切力的增加而变化。若体系的黏度随切力的增加而变大，称为切变稠化(shear thickening)；若体系的黏度随切力的增加而变小，称为切变稀化(shear thinning)。

测定黏度常用的方法有毛细管流动法、转筒法、落球法等。

9.2.7 溶胶的稳定性与聚沉

1. 溶胶的稳定性

溶胶是热力学上的不稳定体系，胶粒有相互聚结而降低其表面能的趋势，但在有稳定剂存在的条件下，它能在一定时间内保持相对稳定，其主要原因有：①胶粒的动力学稳定性，即胶粒由于布朗运动而使其克服重力的影响而不沉降；②由于胶团双电层结构的存在，使胶粒都带同号电荷，有静电相斥作用，故不易聚结，这是溶胶稳定存在的最重要的原因；③胶团双电层中的反离子都是水化的，从而在胶粒的外面有一层水化膜，阻止了胶粒的聚结。

2. 溶胶的聚沉

溶胶中的胶粒聚结变大，大到一定程度时，就会析出沉淀，称为溶胶的聚沉作用(coagulation)。溶胶聚沉在外观上的表现一般为颜色的改变，产生浑浊，静置后出现沉淀。能引起聚沉的因素很多，但主要有下列几种因素：

(1) 电解质的聚沉作用。外加电解质，可以使胶粒的 ζ 电势降低，排斥作用大大减弱，ζ 电势降到临界电势之下，胶粒的动能超越排斥能，将导致粒子聚结，最后发生明显的聚沉。大致规律如下：

(i) 聚沉能力随反离子(异电性离子)价数的增高而迅速增大。

(ii) 同价反离子的聚沉能力与离子的体积(水化后的体积大小)有关。

对正溶胶：$Cl^- > Br^- > I^- > SCN^-$

对负溶胶：$Cs^+ > Rb^+ > K^+ > Na^+ > Li^+$

这就是所谓的感胶离子序。

(iii) 与溶胶带有相同电荷的离子，价数越高，其聚沉能力越差。

(2) 两种带有相反电荷的溶胶适量混合，也会发生聚沉作用，称为相互聚沉。其聚沉作用力为静电引力。

(3) 升高温度或增加溶胶的浓度也能促使溶胶聚沉，主要是由于其增加了胶粒的碰撞机会。

9.2.8　乳状液

乳状液(emulsion)是由一种或几种液体以小液滴的形式分散于另一种与其互不相溶的液体中形成的多相分散体系。其中一种液体是水或水溶液，称为水相，用符号 W 表示；另一种与水互不相溶的液体统称为“油”相，用符号 O 表示。

乳状液存在着两种不同类型，外相为水、内相为油的乳状液称为水包油型乳状液(oil in water emulsion)，用符号油/水或 O/W 表示；若外相为油，内相为水，则称为油包水型乳状液(water in oil emulsion)，用符号水/油或 W/O 表示。两种乳状液在外观上无明显区别，可通过稀释、染色和电导等方法进行鉴别。乳状液能被外相液体所稀释，如牛奶能被水稀释，所以牛奶是 O/W 乳状液。如果将油溶性染料如红色的苏丹Ⅲ加到乳状液中，在显微镜下观察，若整个乳状液带色，说明油是外相，乳状液是 W/O；若只有星星点点的液滴带色，则是 O/W。水溶液具有导电能力，而油导电能力较差，所以 O/W 乳状液的电导率比 W/O 的乳状液要大得多。

1. 乳化剂与乳化作用

直接把水和油混合在一起振摇，虽然可以使其相互分散，但静置后很快又会分层，不能形成稳定的乳状液。为了形成稳定的乳状液所必须加入的第三组分称为乳化剂(emulsifying agent)。乳化剂的种类很多，可以是人工合成的表面活性剂，也可以是蛋白质、树胶、明胶、皂素、磷脂等天然产物。

乳化剂的乳化作用之所以能使乳状液稳定，主要是由于：①乳化剂吸附在油水界面上，降低了界面张力；②形成具有一定机械强度的界面膜，从而阻碍了液滴的聚结变大。用离子型表面活性剂为乳化剂时，乳状液中液滴常常带有电荷，在其周围可以形成双电层，由于同性电荷之间的静电斥力，阻碍了液滴之间的聚结，从而使乳状液稳定。

2. 乳状液的类型理论

影响乳状液类型的因素很多。最初人们认为相体积是决定乳状液类型的主要因素，即量多的液体均为外相，而量少的则为内相。但事实证明，这种看法是片面的，现在已经可制成内相体积为 90%以上的乳状液。

乳状液的类型主要与乳化剂的性质有关。通常情况下，用亲水性较强（HLB 值较大）或极性基团截面积较大的乳化剂可制得 O/W 乳状液；相反，用亲油性较强（HLB 值较小）或非极性基团截面积较大的乳化剂可制得 W/O 乳状液。

关于乳状液类型的理论主要有定向楔型理论及双重界面张力学说等。

3. 乳化剂的选择

对于表面活性剂类型的乳化剂，HLB 值可供参考。除此之外，还应考虑以下因素：①乳化剂与分散相的亲和性；②乳化剂的配伍作用通常将 HLB 值小的和 HLB 值大的乳化剂混合使用，使混合乳化剂的 HLB 值接近分散相所要求的 HLB 值，可以取得满意的效果；③乳化剂体系的特殊要求作为食品添加剂的乳化剂，应无毒、无特殊气味等，医药用乳化剂要考虑其药理性能，农药乳化剂则要求对农作物和人畜无害；④乳化剂的成本低、来源方便等。

4. 乳状液的制备

在实验室中最简便的制备方式就是振摇。经验证明，间歇振摇比连续振摇的效果好。

工业生产中常用的乳化设备有机械搅拌器、胶体磨、均化器及超声波乳化器等。此外，乳化方法也很重要，就是要注意加料顺序、方式、混合时间等。

5. 微乳状液

在由水、油和乳化剂所形成的乳状液中加入第四种物质（通常是醇），当用量适当时可形成一种外观透明的液-液分散体系，这就是微乳状液。加入的第四种物质称为辅助表面活性剂。微乳状液中液滴的大小在 10nm 左右。由于界面张力的急剧降低，微乳状液的热力学稳定性很高，还能自动乳化，长时间存放也不会分层破乳,其另一特点是低黏度。

9.2.9 乳状液的转型与破坏

1. 乳状液的转型

转型是指在外界某种因素作用下,乳状液由O/W变成W/O,或者相反的过程,又称为转相。

乳状液的转型通常是由于外加物质使乳化剂的性质发生改变而引起的。例如,用钠皂可以形成O/W乳状液,若加入足够量的氯化钙,则可生成钙皂而使乳状液转型为W/O。温度的改变有时也会造成乳状液的转型,当温度升高时,乳化剂分子的亲水性减弱,亲油性增强,在某一温度时,由O/W转变为W/O乳状液,这一温度为转型温度(phase inversion temperature,PIT)。

2. 乳状液的破坏

有时希望破坏乳状液,以使其中的水、油两相分离(层),就是所谓破乳(demulsification)。破乳可以用物理方法。例如,用离心机分离牛奶中的奶油。原油脱水可利用静电破乳。升高温度也可以降低乳状液的稳定性。另一类破乳方法是化学方法,即向乳状液中加入破乳剂(demulsifier),其原理是破坏乳化剂的乳化能力。例如,用不能生成牢固保护膜的表面活性物质(如异戊醇)代替原来的乳化剂,从而破坏乳化剂形成的界面膜,使乳状液失去稳定性。用皂素作乳化剂时,若加入无机酸,皂类就变成脂肪酸而析出,乳状液因失去乳化剂的稳定作用而被破坏。

9.2.10 泡沫

1. 泡沫的形成

泡沫(foam)是由液膜隔开的气泡聚集物。纯液体不能形成稳定的泡沫。搅动一杯纯水,虽然也有气泡浮起,但升至水面后很快破裂,若加入少量洗衣粉后,即可产生比较稳定的泡沫。这些对泡沫起稳定作用的物质称为起泡剂。表面活性剂是最常用的起泡剂。此外,蛋白质、明胶等高分子物质也是很好的起泡剂。

起泡剂所起的作用主要如下:①起泡剂分子吸附在气-液界面上,降低了界面张力;②形成具有一定机械强度和弹性的界面膜;③形成具有一定黏度的液膜,使膜内液体不易流走,从而增加了泡沫的稳定性。

2. 泡沫的破坏

消除泡沫的方法主要有以下两类:

(1) 物理方法。利用搅拌、改变温度及压力等方法消泡。

(2) 化学方法。通常利用加入消泡剂的方法来达到破坏泡沫稳定性的目的。

9.2.11 凝胶

凝胶(gel)是胶体的一种特殊存在形式。在适当的条件下,溶胶(sol)或高分子(macromolecule)溶液中的分散质颗粒通过某种作用力相互联结而结合成一种空间网状结构,分散介质(液体或气体)充斥于网状结构中,体系失去流动性,这种体系就称为凝胶。

联结分散相颗粒的作用力主要有三种类型:①范德华(van der Waals)力;②氢键力;③化学键力。

1. 影响胶凝作用的因素

(1) 分散质颗粒形状对胶凝(gelatification)作用的影响。分散质颗粒对称性越差,胶凝作用越强。

(2) 分散质浓度对胶凝作用的影响。分散质的浓度越大,对胶凝作用越有利。

(3) 温度对胶凝作用的影响。一般情况下,温度升高溶解度增大,不利于胶凝;温度降低,溶解度下降,有利于分散质颗粒相互联结形成网状凝胶结构。线型高分子溶液的溶质分子链很长,以卷曲的线团状存在,温度升高时,卷曲的溶质分子舒展开来,有利于分子的有序排列和交联,形成凝胶结构。

(4) 电解质对胶凝作用的影响。电解质对高分子溶液的胶凝作用与盐析作用有关,而对溶胶的胶凝作用则与改变胶粒的稳定性有关。

2. 凝胶的性质

凝胶的性质包括凝胶的溶胀(swelling)(溶胀的大小可用溶胀度来表示)、脱液收缩(是溶胀的逆过程)、胶溶作用及凝胶中可进行的扩散与化学反应。

9.3 例题和习题解答

【例 9-1】 298K 下,用超显微镜测得某溶胶的胶粒在 120s 的平均位移为 2.54×10^{-5}m,求该溶胶胶粒的半径 r。已知分散介质的黏度为 1.10×10^{-3} Pa · s。

解 由布朗运动公式

$$X=\left(\frac{RT}{L}\frac{t}{3\pi\eta r}\right)^{\frac{1}{2}}$$

$$r=\frac{RTt}{3\pi L\eta X^2}$$

$$T=298\text{K}\quad t=120\text{s}\quad \eta=1.10\times10^{-3}\,\text{Pa}\cdot\text{s}\quad X=2.54\times10^{-5}\,\text{m}$$

$$r=\frac{8.314\times 298\times 120}{3\times 3.14\times 6.02\times 10^{23}\times 1.10\times 10^{-3}\times (2.54\times 10^{-5})^2}$$

$$=7.39\times 10^{-8}(\text{m})$$

【例 9-2】 有一硫-水悬浮剂，分散相粒子的半径为 2.0×10^{-6}m，求该硫-水悬浮剂在 298K 下沉降 0.1m 所需时间。已知硫的密度为 $2070\text{kg}\cdot\text{m}^{-3}$，介质的密度为 $1000\text{kg}\cdot\text{m}^{-3}$，介质的黏度为 200mPa·s。

解

$$v=\frac{2r^2(\rho-\rho_0)g}{9\eta}$$

$$r=2.0\times 10^{-6}\text{m},\ \rho=2070\text{kg}\cdot\text{m}^{-3},\ \rho_0=1000\text{kg}\cdot\text{m}^{-3},\ \eta=0.2\text{Pa}\cdot\text{s}$$

$$v=\frac{2\times (2.0\times 10^{-6})^2\times (2070-1000)\times 9.8}{9\times 0.2}=4.7\times 10^{-8}(\text{m}\cdot\text{s}^{-1})$$

沉降 0.1m 所需时间为

$$t=\frac{h}{v}=\frac{0.1}{4.7\times 10^{-8}}=2.1\times 10^{6}(\text{s})=5.8\times 10^{2}(\text{h})$$

【例 9-3】 (1)在两个充有 $0.001\text{mol}\cdot\text{dm}^{-3}$ KCl 溶液的容器之间是一个 AgCl 多孔塞，塞中细孔中充满了 KCl 溶液，在两个容器中放两个电极并接上直流电源。问溶液将向什么方向移动？(2)当以 $0.1\text{mol}\cdot\text{dm}^{-3}$ KCl 来代替 $0.001\text{mol}\cdot\text{dm}^{-3}$ KCl 溶液后，溶液在相同电压之下流动速率是变快还是变慢？(3)如果用 $AgNO_3$ 溶液代替 KCl 溶液，液体的流动方向怎样？

答 因为与 AgCl 多孔塞具有相同组成的离子优先被吸附，且当正离子被吸附时，溶液带负电；当负离子被吸附时，溶液带正电。

(1) 多孔塞吸附 Cl^- 而带负电，溶液带正电而向负极方向移动。

(2) 因随外加电解质浓度的增加，ζ 电势变小，所以液体流动速率减慢。

(3) 多孔塞吸附 Ag^+ 而带正电，溶液带负电而向正极方向移动。

【例 9-4】 298K 下，将 20g 甲苯的乙醇溶液[含甲苯 85%(质量分数)]加入到 20g 水中形成液滴平均半径为 10^{-6}m 的 O/W 乳状液，已知 298K 下甲苯与此乙醇水溶液的界面张力为 $36\text{mN}\cdot\text{m}^{-1}$，甲苯的密度为 $870\text{kg}\cdot\text{m}^{-3}$。试计算该乳状液形成过程的 ΔG，并判断该乳状液能否自发形成。

解

$$\Delta G=\sigma\Delta A$$

$$\Delta A=\frac{20\times 10^{-3}\times 85\%}{\frac{4}{3}\pi\times (10^{-6})^3\times 870}\times 4\pi\times (10^{-6})^2=58.6(\text{m}^2)$$

$$\sigma=36\times 10^{-3}\text{N}\cdot\text{m}^{-2}$$

$$\Delta G=36\times 10^{-3}\times 58.6=2.1(\text{J})>0$$

该乳状液的形成过程不自发。

【例 9-5】 对某 O/W 乳状液，采用 70%(质量分数)的 Tween 80(HLB=

15.0)和30%(质量分数)的Span 80(HLB=4.3)复合乳化剂的乳化效果最好。现只有Span 60(HLB=4.7)和Tween 60(HLB=14.9),问二者应以何种比例混合?

解　Span 60+Tween 60混合后的HLB值应与70%的Tween 80+30%Span 80混合乳化剂的HLB值相等。

设混合乳化剂中Span 60的质量分数为$x\%$,则Tween 60的质量分数应为$(100-x)\%$。

$$15.0\times 70\%+4.3\times 30\% = 4.7\times x\%+14.9\times(1-x)\%$$

解得

$$x = 30.5$$

即应以30.5%的Span 60与69.5%的Tween 60混合为佳。

【习题9-1】　用As_2O_3与过量H_2S制备As_2S_3溶胶,稳定剂为H_2S。判断下列电解质对该溶胶聚沉能力的强弱顺序:(1) NaCl;(2) $MgCl_2$;(3) $MgSO_4$;(4) $AlCl_3$。

答　稳定剂H_2S在水溶液中电离成H^+和HS^-,根据胶核优先吸附有相似组成的离子HS^-,可知该As_2S_3溶胶中胶粒带负电。电解质中的反离子价数越高,其聚沉能力越强;与胶粒具有相同电荷离子价数越高,其聚沉能力越弱,所以上述四种电解质聚沉能力大小顺序为(4)>(2)>(3)>(1)。

【习题9-2】　氧化铁溶胶中胶体粒子的平均半径为4.0×10^{-9}m。将溶胶稀释5000倍,在超显微镜下进行观察,视野容积为$2.4\times10^{-14}\text{m}^3$,在连续25次观测中的粒子总数为72。假定粒子为球形,粒子的密度为$5.2\times10^3\text{kg}\cdot\text{m}^{-3}$。试求(1)该溶胶的原始浓度;(2)1dm³溶胶中所含氧化铁的粒子数及其总表面积。

解　(1) 该溶胶的原始浓度

$$c_0 = \frac{\frac{72}{25}\times 5000}{2.4\times10^{-14}\times 6.02\times10^{23}}$$
$$=1.0\times10^{-6}(\text{mol}\cdot\text{m}^{-3}) = 1.0\times10^{-9}(\text{mol}\cdot\text{dm}^{-3})$$

(2) 1dm³溶胶中所含氧化铁的粒子数为1.0×10^{-9}mol,即6.02×10^{14}个。

其总表面积$= 4\pi r^2\times 6.02\times10^{14}$

$$= 4\times 3.14\times(4.0\times10^{-9})^2\times 6.02\times10^{14} = 0.12(\text{m}^2)$$

【习题9-3】　293K时,水的黏度为$1.002\times10^{-3}\text{Pa}\cdot\text{s}$,金溶胶的扩散系数测定值为$1.38\times10^{-10}\text{m}^2\cdot\text{s}^{-1}$。试求金溶胶粒子的半径。

解　扩散系数与粒子半径之间的关系为

$$r = \frac{RT}{6\pi\eta DL} = \frac{293\times 8.314}{6\times 3.14\times 1.002\times10^{-3}\times 1.38\times10^{-10}\times 6.02\times10^{23}}$$
$$=1.55\times10^{-9}(\text{m})$$

【习题 9-4】 293K 时，半径分别为 2×10^{-4}m 和 2×10^{-5}m 的土壤颗粒在水中的沉降速率各为多少？已知水和土的密度分别为 1×10^{3}kg·m^{-3} 和 2.65×10^{3} kg·m^{-3}，水的黏度为 1.002×10^{-3}Pa·s，重力加速度为 9.8m·s^{-2}。

解 球形粒子在重力场中匀速沉降时，沉降速率为

$$v=\frac{2r^2(\rho-\rho_0)g}{9\eta}$$

对于半径为 2×10^{-4}m 的土壤颗粒

$$v_1=\frac{2\times(2\times10^{-4})^2\times(2.65-1)\times10^3\times9.8}{9\times1.002\times10^{-3}}=1.4\times10^{-1}(\mathrm{m\cdot s^{-1}})$$

对于半径为 2×10^{-5}m 的土壤颗粒

$$v_2=\frac{2\times(2\times10^{-5})^2\times(2.65-1)\times10^3\times9.8}{9\times1.002\times10^{-3}}=1.4\times10^{-3}(\mathrm{m\cdot s^{-1}})$$

【习题 9-5】 试从定义、产生原因、数值、影响因素等方面，比较 ζ 电势和热力学电势 φ_0 的异同。

答 热力学电势 φ_0 是指固体表面与溶液本体之间的电势差，是双电层的总电势，其值取决于溶液中电势离子的浓度，而与其他离子无关。ζ 电势是指相对滑移面与溶液本体之间的电势差，它与电动现象密切相关，故称为电动电势，其值远小于 φ_0，且受外加电解质的影响很大。

【习题 9-6】 增大外加电解质的浓度对溶胶粒子扩散层的厚度、ζ 电势、电荷密度和电动性质有何影响？

答 增大外加电解质的浓度，会使更多的反离子进入固定层中，同时通过离子交换或压缩作用使扩散层的厚度减小，ζ 电势也会随之降低，溶胶粒子在电泳仪中的电泳速率将减慢。当扩散层被压缩到与固定层相重叠时，ζ 电势降低为零，这时胶粒不带电荷。

【习题 9-7】 298K 时有一溶胶，胶粒直径为 5×10^{-8}m，分散介质的黏度 $\eta=0.001$Pa·s，计算胶粒下沉 5.00×10^{-4}m 所需的时间。已知胶粒密度为 5.6×10^{3}kg·m^{-3}，分散介质密度为 1.0×10^{3}kg·m^{-3}。

解 球形胶体粒子在重力场中匀速沉降时，沉降速率

$$v=\frac{2r^2(\rho-\rho_0)g}{9\eta}=\frac{2\times\left(\frac{5}{2}\times10^{-8}\right)^2\times(5.6-1)\times10^3\times9.8}{9\times0.001}$$

$$=6.3\times10^{-9}(\mathrm{m\cdot s^{-1}})$$

胶粒下沉 5.00×10^{-4}m 所需时间为

$$t=\frac{5.00\times10^{-4}}{6.3\times10^{-9}}=7.9\times10^4(\mathrm{s})=22(\mathrm{h})$$

【习题 9-8】 乳化剂、起泡剂的乳化作用、起泡作用分别可归纳为哪几点？

答 乳化剂的乳化作用主要表现在:①降低油-水界面张力;②形成牢固的界面膜。

起泡剂的起泡作用主要表现在:①降低液-气界面张力;②形成具有一定机械强度和弹性的界面膜;③形成具有一定黏度的液膜。

【习题 9-9】 试列举两种互不相溶的纯液体不能形成稳定乳状液的原因。

答 一种液体在外力(搅拌、振摇)作用下以小液滴的形式分散于另一种与其互不相溶的液体中形成乳状液,在此过程中,分散相液体的比表面增大,因而是一个自由能增加的非自发过程,具有热力学不稳定性。受自由能降低原理支配,小液滴会自发聚结合并成大液滴,从而减少比表面,使体系的自由能降低。所以两种互不相溶的纯液体不能形成稳定的乳状液。

【习题 9-10】 Reinders 指出,以固体(s)粉末作乳化剂时,有三种情况:(1)若 $\sigma_{s\text{-}o}>\sigma_{o\text{-}w}>\sigma_{s\text{-}w}$,固体处于水中;(2)若 $\sigma_{s\text{-}w}>\sigma_{o\text{-}w}>\sigma_{s\text{-}o}$,固体处于油中;(3)若 $\sigma_{o\text{-}w}>\sigma_{s\text{-}w}>\sigma_{s\text{-}o}$,或三个张力中没有一个大于其他二者之和,则固体处于水-油界面。只有在第三种情况下,固体粉末才能起到稳定作用。20℃时在空气中测得水(表面张力为 72.8mN · m^{-1})对某固体的接触角为 100°,油(表面张力为30mN · m^{-1})对固体的接触角为 80°,水-油间的界面张力为 40mN · m^{-1},试估计此固体的粉末能否对油水乳化起稳定作用。

解 由杨氏方程得

$$\sigma_{s\text{-}g}=\sigma_{s\text{-}w}+72.8\times\cos100° \tag{i}$$

$$\sigma_{s\text{-}g}=\sigma_{s\text{-}o}+30\times\cos80° \tag{ii}$$

式(i)－式(ii),得

$$\sigma_{s\text{-}w}-\sigma_{s\text{-}o}=17.9\text{mN}\cdot\text{m}^{-1}$$

故 $\sigma_{s\text{-}w}-\sigma_{s\text{-}o}<\sigma_{o\text{-}w}$, 即 $\sigma_{s\text{-}w}<\sigma_{o\text{-}w}+\sigma_{s\text{-}o}$。

式(ii)－式(i),得

$$\sigma_{s\text{-}o}-\sigma_{s\text{-}w}=-17.9\text{mN}\cdot\text{m}^{-1}$$

故 $\sigma_{s\text{-}o}-\sigma_{s\text{-}w}<\sigma_{o\text{-}w}$, 即 $\sigma_{s\text{-}o}<\sigma_{o\text{-}w}+\sigma_{s\text{-}w}$。

式(i)＋式(ii),得

$$\sigma_{s\text{-}w}+\sigma_{s\text{-}o}=2\sigma_{s\text{-}g}+7.4$$

由于 $\sigma_{s\text{-}g}$通常较大,故估计 $\sigma_{o\text{-}w}<2\sigma_{s\text{-}g}+7.4$, 即 $\sigma_{o\text{-}w}<\sigma_{s\text{-}w}+\sigma_{s\text{-}o}$。

可见,三个界面张力中没有一个大于其他二者之和,故此固体粉末能对油水乳化起稳定作用。

【习题 9-11】 对于某油-水体系,60％的 Tween 60(HLB＝14.9)与 40％的 Span 60(HLB＝4.7)组成的混合乳化剂的乳化效果最好,混合乳化剂的 HLB 值为各乳化剂的质均值。若现在只有 Span 85(HLB=1.8)与 Renex(HLB=13.0)，二者应以何种比例混合？

解　设 Span 85 的用量比例为 $x\%$,则 Renex 为$(100-x)\%$。

两种混合乳化剂的 HLB 值应相等,因而可得

$$14.9\times60\%+4.7\times40\%=1.8\times x\%+13.0\times(100-x)\%$$

解得

$$x=19.5$$

故应以 19.5%的 Span 85 与 80.5%的 Renex 混合。

【习题 9-12】　结合凝胶的结构特点,讨论凝胶的稳定性。

答　凝胶的稳定性取决于构成凝胶结构的颗粒间的联结力。以范德华力为主要联结力形成的凝胶结构稳定性最差,经搅拌等外力作用时结构即遭到破坏。以氢键、盐键为联结力形成的凝胶结构,颗粒间作用力较强,稳定性较好,但受温度影响较大,温度升高到一定程度后,氢键、盐键作用力遭到破坏,凝胶结构即遭到破坏。以化学键为联结力形成的凝胶结构作用力最强,凝胶结构最稳定。

【习题 9-13】　影响高分子溶液胶凝的因素有哪些?

答　(1) 高分子形状对胶凝作用有影响,分子对称性越差,胶凝作用越强。

(2) 高分子溶液的浓度越大,对胶凝作用越有利。

(3) 温度改变对高分子溶液胶凝也有影响。温度升高,高分子的溶解度增大,不利于胶凝;温度降低则有利于胶凝。

(4) 电解质对高分子溶液胶凝作用的影响与盐析作用有关。

(5) pH 对高分子溶液的胶凝作用也有影响。对蛋白质溶液来说,在等电 pH 时,易于胶凝。

【习题 9-14】　凝胶的性质有哪些?

答　溶胀性质、脱液收缩、凝胶中的扩散和化学反应、胶溶作用。

【习题 9-15】　下列哪些措施能增加凝胶的溶胀度?为什么?

(1)使凝胶偏离等电 pH;(2)加入中性盐;(3)加入良溶剂;(4)升高温度。

答　(1) 使凝胶偏离等电 pH,可使溶胀度增加。这是由于 pH 偏离等电 pH 时,分子带电,水化作用增强,溶胀度增加。

(2) 加入中性盐不能增加凝胶的溶胀度。

(3) 加入良溶剂可使溶胀度增加。这是由于凝胶对溶剂的吸收有选择性,如明胶在水中溶胀,在苯中则不溶胀。

(4) 由于溶胀是放热过程,因此升高温度时,溶胀度减小。但升高温度能减弱凝胶网络交联的强度,所以升高温度时有限溶胀可能转变为无限溶胀,如明胶在水中的溶胀。

【习题 9-16】　The radius of a sol particle is 2.12×10^{-7} m. After Brown motion, the mean displacement is 1.004×10^{-5} m, the mean interval time is 60 seconds, the temperature is 290.2K, the viscosity is 1.10×10^{-3} Pa·s. Then how much is Avogadro constant?

解 $X=\left(\frac{RT}{L}\frac{t}{3\pi\eta r}\right)^{\frac{1}{2}}$

$$1.004\times10^{-5}=\left(\frac{8.314\times290.2}{L}\times\frac{60}{3\times3.1416\times1.10\times10^{-3}\times2.12\times10^{-7}}\right)$$

$$L=6.02\times10^{23}\,\text{mol}^{-1}$$

【习题 9-17】 In the case of preparing emulsion, which aspects are reflected for the emulsification of emulgent?

答 （略）

【习题 9-18】 Why can the blowing agent make foam stable?

答 （略）

9.4 练　习　题

9.4.1 选择题

1. 溶胶的基本特征可归纳为________。
   A. 高度分散和动力学不稳定性　　B. 多相性和聚结不稳定性
   C. 不均匀性和热力学不稳定性　　D. 高度分散、多相性和动力学不稳定性
2. 对溶胶的描述中，下列不正确的是________。
   A. 均相体系　　B. 多相体系
   C. 热力学上属不稳定体系　　D. 动力学上属稳定体系
3. 下列性质中既不属于溶胶动力学性质又不属于电动现象的是________。
   A. 电导　　B. 电泳　　C. 布朗运动　　D. 沉降平衡
4. 丁铎尔效应关于散射光强度的描述，下列说法中不正确的是________。
   A. 随入射光波长的增大而增大　　B. 随入射光波长的减小而增大
   C. 随入射光强度的增大而增大　　D. 随粒子浓度的增大而增大
5. 当光照射溶胶时，所显示丁铎尔效应的光波称为________。
   A. 乳光　　B. 反射光　　C. 折射光　　D. 透射光
6. 有关超显微镜的下列说法中，不正确的是________。
   A. 可以观察粒子的布朗运动
   B. 可以直接确切地看到粒子的形态和大小
   C. 可以配合电泳仪，测定粒子的电泳速率
   D. 观察到的仅是粒子对光散射的亮点

7. 所谓溶胶的沉降平衡是指________。

A. 各处浓度均匀一致　　B. 粒子匀速下沉

C. 粒子分布达平衡　　D. 粒子所受重力＝阻力

8. 为了将不同的蛋白质分子分离，通常采用的方法是________。

A. 电泳　　B. 电渗　　C. 沉降　　D. 扩散

9. 对 As_2S_3 水溶胶，当以 H_2S 为稳定剂时，下列电解质中聚沉能力最强的是________。

A. KCl　　B. NaCl　　C. $CaCl_2$　　D. $AlCl_3$

10. 用等体积的 0.05mol · dm^{-3} $AgNO_3$ 溶液和 0.1mol · dm^{-3} KI 溶液混合制备的 AgI 溶胶，在电泳仪中胶粒向________。

A. 正极移动　　B. 负极移动　　C. 不移动　　D. 不能确定

11. 对一带正电的溶胶，使用下列电解质聚沉时，聚沉值最小的是________。

A. KCl　　B. KNO_3　　C. $K_2C_2O_4$　　D. $K_3[Fe(CN)_6]$

12. 对于 $Fe(OH)_3$ 溶胶，当分别加入 KCl、KNO_3、KSCN 三种电解质聚沉时，其聚沉能力的大小顺序为________。

A. KCl＞KNO_3＞KSCN　　B. KCl＜KNO_3＜KSCN

C. KSCN＞KCl＞KNO_3　　D. KNO_3＞KCl＞ KSCN

13. 电动电势 ζ 是指________。

A. 固体表面与滑移面的电势差

B. 固体表面与溶液本体的电势差

C. 滑移面与溶液本体的电势差

D. 紧密层与扩散层分界处与溶液本体的电势差

14. 外加电解质可以使溶胶聚沉，直接原因是________。

A. 降低了胶粒表面的热力学电势 φ_0

B. 降低了胶粒的电动电势 ζ

C. 同时降低了 φ_0 和 ζ

D. 降低了 $|\varphi_0|$ 和 $|\zeta|$ 的差值

15. 溶胶的稳定性与温度的关系是________。

A. 随温度升高而增加　　B. 随温度升高而降低

C. 不能稳定　　D. 与温度无关

16. 对胶体分散体系，其分散相颗粒________。

A. 能透过半透膜但不能透过滤纸　　B. 能透过滤纸但不能透过半透膜

C. 能透过滤纸和半透膜　　D. 不能透过滤纸和半透膜

17. 利用改换溶剂法制备硫溶胶，其基本原理是利用________。

A. 硫在不同介质中溶解度的差异　　B. 介质黏度的差异

C. 介质密度的差异　　D. 介质介电常数的差异

18. 对新制备的溶胶进行净化的目的是________。

A. 除去所有的电解质和杂质　　B. 降低溶胶的浓度

C. 减少扩散层的厚度　　D. 除去多余的电解质和杂质

19. 对溶胶稳定因素的描述中不存在________。

A. 光学稳定作用　　B. 电学稳定作用

C. 动力学稳定作用　　D. 溶剂化稳定作用

20. 乳状液与泡沫作为胶体化学的研究内容是因其具有溶胶所特有的________。

A. 分散度　　B. 多相性及聚结不稳定性

C. 多相性及分散度　　D. 全部性质

21. 所谓乳状液是指________。

A. 油、水互溶所形成的两组分分散体系

B. 油分散在水中而不是水分散在油中所成的分散体系

C. 水分散在油中而不是油分散在水中所成的分散体系

D. 油分散在水中或水分散在油中所成的分散体系

22. 乳状液的类型主要取决于________。

A. 分散相的多少　　B. 分散介质的多少

C. 分散介质的性质　　D. 乳化剂的性质

23. 下列关于乳化作用的描述中，不正确的是________。

A. 降低界面张力

B. 形成坚固的界面保护膜

C. 形成双电层

D. 与分散相液滴发生化学反应改变了分散相的分子形态

24. 下列关于乳状液的描述中，正确的是________。

A. 乳状液属于胶体分散体系

B. 乳状液的类型取决于水、油两相的体积

C. O/W 乳状液不能转型为 W/O 乳状液

D. 能被水稀释的乳状液属于 O/W 乳状液

9.4.2 填空题

1. 由稀 $AgNO_3$ 和 KI 溶液混合制备 AgI 溶胶，当 $AgNO_3$ 过量时，胶团的结构为________；当 KI 过量时，胶团的结构为________。

2. 溶胶产生丁铎尔效应的原因是________。

3. 溶胶中胶体粒子产生布朗运动的原因是________。

4. 胶体在超离心力场中达到沉降平衡时，粒子所受________力＝________力。

5. 使溶胶能相对稳定存在的主要原因是________。

6. 两种溶胶相互完全聚沉时，所需满足的条件是________、________。

7. 溶胶聚沉时的外观标志有________、________、________。

8. 外加电解质主要是通过________、________或________作用方式来影响胶粒表面双电层的结构，从而影响溶胶的稳定性的。

9. 混合电解质对溶胶的聚沉作用较为复杂，通常有三种情况，即________作用、________作用和________作用。

10. 非牛顿液体的特点是液体的黏度随外加切力的增加而变化。若体系的黏度随切力的增加而变大，称为________；若体系的黏度随切力的增加而变小，称为________。

11. 乳状液通常可分为两种类型，即________和________，常用的类型鉴别方法有________、________、________。

12. 乳化剂在乳状液的制备中起着重要作用，这种乳化作用主要表现在两个方面：________、________。

13. HLB 值较大的乳化剂常用于制备________乳状液；相反，HLB 值较小的乳化剂用于制备________乳状液。

14. 起泡剂之所以能使泡沫稳定，主要是由于________。

9.4.3　计算题

1. 欲制备 AgCl 溶胶，在 25cm^3 0.016mol · dm^{-3} $AgNO_3$溶胶中，(1)应加入多少 0.005mol · dm^{-3} KCl 溶液可制得 AgCl 正溶胶？(2)应加入多少 0.005 mol · dm^{-3} KCl 溶液可制得 AgCl 负溶胶？分别写出相应的胶团结构式。

2. 对 As_2S_3溶胶进行电泳。两电极相距 20.0cm，外加电势差为 10.0V，通电 40.0min 后，溶胶界面向正极方向移动 4.00cm。求该溶胶的 ζ 电势。已知粒子为球形，分散介质的相对介电常数 $\varepsilon=81.0$，介质黏度 $\eta=1.01\times10^{-3}$ Pa · s。

3. 有一金溶胶，胶粒半径 $r=2.0\times10^{-7}$ m，分散介质的黏度 $\eta=1\times10^{-3}$ Pa · s。计算胶粒下沉 1×10^{-2} m 所需时间(只考虑在重力场中的沉降)。已知胶粒密度为 1.93×10^{4} kg · m^{-3}，分散介质密度为 1.0×10^{3} kg · m^{-3}。

4. 在 H_3AsO_3 的稀溶液中，通入 H_2S 气体可生成 As_2S_3 溶胶。已知过量的 H_2S 在水溶液中电离成 H^+ 和 HS^-。在 4 个烧杯中分别盛有 2.00×10^{-5} m^3 As_2S_3 溶胶，分别加入 NaCl、$MgCl_2$、$MgSO_4$、$AlCl_3$ 溶液使其聚沉，最少需加入电解质的量为 0.1mol · dm^{-3} NaCl 溶液 2.08×10^{-5} m^3、0.01mol · dm^{-3} $MgCl_2$ 溶液 1.55×10^{-6} m^3、0.01mol · dm^{-3} $MgSO_4$ 溶液 1.77×10^{-6} m^3、0.001mol · dm^{-3}

$AlCl_3$ 溶液 $2.10\times10^{-6}m^3$。计算上述各电解质的聚沉值，写出聚沉能力大小的排列顺序，并解释 $MgCl_2$ 和 $MgSO_4$ 的聚沉能力为何不同。

参考答案

9.4.1 选择题

1.D 2.A 3.A 4.A 5.A 6.B 7.C 8.A 9.D 10.A 11.D 12.A 13.C 14.B 15.B 16.B 17.A 18.A 19.A 20.B 21.D 22.D 23.D 24.D

9.4.2 填空题

1. $[(AgI)_m \cdot nAg^+ \cdot (n-x)NO_3^-]^{x+} \cdot xNO_3^-$ $[(AgI)_m \cdot nI^- \cdot (n-x)K^+]^{x-} \cdot xK^+$ 2. 胶粒对光的散射 3. 分散介质分子对胶粒不断撞击的结果 4. 离心 扩散 5. 由于胶团双电层结构的存在，使胶粒带相同的电荷而相互排斥 6. 胶粒所带电荷相反 两者的用量比例适当(总电荷量相等) 7. 颜色的改变 产生浑浊 静置后出现沉淀 8. 离子交换 压缩 吸附 9. 加合 敏化 对抗 10. 切变稠化 切变稀化 11. O/W W/O 稀释法 染色法 电导法 12. 降低油-水界面张力 形成坚固的保护膜 13. O/W W/O 14. 降低界面张力，形成具有一定机械强度和弹性的界面膜，形成具有适当黏度的液膜

9.4.3 计算题

1. (1) KCl 溶液少于 $80cm^3$ 可制得 AgCl 正溶胶。胶团的结构式为

$$[(AgCl)_m \cdot nAg^+ \cdot (n-x)NO_3^-]^{x+} \cdot xNO_3^-$$

(2) KCl 溶液多于 $80cm^3$ 可制得 AgCl 负溶胶。胶团的结构式为

$$[(AgCl)_m \cdot nCl^- \cdot (n-x)K^+]^{x-} \cdot xK^+$$

2. $\zeta=\dfrac{1.5\eta u}{\varepsilon_0\varepsilon E}=6.40\times10^{-2}V$

3. $t=1.7h$

4. 各电解质的聚沉值分别为

$$c_{NaCl}=\frac{0.1\times2.08\times10^{-5}}{2.00\times10^{-5}+2.08\times10^{-5}}\times10^3=51(mmol\cdot dm^{-3})$$

$$c_{MgCl_2}=\frac{0.01\times1.55\times10^{-6}}{2.00\times10^{-5}+1.55\times10^{-6}}\times10^3=0.72(mmol\cdot dm^{-3})$$

$$c_{MgSO_4}=\frac{0.01\times1.77\times10^{-6}}{2.00\times10^{-5}+1.77\times10^{-6}}\times10^3=0.81(mmol\cdot dm^{-3})$$

$$c_{AlCl_3}=\frac{0.01\times2.10\times10^{-6}}{2.00\times10^{-5}+2.10\times10^{-6}}\times10^3=0.095(mmol\cdot dm^{-3})$$

因为聚沉能力$=\dfrac{1}{\text{聚沉值}}$，所以聚沉能力的大小顺序为 $AlCl_3>MgCl_2>MgSO_4>NaCl$。

对于 $MgCl_2$ 和 $MgSO_4$，二者含有相同的正离子，但负离子不同，因为溶胶带负电，电解质中负离子价数越高，聚沉能力越弱，所以 $MgCl_2$ 的聚沉能力大于 $MgSO_4$ 的聚沉能力。

第 10 章　高分子溶液

10.1　学习要求

(1) 了解高分子化合物的相对分子质量。

(2) 掌握高分子溶液与溶胶、小分子真溶液的异同点。

(3) 了解溶液中高分子的特性、高分子的溶解过程及其热力学；了解高分子电解质溶液的性质。

(4) 掌握高分子溶液的渗透压、黏度、光散射、超速离心沉降等特性及其应用。

(5) 掌握唐南(Donnan)平衡及其对膜内、外离子分布的影响；了解唐南平衡的应用；了解唐南电势。

10.2　内容概要

10.2.1　高分子化合物的均相对分子质量

高分子(polymer，macromolecule)化合物通常为相对分子质量大小不等的高分子混合体。高分子化合物的相对分子质量用均相对分子质量(molecular mass average)来表示。高分子化合物的均相对分子质量为组成该物质的各高分子级分相对分子质量的统计平均值，不同的实验测定方法代表不同的统计平均结果，所得均相对分子质量的数值和含义也不相同。常用的均相对分子质量有以下几种：

1. 数均相对分子质量 $\overline{M}_{\mathrm{n}}$

$$\overline{M}_{\mathrm{n}} = \sum x_{\mathrm{B}} M_{\mathrm{B}}$$

式中：x_{B}为相对分子质量为 M_{B}的级分的摩尔分数。渗透压等依数性测定方法测定的均相对分子质量为数均相对分子质量(molecular mass of the number average)。

2. 质均相对分子质量 $\overline{M}_{\mathrm{m}}$

$$\overline{M}_{\mathrm{m}} = \frac{\sum x_{\mathrm{B}} M_{\mathrm{B}}^2}{\sum x_{\mathrm{B}} M_{\mathrm{B}}}$$

光散射法等测定的均相对分子质量为质均相对分子质量(molecular mass of the mass average)。

3. 黏均相对分子质量 $\overline{M}_\eta$

$$\overline{M}_\eta = \left(\frac{\sum x_B M_B^{\alpha+1}}{\sum x_B M_B}\right)^{\frac{1}{\alpha}}$$

式中:α 为经验常数(α=0.5～1.0)。黏度法测定的均相对分子质量为黏均相对分子质量(molecular mass of the viscosity average)。

4. Z 均相对分子质量

$$\overline{M}_Z = \frac{\sum x_B M_B^3}{\sum x_B M_B^2}$$

超速离心沉降平衡法测得的均相对分子质量为 Z 均相对分子质量(molecular mass of the Z-average)。

对多分散的高分子化合物,其均相对分子质量的数值 $\overline{M}_Z > \overline{M}_m > \overline{M}_\eta > \overline{M}_n$。各种均相对分子质量的数值相差越大,说明其相对分子质量分布越宽。

5. 高分子化合物的相对分子质量分布宽度指数 D

$$D = \frac{\overline{M}_m}{\overline{M}_n}$$

高分子化合物相对分子质量分布状况用分布宽度指数(parameter of the breadth of the distribution)D 表示。D 值越大,说明样品的相对分子质量分布越宽。

10.2.2　高分子的溶解过程

1. 高分子的溶解过程

高分子化合物溶解在适当的溶剂中形成高分子溶液。高分子的溶解过程分两个阶段,先是溶剂向高分子链段间扩散,高分子的体积逐渐膨大,此阶段称为溶胀;溶胀后的高分子与溶剂相互扩散,高分子以分子状态分散在溶剂中,此阶段称为溶解。

根据弗洛里-哈金斯(Flory-Huggins)似晶格理论,可得出高分子溶解过程的熵变 ΔS_M、焓变 ΔH_M 及自由能变化 ΔG_M。它们的计算公式

$$\Delta S_M = -R(n_1 \ln\phi_1 + \sum n_B \ln\phi_B)$$

式中:n_1、ϕ_1 分别为溶剂的物质的量和体积分数;n_B、ϕ_B 分别为高分子化合物中第

B 种级分的物质的量和体积分数；R 为摩尔气体常量。

$$\Delta H_{\mathrm{M}} = RT\chi_1 x_1 \phi_2$$

式中：χ_1 为哈金斯常量，$\chi_1=\frac{\Delta\varepsilon}{kT}$，$\Delta\varepsilon=\left[\varepsilon_{12}-\frac{1}{2}(\varepsilon_{11}+\varepsilon_{22})\right]Z$，其中 ε_{11}、ε_{22}、ε_{12}分别为溶剂分子间作用能、高分子链段间作用能、溶剂分子与高分子链段间作用能，Z 为高分子链段最邻近的溶剂分子数；k 为玻耳兹曼常量；T 为热力学温度；ϕ_2 为高分子的体积分数。

$$\Delta G_{\mathrm{M}} = RT\left(n_1\ln\phi_1 + \sum n_{\mathrm{B}}\ln\phi_{\mathrm{B}} + \chi_1 n_1 \phi_2\right)$$

2. 溶液中高分子的特性

溶液中的线型高分子长链上的 C—C 单键时刻都在围绕其相邻的单键做不同程度的内旋转，使高分子在空间的排布方式不断变更而取不同的构象，溶液中高分子的这种结构特性称为高分子的柔性。

溶液中高分子的柔性使其在溶液中呈自然弯曲形态，称为无规线团。

10.2.3　高分子溶液与溶胶、小分子溶液的异同

1. 高分子溶液与溶胶的异同

高分子溶液与溶胶间的差异主要体现在以下几个方面：①热力学稳定性不同，高分子溶液是热力学稳定体系，溶胶是热力学不稳定体系；②形成过程不同，高分子化合物溶解在溶剂中形成高分子溶液的过程是吉布斯自由能降低的自发过程，而分散相物质分散在介质中形成溶胶的过程中体系的吉布斯自由能升高，过程不自发；③对外加电解质的敏感性不同。高分子溶液与溶胶的相同点：高分子溶液中溶质分子与溶胶中分散相粒子大小相当，因而不能透过半透膜，且扩散速率较慢。

2. 高分子溶液与小分子溶液的异同

高分子溶液与小分子溶液均属于分子分散的热力学稳定体系，但高分子溶液中溶质分子尺寸远大于小分子溶液，因而高分子溶液扩散比小分子溶液慢，黏度比小分子溶液大。

10.2.4　高分子溶液的性质及应用

高分子溶液的特性可用渗透压、黏度、光散射、超速离心沉降来描述。

1. 渗透压

$$\pi = RT\left(\frac{c}{M} + A_2 c^2\right)$$

式中：π 为渗透压；c 为高分子溶液的浓度，单位为 $kg \cdot m^{-3}$；M 为高分子化合物的相对分子质量；A_2 为第二维利(Virial)系数$\left(A_2 = \frac{0.5-\chi_1}{\rho_P^2 V_m}\right)$，$\rho_P$ 为溶液中高分子无规线团的密度，V_m 为纯溶剂的摩尔体积。此式适用于高分子稀溶液。

整理得

$$\frac{\pi}{c} = RT\left(\frac{1}{M} + A_2 c\right)$$

一定温度下，测得不同浓度 c 时高分子溶液的渗透压 π，以$\frac{\pi}{c}$对 c 作图得一直线，从直线的斜率和截距可求得高分子化合物的相对分子质量 M 和 A_2 值，对多分散的高分子化合物，所得 M 为数均相对分子质量。

2. 黏度

$$\frac{\eta_{sp}}{c} = [\eta] + k[\eta]^2 c$$

式中：η_{sp}为增比黏度(reduced viscosity)；$[\eta]$为特性黏度(intrinsic viscosity)；k 为比例常数。一定温度下，测得不同浓度 c 高分子溶液的 η_{sp}，以 η_{sp}/c 对 c 作图得一直线，外推至 $c=0$，可求得$[\eta]$。

$$[\eta] = KM^{\alpha}$$

式中：K 为比例常数；α 为形态因子，线型高分子 $\alpha=0.5\sim1.0$。利用该式可测定高分子化合物的相对分子质量，对多分散的高分子化合物，所测相对分子质量为黏均相对分子质量。

3. 光散射

对高分子稀溶液

$$\frac{1+\cos^2\theta}{2}\frac{Kc}{R_\theta} = \frac{1}{M} + 2A_2 c$$

式中：$K=\frac{4\pi^2}{L\lambda^4}n^2\left(\frac{\partial n}{\partial c}\right)^2$；$R_\theta = r^2\frac{I(r,\theta)}{I_0}$称为瑞利比，$I(r,\theta)$为距散射质点 r、与入射光方向角度为 θ 处测定的高分子溶液的散射光强；L 为阿伏伽德罗常量；λ 为入射光波长；I_0 为入射光强；n 为折射率。测得不同浓度 c 高分子溶液的散射光强，根据上式以$\frac{1+\cos^2\theta}{2}\frac{Kc}{R_\theta}$对 c 作图得一直线，从直线的斜率和截距可求得高分子化合

物的相对分子质量 M 和第二维利系数 A_2 的值。对多分散的高分子样品，所得 M 值为质均相对分子质量。

4. 超速离心沉降

利用溶液中高分子在超速离心场中的沉降，可将多分散的高分子样品分离，还可测定高分子样品的均相对分子质量。利用超速离心沉降测定高分子样品的均相对分子质量分沉降速率法和沉降平衡法。

(1) 沉降速率(sedimentation speed)法。

$$M=\frac{RT}{D(1-\bar{V}\rho_0)}\frac{\ln\frac{x_2}{x_1}}{\omega^2(t_1-t_2)}$$

式中：D 为高分子在溶剂中的扩散系数；$\bar{V}$ 为高分子在溶液中的质量体积；ρ_0 为介质密度；ω 为离心机的角速度；x_1、x_2 分别为时间 t_1、t_2 时高分子溶液与介质间界面离转轴中心的距离。对多分散的样品，利用该式求得的 M 值为质均相对分子质量。

(2) 沉降平衡(sedimentation equilibrium)法。

$$M=\frac{2RT\ln\frac{c_2}{c_1}}{(1-\bar{V}\rho_0)\omega^2(x_2^2-x_1^2)}$$

式中：c_1、c_2 分别为沉降平衡时，距转轴中心 x_1、x_2 处高分子溶液的浓度。对多分散的高分子样品，利用该式所得 M 值为质均相对分子质量。

$$M=\frac{2RT\ln\frac{x_1z_2}{x_2z_1}}{(1-\bar{V}\rho_0)\omega^2(x_2^2-x_1^2)}$$

式中：z_1、z_2 分别为沉降平衡时，距离转轴中心 x_1、x_2 处高分子溶液的浓度梯度。对多分散高分子样品，利用该式所求 M 值为 Z 均相对分子质量。

10.2.5 蛋白质溶液的性质及分离

蛋白质溶液属高分子电解质溶液，在农业生物科学上较为重要。

蛋白质溶液的性质与溶液中蛋白质分子的带电情况有关。蛋白质溶液中蛋白质分子的带电符号、电荷数量和电荷分布情况主要取决于溶液的 pH，因此蛋白质溶液的许多性质如溶解度、黏度等受 pH 影响很大。

根据蛋白质溶液中不同蛋白质分子所带电荷数量不同，等电 pH 不同，可利用电泳和等电聚焦等实验方法将其分离。

10.2.6 高分子对溶胶稳定性的影响

溶胶中加入高分子物质，高分子通过在胶粒界面吸附而影响溶胶的稳定性。

其影响情况可分为空间稳定(steric stabilization)作用和絮凝(flocculation)作用。

1. 空间稳定作用

高分子对溶胶的空间稳定作用包含体积限制效应和渗透压效应两个方面。一方面,高分子在胶粒界面吸附并形成吸附层,具有高分子吸附层的胶粒相互靠近时,会导致高分子吸附层被压缩,吸附态高分子伸向介质中的部分运动受阻,构象数减少,构象熵降低,体系吉布斯自由能升高,从而使胶粒相互分离,保持溶胶的聚结稳定性。此种稳定效应也称为体积限制效应。另一方面,吸附着高分子的胶粒相互靠近使得吸附态高分子伸向介质中的部分相互交叉,导致胶粒间高分子链段浓度变大,在渗透压的作用下,介质向胶粒间渗透,使胶粒分开而保持其稳定性。此种稳定效应称为渗透压效应。

对溶胶具有空间稳定作用的高分子样品称为高分子稳定剂。高分子稳定剂分子结构中一般具有两种基团,一种在胶粒界面稳定吸附,另一种基团的溶剂化作用强。

2. 絮凝作用

当溶胶中多个胶粒同时吸附在一个线型高分子链上,吸附态胶粒的热运动受限,从而失去动力学稳定性,以絮状物沉出,这种现象称为絮凝作用。

对溶胶具有絮凝作用的高分子化合物称为高分子絮凝剂。高分子絮凝剂一般具有长链结构,其加入浓度使得高分子在胶粒上的吸附量达其饱和吸附量的一半时,其絮凝效果最好。

10.2.7 唐南平衡

唐南平衡是指在半透膜的一侧存在高分子电解质,使小分子电解质在膜两侧扩散达平衡时浓度不相等的状态。

若膜内是浓度为 c_1 的大分子物质 RNa_Z,膜外是浓度为 c_2 的 NaCl,达到唐南平衡时,膜内、外两侧的 NaCl 化学势相等,平衡时膜外扩散进膜内的 NaCl 浓度为

$$x = \frac{c_2^2}{Zc_1 + 2c_2}$$

若膜内是浓度为 c_1 的大分子物质 RNa_Z,膜外是纯水,则扩散达平衡时,由水解生成的 NaOH 在膜两侧的化学势相等,进入膜内的 H^+ 浓度为

$$x = (K_w Zc_1)^{1/3}$$

利用渗透压法可测均相对分子质量,根据范特霍夫方程 $\pi = \Delta cRT$,式中 Δc 为膜内外总离子的浓度差($\Delta c = c_{内} - c_{外}$)。

唐南电势：当大分子电解质存在时，可引起某些离子在膜两侧分布不平衡，从而构成浓差电池，其唐南电势为 $\varphi=\frac{RT}{F}\ln\frac{c_{外}}{c_{内}}$。

10.3　例题和习题解答

【例 10-1】　298K下，测得样品（$M_n=1.7\times10^5\text{kg}\cdot\text{kmol}^{-1}$）的甲苯稀溶液（$c=1.0\text{g}\cdot\text{dm}^{-3}$）的渗透压为 50.0Pa。试计算该高分子溶液的第二维利系数 A_2 的值。

解　根据高分子稀溶液的渗透压公式

$$\pi=RT\left(\frac{c}{M}+A_2c^2\right)$$

式中：M 为数均相对分子质量。对样品

$$\overline{M}_n=1.7\times10^5,\quad c=1.0\text{g}\cdot\text{dm}^{-3}=1.0\text{kg}\cdot\text{m}^{-3}$$

$$\pi=50\text{Pa}=50\times10^{-3}\text{kPa}$$

将数据代入高分子稀溶液渗透压计算公式，得

$$50\times10^{-3}=8.314\times298\times\left(\frac{1.0}{1.7\times10^5}+A_2\times1.0^2\right)$$

解得

$$A_2=14\times10^{-6}\text{kmol}\cdot\text{m}^3\cdot\text{kg}^{-2}$$

【例 10-2】　某高分子化合物样品由两种相对分子质量的级分组成，将该高分子样品溶于苯后，298K 下测得其特性黏度$[\eta]=0.240\text{m}^3\cdot\text{kg}^{-1}$。用超速离心沉降将样品的两种级分分离后，298K 下分别测得两种级分苯溶液的$[\eta]$分别为 $0.200\text{m}^3\cdot\text{kg}^{-1}$和 $0.300\text{m}^3\cdot\text{kg}^{-1}$；并分别测得两级分稀溶液在不同浓度 c 下的光散射数据，以$\frac{1+\cos^2\theta}{2}\frac{Kc}{R_\theta}$对 c 作图得一直线，其在纵轴上的截距分别为 6.67×10^{-6}和 3.33×10^{-6}。求该高分子化合物样品的 $\overline{M}_\eta$。

解　由高分子稀溶液的光散射公式

$$\frac{1+\cos^2\theta}{2}\frac{Kc}{R_\theta}=\frac{1}{M}+2A_2c$$

可分别求得样品中两种级分的相对分子质量为

$$M_1=\frac{1}{6.67\times10^{-6}}=1.50\times10^5$$

$$M_2=\frac{1}{3.33\times10^{-6}}=3.00\times10^5$$

$$[\eta]_1 = 0.200\text{m}^3 \cdot \text{kg}^{-1}, \quad [\eta]_2 = 0.300\text{m}^3 \cdot \text{kg}^{-1}$$

将其分别代入$[\eta]=KM^\alpha$，有

$$\begin{cases} 0.200\text{m}^3 \cdot \text{kg}^{-1} = K \times (1.5 \times 10^5)^\alpha \\ 0.300\text{m}^3 \cdot \text{kg}^{-1} = K \times (3.0 \times 10^5)^\alpha \end{cases}$$

解得

$$K = 1.88 \times 10^{-4}\text{m}^3 \cdot \text{kg}^{-1} \quad \alpha = 0.585$$

再将$[\eta]=0.240\text{m}^3 \cdot \text{kg}^{-1}$，$K=1.88\times10^{-4}\text{m}^3 \cdot \text{kg}^{-1}$，$\alpha=0.585$代入$[\eta]=K\overline{M}_\eta^\alpha$，得

$$0.240 = 1.88 \times 10^{-4} \times \overline{M}_\eta^{0.585}$$

解得

$$\overline{M}_\eta = 2.04 \times 10^5$$

【例 10-3】 293K 时，某蛋白质水溶液在转速为 50 400r·min^{-1}的超速离心机中沉降，界面距转轴中心的距离为 4.52×10^{-2}m，50min 后，界面移动到距转轴中心 5.73×10^{-2}m 处。已知该蛋白质水溶液的扩散系数 $D=3.46\times10^{-11}\text{m}^2 \cdot \text{s}^{-1}$，$\overline{V}=7.28\times10^{-4}\text{m}^3 \cdot \text{kg}^{-1}$，介质密度 $\rho_0=1000\text{kg} \cdot \text{m}^{-3}$。试计算此蛋白质水溶液的沉降系数和其均相对分子质量。

解
$$T = 293\text{K} \quad \omega = \frac{2\pi \times 50\,400}{60} = 5275.2(\text{s}^{-1})$$

$$x_1 = 4.52 \times 10^{-2}\text{m} \quad x_2 = 5.73 \times 10^{-2}\text{m}$$

$$t_2 - t_1 = 50\text{min} = 3000\text{s}$$

$$S = \frac{\ln \dfrac{x_2}{x_1}}{\omega^2 (t_2 - t_1)} = \frac{\ln \dfrac{5.73 \times 10^{-2}}{4.52 \times 10^{-2}}}{5275.2^2 \times 3000} = 2.84 \times 10^{-12}(\text{s})$$

$$= 28.4\text{Svedberg 单位}$$

$$M = \frac{RT}{D(1 - \overline{V}\rho_0)} S = \frac{8.314 \times 10^3 \times 293 \times 2.84 \times 10^{-12}}{3.46 \times 10^{-11} \times (1 - 7.28 \times 10^{-4} \times 1000)}$$

$$= 6.92 \times 10^5$$

【例 10-4】 293K 下，利用超速离心沉降实验测血红素水溶液的沉降系数为 4.31Svedberg 单位。已知血红素的相对分子质量为 6.8×10^4，血红素在溶液中的质量体积 $\overline{V}=7.49\times10^{-4}\text{m}^3 \cdot \text{kg}^{-1}$，水的密度 $\rho_0=1000\text{kg} \cdot \text{m}^{-3}$。求血红素在水中的扩散系数 D 的值。

解 由 $M = \dfrac{RT}{D(1 - \overline{V}\rho_0)} S$ 得

$$T = 293\text{K} \quad M = 6.8 \times 10^4$$

$$\bar{V}=7.49\times10^{-4}\,\text{m}^3\cdot\text{kg}^{-1},\quad \rho_0=1000\,\text{kg}\cdot\text{m}^{-3}$$

$$S=4.31\times10^{-13}\,\text{s}$$

$$D=\frac{RT}{M(1-\bar{V}\rho_0)}S=\frac{8.314\times10^3\times293\times4.31\times10^{-13}}{6.8\times10^4\times(1-7.49\times10^{-4}\times1000)}$$

$$=6.15\times10^{-11}(\text{m}^2\cdot\text{s}^{-1})$$

【例 10-5】 浓度为 $10\text{mol}\cdot\text{m}^{-3}$ 大分子电解质 $Na_{15}X$ 水溶液与浓度为 $50\text{mol}\cdot\text{m}^{-3}$ 等体积的 NaCl 水溶液分别置于半透膜的两侧，在 25℃时达到唐南平衡。(1)膜两侧溶液中各种离子浓度各为多少？(2)单位体积 NaCl 溶液中有多少 NaCl 扩散到大分子电解质的一侧？(3)渗透压为多少？

解

	膜内			膜外	
	Na^+	X^{15-}	Cl^-	Na^+	Cl^-
初始	150	10	0	50	50
平衡时	$150+x$	10	x	$50-x$	$50-x$

达到唐南平衡时，膜内、外 NaCl 化学势相等，所以

$$(150+x)x=(50-x)^2$$

$$x=10\text{mol}\cdot\text{m}^{-3}$$

则平衡时离子分布浓度如下所示：

膜内			膜外	
Na^+	X^{15-}	Cl^-	Na^+	Cl^-
160	10	10	40	40

因此，每 1m^3 NaCl 溶液中有 10mol NaCl 扩散到了大分子一侧。

膜两侧的离子浓度差值为

$$\Delta c=160+10+10-40-40=100(\text{mol}\cdot\text{m}^{-3})$$

则渗透压为

$$\pi=\Delta cRT=100\times8.314\times298=2.48\times10^5(\text{Pa})$$

【例 10-6】 有一可允许 Na^+ 和 Cl^- 通过，但不允许 $CH_3CH_2COO^-$ 通过的膜。开始时，膜的左边 Na^+、Cl^- 的浓度均为 $0.001\text{mol}\cdot\text{dm}^{-3}$，右边 Na^+、$CH_3CH_2COO^-$ 的浓度均为 $0.0004\text{mol}\cdot\text{dm}^{-3}$。试求膜平衡时的 Na^+ 和 Cl^- 浓度。此外，试求 310K 时由于 Na^+ 的作用，膜左、右两侧形成的膜电势。

解　扩散达平衡时，膜左、右两侧 NaCl 的化学势相等

	膜左侧		膜右侧		
	Na^+	Cl^-	Na^+	$CH_3CH_2COO^-$	Cl^-
初始	0.001	0.001	0.0004	0.0004	0
平衡时	$0.001-x$	$0.001-x$	$0.0004+x$	0.0004	x

所以

$$x=\frac{c_2^2}{c_1+2c_2}=\frac{(10^{-3})^2}{4\times10^{-4}+2\times10^{-3}}=0.0004(\text{mol}\cdot\text{dm}^{-3})$$

膜左侧

$$c_{Na^+}=c_{Cl^-}=0.001-0.0004=0.0006(\text{mol}\cdot\text{dm}^{-3})$$

膜右侧

$$c_{Na^+}=0.0004+0.0004=0.0008(\text{mol}\cdot\text{dm}^{-3})$$

$$c_{Cl^-}=0.0004\text{mol}\cdot\text{dm}^{-3}$$

膜电势

$$\varphi=\frac{RT}{F}\ln\frac{c_{左,Na^+}}{c_{右,Na^+}}=\frac{8.314\times310}{9.650\times10^4}\times\ln\frac{0.0006}{0.0008}=-0.009(\text{V})$$

【习题 10-1】 某高分子化合物样品含相对分子质量为 2.0×10^4 的级分 20mol；相对分子质量为 5.0×10^4 的级分 60mol；相对分子质量为 1.0×10^5 的级分 20mol。试分别计算其 $\overline{M}_n$、$\overline{M}_m$、$\overline{M}_\eta$、$\overline{M}_Z$ 和分布宽度指数 D 的值。设其 $\overline{M}_\eta$ 计算式中 $\alpha=0.60$。

解 已知 $M_1=2.0\times10^4$，$M_2=5.0\times10^4$，$M_3=1.0\times10^5$，则

$$x_1=\frac{20}{20+60+20}=0.2$$

$$x_2=\frac{60}{20+60+20}=0.6$$

$$x_3=\frac{20}{20+60+20}=0.2$$

$$\begin{aligned}\overline{M}_n&=\sum x_BM_B\\&=x_1M_1+x_2M_2+x_3M_3\\&=0.2\times2.0\times10^4+0.6\times5.0\times10^4+0.2\times1.0\times10^5=5.4\times10^4\end{aligned}$$

$$\begin{aligned}\overline{M}_m&=\frac{\sum x_BM_B^2}{\sum x_BM_B}=\frac{x_1M_1^2+x_2M_2^2+x_3M_3^2}{x_1M_1+x_2M_2+x_3M_3}\\&=\frac{0.2\times(2.0\times10^4)^2+0.6\times(5.0\times10^4)^2+0.2\times(1.0\times10^5)^2}{0.2\times2.0\times10^4+0.6\times5.0\times10^4+0.2\times1.0\times10^5}\\&=6.6\times10^4\end{aligned}$$

$$\overline{M}_\eta=\left(\frac{\sum x_B M_B^{\alpha+1}}{\sum x_B M_B}\right)^{\frac{1}{\alpha}}=\left(\frac{x_1M_1^{1.6}+x_2M_2^{1.6}+x_3M_3^{1.6}}{x_1M_1+x_2M_2+x_3M_3}\right)^{\frac{1}{0.6}}$$

$$=\left[\frac{0.2\times(2.0\times10^4)^{1.6}+0.6\times(5.0\times10^4)^{1.6}+0.2\times(1.0\times10^5)^{1.6}}{0.2\times2.0\times10^4+0.6\times5.0\times10^4+0.2\times1.0\times10^5}\right]^{\frac{1}{0.6}}$$

$$=6.4\times10^4$$

$$\overline{M}_Z=\frac{\sum x_B M_B^3}{\sum x_B M_B^2}=\frac{x_1M_1^3+x_2M_2^3+x_3M_3^3}{x_1M_1^2+x_2M_2^2+x_3M_3^2}$$

$$=\frac{0.2\times(2.0\times10^4)^3+0.6\times(5.0\times10^4)^3+0.2\times(1.0\times10^5)^3}{0.2\times(2.0\times10^4)^2+0.6\times(5.0\times10^4)^2+0.2\times(1.0\times10^5)^2}$$

$$=7.7\times10^4$$

$$D=\frac{\overline{M}_m}{\overline{M}_n}=\frac{6.6\times10^4}{5.4\times10^4}=1.2$$

【习题 10-2】 简述电解质对高分子溶液的盐析与其对溶胶的聚沉作用之间的区别。

答 电解质对高分子溶液的盐析与对溶胶的聚沉之间的差别主要体现在三个方面：①机理不同，盐析的机理是电解质离子在高分子溶液中发生溶剂化，从而使溶液中水的活度下降，导致高分子溶解度下降而析出，电解质对溶胶聚沉作用是通过反离子压迫溶胶扩散双电层，使其失去静电排斥而聚结；②加入量不同，盐析所需加入电解质的浓度一般远大于溶胶聚沉所需电解质的浓度；③可逆性不同，盐析过程是可逆的，盐析后所得沉淀采用透析等方法除去电解质后可使其恢复为高分子溶液，而电解质对溶胶的聚沉不能逆转。

【习题 10-3】 将某高分子物质溶于 CCl_4 中，测得其 20℃时的渗透压数据如下：

$c/(\text{kg}\cdot\text{m}^{-3})$	2.0	4.0	6.0	8.0
π/Pa	62.5	156.4	281.5	437.8

试求其均相对分子质量。

解 根据高分子稀溶液的渗透压公式

$$\frac{\pi}{c}=RT\left(\frac{1}{M}+A_2c\right)$$

将题中数据整理如下：

$c/(\text{kg}\cdot\text{m}^{-3})$	2.0	4.0	6.0	8.0
$\frac{\pi}{c}/(\text{Pa}\cdot\text{m}^3\cdot\text{kg}^{-1})$	31.3	39.1	46.9	54.7

以$\frac{\pi}{c}$对c作图得一直线，图略。

$$截距 = 23.8\text{Pa} \cdot \text{m}^3 \cdot \text{kg}^{-1} = \frac{RT}{M}$$

$$M = \frac{8.314 \times 293}{23.8 \times 10^{-3}} = 1.02 \times 10^5$$

【习题 10-4】 30℃时，测得均相对分子质量为 8.0×10^5 的聚丙烯酰胺在 $1\text{mol}\cdot\text{dm}^{-3}$ $NaNO_3$ 水溶液中的$[\eta]$为 $0.294\text{m}^3\cdot\text{kg}^{-1}$；均相对分子质量为 2.0×10^6 的聚丙烯酰胺在 $1\text{mol}\cdot\text{dm}^{-3}$ $NaNO_3$ 水溶液中的$[\eta]$为 $0.538\text{m}^3\cdot\text{kg}^{-1}$。求(1)30℃下，聚丙烯酰胺-$1\text{mol}\cdot\text{dm}^{-3}$ $NaNO_3$ 水溶液体系$[\eta]=KM^{\alpha}$经验式中的K、α值；(2)30℃下，测得另一聚丙烯酰胺样品在 $1\text{mol}\cdot\text{dm}^{-3}$ $NaNO_3$ 水溶液中的$[\eta]$为 $0.350\text{m}^3\cdot\text{kg}^{-1}$，其黏均相对分子质量为多少？

解　(1) 根据$[\eta]=KM^{\alpha}$，将 $M_1=8.0\times10^5$，$[\eta]_1=0.294\text{m}^3\cdot\text{kg}^{-1}$；$M_2=2.0\times10^6$，$[\eta]_2=0.538\text{m}^3\cdot\text{kg}^{-1}$代入，得

$$\begin{cases} 0.294 = K \times (8.0 \times 10^5)^{\alpha} \\ 0.538 = K \times (2.0 \times 10^6)^{\alpha} \end{cases}$$

解得

$$\alpha=0.66,\quad K=3.74\times10^{-5}\text{m}^3\cdot\text{kg}^{-1}$$

(2) 将$[\eta]=0.350\text{m}^3\cdot\text{kg}^{-1}$代入$[\eta]=3.74\times10^{-5}M^{0.66}$，得

$$0.350 = 3.74 \times 10^{-5} M^{0.66}$$

解得

$$M = 1.04 \times 10^6$$

【习题 10-5】 20℃时，测得肌红朊蛋白质稀水溶液的沉降系数和扩散系数分别为 $2.04\times10^{-13}\text{s}$ 和 $1.19\times10^{-10}\text{m}^2\cdot\text{s}^{-1}$，该蛋白质的质量体积为 $0.741\times10^{-3}\text{m}^3\cdot\text{kg}^{-1}$，水的密度为 $1.0\times10^3\text{kg}\cdot\text{m}^{-3}$。试求其均相对分子质量。

解　根据

$$M = \frac{RT}{D(1-\overline{V}\rho_0)}S$$

$$T=293\text{K}\quad D=1.19\times10^{-10}\text{m}^2\cdot\text{s}^{-1}\quad \overline{V}=0.741\times10^{-3}\text{m}^3\cdot\text{kg}^{-1}$$

$$\rho_0=1.0\times10^3\text{kg}\cdot\text{m}^{-3}\quad S=2.04\times10^{-13}\text{s}$$

$$M=\frac{8.314\times293\times10^3}{1.19\times10^{-10}\times(1-0.741\times10^{-3}\times10^3)}\times2.04\times10^{-13}=1.61\times10^4$$

【习题 10-6】 简述高分子对溶胶的絮凝作用与电解质对溶胶的聚沉作用之间的区别。

答　高分子对溶胶的絮凝作用与电解质对溶胶的聚沉作用之间的区别主要体现在以下三个方面：①机理不同，高分子对溶胶的絮凝作用是通过高分子在胶粒间

桥联，胶粒热运动受限而沉出，聚沉作用是通过电解质压缩胶粒双电层，ζ 电势降低，使其失去稳定性，胶粒间合并变大而下沉的过程；②高分子对溶胶的絮凝过程快，其沉淀疏松易于分离，电解质对溶胶的聚沉过程较缓慢，其沉淀颗粒小而分离较难；③用高分子使溶胶絮凝时所需高分子物质的加入量很少，而使溶胶聚沉所需电解质的加入量较大。

【习题 10-7】 298K 时，膜两侧有离子如下分布：膜内为 $0.1\text{mol}\cdot\text{dm}^{-3}$ 的高分子电解质 RCl，膜外为 $0.5\text{mol}\cdot\text{dm}^{-3}$ 的 NaCl 溶液。试计算平衡后各离子的浓度分布及渗透压。

解 假设扩散达平衡时，扩散至膜内的 Na^+ 浓度为 $x\text{mol}\cdot\text{dm}^{-3}$，则膜内 Cl^- 浓度为 $(0.1+x)\text{mol}\cdot\text{dm}^{-3}$，膜外 Na^+、Cl^- 的浓度均为 $(0.5-x)\text{mol}\cdot\text{dm}^{-3}$，因膜两侧 NaCl 化学势相等，得

$$x(0.1+x)=(0.5-x)^2$$

整理上式得

$$x=\frac{0.5^2}{0.1+2\times0.5}=0.23(\text{mol}\cdot\text{dm}^{-3})$$

平衡时，膜两侧各离子浓度分布为

膜内		膜外	
R^+	$0.1\text{mol}\cdot\text{dm}^{-3}$	Na^+	$0.27\text{mol}\cdot\text{dm}^{-3}$
Cl^-	$0.33\text{mol}\cdot\text{dm}^{-3}$	Cl^-	$0.27\text{mol}\cdot\text{dm}^{-3}$
Na^+	$0.23\text{mol}\cdot\text{dm}^{-3}$		

渗透压

$$\begin{aligned}\pi&=\Delta cRT=(c_{R^+}+c_{内,Cl^-}+c_{内,Na^+}-c_{外,Cl^-}-c_{外,Na^+})RT\\&=(0.1+0.33+0.23-0.27-0.27)\times8.314\times298\times10^3\\&=3.0\times10^2(\text{kPa})\end{aligned}$$

【习题 10-8】 将 1.30g 高分子单元酸 HR 溶于 100cm^3 稀盐酸中，假定 HR 能完全电离。将此溶液用半透膜与 100cm^3 蒸馏水隔开，在 298K 条件下达平衡，测蒸馏水一侧的 pH 为 3.26，膜电势为 34.9mV。试求(1)盛 HR 一侧溶液的 pH；(2)HR 的均相对分子质量。

解 (1) 假设开始时及达到扩散平衡时膜内外各离子的浓度如下所示：

	膜内			膜外	
	R^-	H^+	Cl^-	H^+	Cl^-
初始	x	$c+x$	c	0	0
平衡时	x	$c+x-c_{外,H^+}$	$c-c_{外,Cl^-}$	$c_{外,H^+}$	$c_{外,Cl^-}$

平衡时

$$c_{内,H^+}c_{内,Cl^-}=c_{外,H^+}c_{外,Cl^-} \tag{i}$$

由于 $pH_{外}=3.26$，即

$$-\lg c_{外,H^+}=3.26$$

$$c_{外,H^+}=c_{外,Cl^-}=5.5\times10^{-4}mol\cdot dm^{-3}$$

由

$$\varphi=0.0592\times\lg\frac{c_{内,H^+}}{c_{外,H^+}}=0.0592\times(pH_{外}-pH_{内})=34.9\times10^{-3}$$

得

$$pH_{内}=2.67$$

(2) $c_{内,H^+}=2.14\times10^{-3}=c+x-c_{外,H^+}=c+x-5.5\times10^{-4}$ (ii)

$$c_{内,Cl^-}=c-c_{外,Cl^-}=c-5.5\times10^{-4}$$

代入式(i)，得

$$2.14\times10^{-3}\times(c-5.5\times10^{-4})=(5.5\times10^{-4})^2$$

解得

$$c=6.9\times10^{-4}mol\cdot dm^{-3}$$

代入式(ii)，得

$$6.9\times10^{-4}+x-5.5\times10^{-4}=2.14\times10^{-3}$$

$$x=2.0\times10^{-3}mol\cdot dm^{-3}$$

若该高分子单元酸的相对分子质量为 M，则

$$\frac{1.30/M}{0.1}=2.0\times10^{-3}$$

得

$$M=6.5\times10^{3}$$

【习题 10-9】 中国科学院南京土壤研究所曾测取广东某砖红壤样品在不同平衡液 pH 时的 ΔpH(悬浊液 pH 减去平衡液 pH)得数据如下：

平衡液 pH	6.43	6.36	5.61	5.32	4.91	4.38
ΔpH	−0.29	−0.21	−0.08	−0.01	0.13	0.19

其结论是此土壤的等电点在 pH 5 左右(用其他实验方法也证实了这一点)，这个结论的根据是什么？

解 假设土壤颗粒表示为 RH_Z，在水中电离为 R^{Z-} 和 H^+，在其等电点时，$c_{R^{Z-}}=0$，由教材可知，此时土壤悬浊液和其平衡液的 pH 相等，$\Delta pH=0$，由表中数据可见，其等电 pH 在 5 左右。

【习题 10-10】 At 298K in the θ solvent, the osmotic pressure for polysterol solution is 60Pa and concentration is $20kg\cdot m^{-3}$. Please calculate relative molecular mass of the polysterol solution.

解

$$\frac{\pi}{c}=RT\frac{1}{M}$$

$$\frac{60}{20}=8.314\times 298\times 10^3\times\frac{1}{M}$$

$$M=8.26\times 10^5$$

【习题 10-11】 At 298K when the average relative molecular mass for polyvinyl alcohol water solution is 5.0×10^5, the intrinsic viscosity $[\eta]$ is $0.429\text{m}^3\cdot\text{kg}^{-1}$. With the average relative molecular mass 2.0×10^6, the intrinsic viscosity $[\eta]$ is $1.23\text{m}^3\cdot\text{kg}^{-1}$. If $[\eta]$ of the other polyvinyl alcohol water solution is $0.820\ \text{m}^3\cdot\text{kg}^{-1}$, please calculate the average relative molecular mass.

解　根据$[\eta]=KM^{\alpha}$，将$M_1=5.0\times 10^5$，$[\eta]_1=0.429\text{m}^3\cdot\text{kg}^{-1}$，$M_2=2.0\times 10^6$，$[\eta]_2=1.23\text{m}^3\cdot\text{kg}^{-1}$代入得

$$\begin{cases}0.429=K\times(5.0\times 10^5)^{\alpha}\\ 1.23=K\times(2.0\times 10^6)^{\alpha}\end{cases}$$

解得

$$\alpha=0.76\qquad K=2.0\times 10^{-5}\text{m}^3\cdot\text{kg}^{-1}$$

将$[\eta]=0.820\text{m}^3\cdot\text{kg}^{-1}$代入$[\eta]=2.0\times 10^{-5}M^{0.76}$，得

$$0.820=2.0\times 10^{-5}M^{0.76}$$

解得

$$M=1.2\times 10^6$$

【习题 10-12】 What is the difference of electrolytic gelatinization between colloidal sol and macromolecular solution?

答　（略）

【习题 10-13】 There is a semipermeable membrane with R^-Na^+ solution of concentration c_1 in it and pure water out of it. As a result of membrane equilibrium, the pH outside and inside the membrane has a change. This process is called membrane hydrolysis. If the membrane hydrolyzes at a small level and $c_1=0.1\text{mol}\cdot\text{dm}^{-3}$, please calculate pH outside and inside the membrane.

解

膜内		膜外
R^-	c_1	H_2O
Na^+	c_1	

开始时

膜内		膜外
R^-	c_1	OH^- x
Na^+	c_1-x	Na^+ x
H^+	x	

平衡时

达到平衡时膜内、外 NaOH 化学势相等，所以

$$(c_1 - x)\frac{K_w}{x} = x^2$$

解得

$$x = 10^{-5}$$

所以

$$pH_{内} = -\lg x = 5 \qquad pH_{外} = 14 - 5 = 9$$

10.4 练 习 题

10.4.1 选择题

1. 某多分散的高分子化合物，用渗透压法测得其均相对分子的质量为 M_1，用光散射法测得其均相对分子质量为 M_2，其结果是________。

A. $M_1 = M_2$　　B. $M_1 > M_2$

C. $M_2 > M_1$　　D. 因方法误差，$M_1 \neq M_2$

2. 某高分子化合物的相对分子质量为 $10^5 \sim 10^6$，欲准确测其均相对分子质量，下述实验方法不能采用的是________。

A. 渗透压法　　B. 光散射法

C. 黏度法　　D. 凝固点降低法

3. 可利用胶体化学手段来研究高分子溶液的主要原因是________。

A. 高分子溶液为热力学稳定体系

B. 高分子溶液中的溶质分子与胶体中的分散相粒子大小相当

C. 高分子溶液中的溶质分子与溶胶中的分散相粒子的扩散速率都比较慢

D. 高分子溶液溶质的相对分子质量与溶胶中分散相粒子的相对粒子质量不均一

4. 分离不同蛋白质最简便的方法是________。

A. 纸电泳　　B. 离心沉降　　C. 等电聚焦　　D. 渗透压

5. 向溶胶中加入少量高分子能使溶胶发生絮凝，是由于________。

A. 高分子使溶胶的热力学稳定性降低

B. 高分子能降低溶胶的电动电势

C. 高分子在胶粒间桥联使其失去动力学稳定性

D. 高分子能破坏溶胶双电层

10.4.2 填空题

1. 某高分子化合物用渗透压法测得其均相对分子质量为 5.0×10^4，用黏度法

测得其均相对分子质量为 6.0×10^4，用光散射法测得其均相对分子质量为 8.0×10^4，其分离宽度指数 $D=$________。

2. 高分子的溶解过程分________和________两个阶段。

3. 高分子溶液与溶胶的主要差异是__________________。

4. 在 θ 溶剂条件下，溶液中高分子的形态处于“无干扰”的理想状态，此时的第二维利系数 A_2 ________。

5. 高分子对溶胶的空间稳定作用包括________和________两种效应。

10.4.3　计算题

1. 将 4.0mol 相对分子质量为 5.0×10^4 的聚苯乙烯与 6.0mol 相对分子质量为 1.0×10^5 的聚苯乙烯混合。求此混合样品的 $\overline{M}_n$、$\overline{M}_m$ 和分布宽度指数 D 的值。

2. 293K 下，利用超速离心沉降测得核糖核酸酶水溶液的沉降系数为 1.64 Svedberg 单位，又测得该核糖核酸酶水溶液的扩散系数为 $11.9\times10^{-11}\,\text{m}^2\cdot\text{s}^{-1}$。已知该核糖核酸酶在水溶液中的质量体积为 $0.728\times10^{-3}\,\text{m}^3\cdot\text{kg}^{-1}$，水的密度为 $1080\text{kg}\cdot\text{m}^{-3}$。求该核糖核酸酶的相对分子质量。

3. 在膜一侧的胶体 RNa 浓度为 c_1，并假定完全电离，若外部为纯水，则其渗透压 $\pi_{实}=2c_1RT$。若膜的另一侧放浓度为 c_2 的 NaCl 溶液。试证明：实验测定的渗透压 $\pi_{测}=2c_1\left(\dfrac{c_1+c_2}{c_1+2c_2}\right)RT$，当 $c_1\gg c_2$ 时，则 $\dfrac{\pi_{测}}{\pi_{实}}=1$；当 $c_2\gg c_1$ 时，则 $\pi_{测}=\dfrac{1}{2}\pi_{实}$，即在此情况下测得的渗透压仅为真实渗透压的一半。

参 考 答 案

10.4.1　选择题

1. C　2. D　3. B　4. A　5. C

10.4.2　填空题

1. 1.6　2. 溶胀　溶解　3. 热力学稳定性的不同，高分子溶液是热力学稳定体系，而溶胶是热力学不稳定体系　4. 0　5. 体积限制效应　渗透压效应

10.4.3　计算题

1. $x_1=\dfrac{4.0}{4.0+6.0}=0.4$，　$x_2=\dfrac{6.0}{4.0+6.0}=0.6$

$$M_1=5.0\times10^4,\qquad M_2=1.0\times10^5$$

$$\overline{M}_n=\sum x_BM_B=x_1M_1+x_2M_2=0.4\times5.0\times10^4+0.6\times1.0\times10^5$$

$$=8.0\times10^4$$

$$\overline{M}_m=\frac{\sum x_BM_B^2}{\sum x_BM_B}=\frac{x_1M_1^2+x_2M_2^2}{x_1M_1+x_2M_2}=\frac{0.4\times(5.0\times10^4)^2+0.6\times(1.0\times10^5)^2}{0.4\times5.0\times10^4+0.6\times1.0\times10^5}$$

$$=8.8\times10^4$$

$$D=\frac{M_m}{M_n}=\frac{8.8\times10^4}{8.0\times10^4}=1.1$$

2. $M=1.23\times10^4$

3.

	膜内			膜外	
	R^-	Na^+	Cl^-	Na^+	Cl^-
初始	c_1	c_1	0	c_2	c_2
平衡时	c_1	c_1+x	x	c_2-x	c_2-x

达到唐南平衡时，膜内、外 NaCl 的化学势相等，所以

$$(c_1+x)x=(c_2-x)^2$$

得

$$x=\frac{c_2{}^2}{c_1+2c_2}$$

实际测定的渗透压值为

$$\pi_{测}=(c_{内}-c_{外})RT=[2(c_1+x)-2(c_2-x)]RT=2RT(c_1-c_2+2x)$$

$$=2RT\left(c_1-c_2+\frac{2c_2{}^2}{c_1+2c_2}\right)=2c_1\left(\frac{c_1+c_2}{c_1+2c_2}\right)RT$$

$$\frac{\pi_{测}}{\pi_{实}}=\frac{2c_1\left(\frac{c_1+c_2}{c_1+2c_2}\right)RT}{2c_1RT}=\frac{c_1+c_2}{c_1+2c_2}$$

当 $c_1\gg c_2$ 时，$\frac{\pi_{测}}{\pi_{实}}=1$；当 $c_2\gg c_1$ 时，$\frac{\pi_{测}}{\pi_{实}}=\frac{1}{2}$。

第 11 章　结构化学基础

11.1　学习要求

(1) 了解分子轨道理论要点;掌握共价键的本质;掌握典型双原子分子的电子组态;了解一些重要实验现象的解释。

(2) 了解休克尔分子轨道法处理共轭分子的方法与步骤;掌握分子图的意义及应用。

(3) 了解配位化合物的配位场理论;理解八面体场分裂能的大小与配位体和中心离子性质的关系。

(4) 了解氢键、范德华力、分子识别和超分子自组装的概念及其在生物化学中的应用。

(5) 了解晶体的结构特征、对称性及晶体对 X 射线的衍射;掌握点阵、结构基元、晶胞、平面点阵指标的概念;理解 X 射线的衍射方向、强度与晶胞结构的关系。

11.2　内容概要

11.2.1　分子轨道理论

1. H_2^+ 结构和共价键的本质

H_2^+ 的薛定谔(Schrödinger)方程以原子单位表示为

$$\left(-\frac{1}{2}\nabla^2-\frac{1}{r_a}-\frac{1}{r_b}+\frac{1}{R}\right)\psi=E\psi$$

式中:ψ 和 E 分别为 H_2^+ 的波函数和能量。等号左边括号中,第一项代表电子的动能算符,第二项和第三项代表电子受核的吸引势能,第四项代表两个原子核的静电排斥能。用线性变分法解 H_2^+ 的薛定谔方程,得到两个波函数 ψ_1 和 ψ_2 及相应的能量 E_1 和 E_2。

$$\psi_1=\frac{1}{\sqrt{2+2S}}(\psi_a+\psi_b)\qquad E_1=\frac{\alpha+\beta}{1+S}$$

$$\psi_2=\frac{1}{\sqrt{2-2S}}(\psi_a-\psi_b)\qquad E_2=\frac{\alpha-\beta}{1-S}$$

ψ_1 的能量比氢原子 1s 轨道低,当电子从氢原子的 1s 轨道进入 ψ_1 时,体系的能量降低，ψ_1 为成键分子轨道。相反，电子进入 ψ_2 时，H_2^+ 的能量比原来氢原子和氢离子的能量高，ψ_2 为反键分子轨道。

电子在 H_2^+ 分子中的分布情况，即电子云的分布可以从 ψ_1^2 来了解。

$$\psi_1^2 = \frac{1}{2+2S}(\psi_a^2 + \psi_b^2 + 2\psi_a\psi_b)$$

由此可见，ψ_1^2 不是 ψ_a^2 和 ψ_b^2 的简单加和，多了 $2\psi_a\psi_b$，即核 a 和核 b 之间由于 ψ_a 和 ψ_b 的互相重叠成键，多了电子云 $2\psi_a\psi_b$，这些电子云是从两个原子核外侧转移到两核之间，增加核间区域的电子云，它们同时受到两个核中正电荷的吸引而成键，这就是共价键的本质。

2. 分子轨道理论和双原子分子结构

(1) 分子轨道理论。分子中每个电子都在原子核与其他电子组成的平均势场中运动，第 i 个电子的运动状态用波函数 ψ_i 描述，ψ_i 称为分子中的单电子波函数，又称分子轨道。分子轨道可用原子轨道线性组合得到，由 n 个原子轨道组合可得到 n 个分子轨道，线性组合系数可用变分法或其他方法确定。两个原子轨道要有效地组合成分子轨道，必须满足对称性匹配、能级相近和轨道最大重叠三个条件；根据泡利(Pauli)不相容原理、能量最低原理和洪德(Hund)规则，分子中的电子按能量顺序由低到高填入分子轨道。

按分子轨道沿键轴分布的特点，可分为 σ 分子轨道、π 分子轨道和 δ 分子轨道。沿键轴一端观看呈圆柱对称没有节面的为 σ 轨道；有一个节面的为 π 轨道；有两个节面的为 δ 轨道。由 σ 轨道上的电子形成的共价键为 σ 键，由 π 轨道和 δ 轨道上的电子形成的共价键分别为 π 键和 δ 键。化学键的键级定义为成键电子数减去反键电子数后除以 2。两原子间的键级可看作共价键的数目。

(2) 双原子分子的结构与性质。第二周期元素的原子组成的双原子分子 F_2 和 O_2 分子的价层分子轨道能级顺序为

$$\sigma_{2s} < \sigma_{2s}^* < \sigma_{2p_z} < \pi_{2p_x} = \pi_{2p_y} < \pi_{2p_x}^* = \pi_{2p_y}^* < \sigma_{2p_z}^*$$

N_2、C_2 和 B_2 等同核双原子分子的价层分子轨道能级顺序为

$$1\sigma_g < 1\sigma_u < 1\pi_u(\text{两个}) < 2\sigma_g < 1\pi_g(\text{两个}) < 2\sigma_u$$

F_2 的电子组态为

$$KK(\sigma_{2s})^2(\sigma_{2s}^*)^2(\sigma_{2p_z})^2(\pi_{2p})^4(\pi_{2p}^*)^4$$

键级为 1。每个 F 原子有 3 对孤对电子，可作为孤对电子的提供者。

O_2 的电子组态为

$$KK(\sigma_{2s})^2(\sigma_{2s}^*)^2(\sigma_{2p_z})^2(\pi_{2p_x})^2(\pi_{2p_y})^2(\pi_{2p_x}^*)^1(\pi_{2p_y}^*)^1$$

键级为 2，含有 2 个三电子 π 键，是顺磁性分子。

N_2 的电子组态为

$$KK(1\sigma_g)^2(1\sigma_u)^2(1\pi_u)^4(2\sigma_g)^2$$

键级为 3，键能特别大，是惰性较大的分子。

CO 的价电子组态为

$(1\sigma)^2(2\sigma)^2(1\pi)^4(3\sigma)^2$，　$:\mathrm{C}^{-}\overset{\leftarrow}{\equiv}\mathrm{O}^{+}:$　或 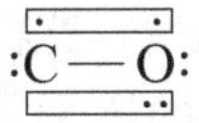

键级为 3，是个偶极矩较小的分子（$\mu=0.37\times10^{-30}\mathrm{C\cdot m}$）；且 O 原子端显正电性，C 原子端显负电性。在羰基配合物中，CO 表现出很强的配位能力，以 C 原子端和金属原子结合。

NO 的价电子组态为

$$(1\sigma)^2(2\sigma)^2(1\pi)^4(3\sigma)^2(2\pi)^1$$

键级为 2.5，含有 1 个三电子 π 键，是顺磁性分子。

HF 的价电子组态为

$$(\sigma_{2s})^2(\sigma)^2(\pi_{2p})^4$$

键级为 1。由于 F 的电负性比 H 大，因此电子云偏向 F，形成极性共价键，$\mu=6.60\times10^{-30}\mathrm{C\cdot m}$。

11.2.2　共轭分子的结构与 HMO 法

1. 丁二烯离域大 π 键的 HMO 法处理

根据线性变分原理，得到丁二烯的 4 个 π 分子轨道及相应的能级如下：

$$\psi_1=0.372\phi_1+0.601\phi_2+0.601\phi_3+0.372\phi_4 \qquad E_1=\alpha+1.618\beta$$
$$\psi_2=0.601\phi_1+0.372\phi_2-0.372\phi_3-0.601\phi_4 \qquad E_2=\alpha+0.618\beta$$
$$\psi_3=0.601\phi_1-0.372\phi_2-0.372\phi_3+0.601\phi_4 \qquad E_3=\alpha-0.618\beta$$
$$\psi_4=0.372\phi_1-0.601\phi_2+0.601\phi_3-0.372\phi_4 \qquad E_4=\alpha-1.618\beta$$

因为 β 积分是负值，所以 $E_1<E_2<E_3<E_4$。

把丁二烯分子由 HMO 法求得的电荷密度 ρ_i 写在元素符号下，原子间 π 键级 P_{ij} 写在原子连线上，用箭头标出自由价 F_i，这样就得到了丁二烯的分子图：

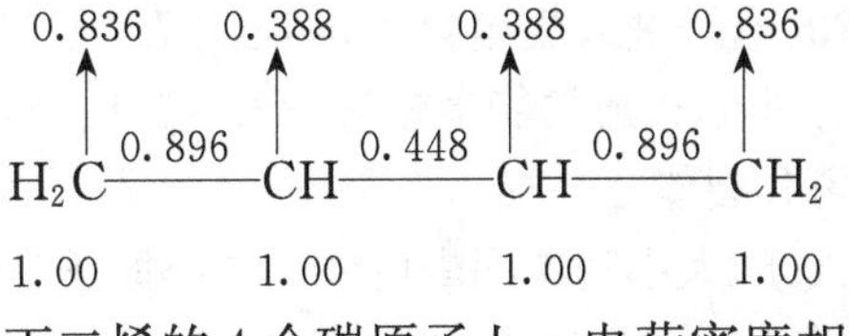

在 HMO 水平上，丁二烯的 4 个碳原子上 π 电荷密度相同，当与亲电试剂、亲核试剂或中性自由基反应时，都在自由价最大处反应。丁二烯的双键键长 134.4pm 比典型的双键键长 133pm 长，而单键键长 146.8pm 比典型的单键键长 154pm 短，证实 HMO 法计算出的 π 键级为分数是正确的。

2. 离域 π 键和共轭效应

形成 π 键的电子不局限于两个原子的区域，而是在参加成键的多个原子形成的分子骨架中运动，这种化学键称为离域 π 键。若满足以下两个条件，就可形成离域 π 键：①成键的原子共平面（或共曲面），每个原子可提供一个垂直于平面的 p 轨道；②π 电子数小于参加成键原子的 p 轨道总数的两倍。

具有离域 π 键的分子，其物理和化学性质不是各个双键和单键性质的简单加和。这类分子表现出的特有性质称为共轭效应或离域效应。共轭效应使分子更稳定，还影响分子的构型与构象（单键缩短、双键增长，原子保持共平面等）、分子的酸碱性、化学反应性能、分子的电性、颜色等。

11.2.3 配位化合物的结构和性质

配位化合物简称配合物，又称络合物，是一类含有中心原子（M）和若干配位体（L）的化合物。中心原子 M 通常是过渡金属的原子，具有空的价轨道，而配位体 L 具有一对或一对以上的孤对电子。M 和 L 之间通过配位键结合而成配位化合物。

1. 配位场理论

本节主要利用配位场理论处理最常见的八面体配位化合物的结构和性质。在处理八面体配位化合物 ML_6 时，设中心原子 M 处在直角坐标系原点，6 个配位体 L 位于坐标轴上。M 原子共有 9 个价轨道：d_{xy}、d_{xz}、d_{yz}、$d_{x^2-y^2}$、d_{z^2}、s、p_x、p_y、p_z，其中后 6 个轨道的极大值方向是沿 x、y、z 三个坐标轴指向配位体，形成轴对称的 σ 分子轨道，属于 σ 型；前 3 个轨道的极大值夹在轴间，只能形成 π 分子轨道，属于 π 型。配位体 L 按与中心原子生成 σ 键或 π 键轨道，分别组成新的群轨道，使与 M 的原子轨道对称性匹配。在此基础上，M 的 6 个 σ 型轨道与 L 的 6 个对称性匹配的群轨道线性组合，形成 12 个分子轨道。其中一半为成键轨道（a_{1g}，t_{1u}，e_g），另一半为反键轨道（e_g^*，a_{1g}^*，t_{1u}^*）。中心原子 M 的 π 型轨道（d_{xy}、d_{xz}、d_{yz}）正好与配位体 L 的 σ 群轨道错开，受配体的影响较小，属于非键轨道（t_{2g}）。因配位体 L 电负性较高而能量较低，配位体的电子进入成键轨道，相当于配键。M 的 d 电子排在 t_{2g} 和 e_g^* 轨道上，其中 3 个 t_{2g} 非键轨道的能量较低，2 个 e_g^* 反键轨道能量较高，t_{2g} 和 e_g^* 间的能级差称为配位场分裂能 Δ_o。

八面体场分裂能 Δ_o 的大小随不同配位体和中心原子的性质而异，根据光谱数据可测得分裂能 Δ_o 的数值，并得经验规则如下：

(1) 对同一金属原子（M），不同配位体的场强不同，分裂能有大有小。一般而言，配位体分裂能大小次序为

$CO, CN^- > NO_2^- > en > NH_3 > py > H_2O > F^- > OH^- > Cl^- > Br^-$

(2) 对一定的配位体 L，分裂能 Δ_o 随 M 不同而异，其大小顺序为

$$Pt^{4+} > Ir^{3+} > Pd^{4+} > Rh^{3+} > Mo^{3+} > Ru^{3+} > Co^{3+} > Cr^{3+} > Fe^{3+} > V^{2+} > Co^{2+} > Ni^{2+} > Mn^{2+}$$

2. σ-π 配键与有关配位化合物的结构和性质

在金属羰基配位化合物中，CO 分子提供孤对电子给予中心金属原子的空轨道形成 σ 键，同时又有空的反键 π^* 轨道可以与金属原子的 d 轨道形成 π 键，这种 π 键由金属原子单方面提供电子，称为反馈 π 键，这样的键合称为 σ-π 配键。两方面的电子授受作用正好相互配合，互相促进，结果使 M—C 间的键比共价单键强，而 C—O 间的键比 CO 分子中的键要弱，因为反键轨道上有一定的电子。

N_2 分子也可以提供孤对电子给予中心金属原子的空轨道形成 σ-π 配键，但是 N_2 与过渡金属生成配位化合物的能力比 CO 和 CN^- 要差得多。固氮酶是一种能在常温常压下将 N_2 还原为 NH_3 的生物酶，存在于豆科植物的根瘤菌中。进一步了解固氮酶的结构，阐明固氮酶的机理，合成化学模拟固氮酶催化剂，是 21 世纪广大生物和化学工作者要努力完成的艰巨任务。

11.2.4　次级键及分子自组装

1. 氢键

分子中与电负性大的原子 X(作为质子的给予体)以共价键相连的氢原子，还可以与另一个电负性大的原子 Y(作为质子的接受体)结合，并形成一种弱的键 X—H┈Y，这种键称为氢键。X、Y 通常是 F、O、N 等原子以及按双键或叁键成键的碳原子。氢键的强弱与 X、Y 的电负性有关，与 Y 的半径大小也有关。氢键可分为分子间氢键和分子内氢键。氢键强弱的主要判据是 H┈Y 的键长和键能。生命系统中氢键决定对生命过程具有根本意义的蛋白质二级结构。

2. 范德华力

分子之间还存在较弱的作用力——分子间力，或称范德华力，主要有静电力、诱导力和色散力。静电力和诱导力只存在于极性分子，色散力则无论极性分子或非极性分子均存在。这些作用力不仅存在于分子之间，而且还存在于同一分子内的不同原子或基团之间。实验表明一般分子之间的这三种作用力中，色散力是主要的。

3. 分子识别和超分子自组装

分子识别是由于不同分子间的一种特殊的、专一的相互作用，既满足相互结合

分子的空间要求，也满足分子间各种次级键的匹配。超分子自组装是指一种或多种分子，依靠分子间的相互作用，自发地组合起来，形成分立的或延伸的超分子。分子识别和超分子自组装的结构化学内涵体现在电子因素和几何因素两方面，前者使分子间的各种作用力充分发挥，后者使分子的几何形状和大小互相匹配，在自组装时不发生大的阻碍。

11.2.5 晶体的结构和性质

1. 晶体结构的周期性与点阵

晶体是由原子或分子在空间按一定规律周期重复排列构成的固体物质。晶体中原子或分子的排列具有三维空间的周期性，这种周期性规律是晶体结构最基本的特征。晶体具有下列共同特性：①均匀性；②各向异性；③自范性；④有特定的对称性；⑤具有明显确定的熔点；⑥使X射线产生衍射。

在晶体内部，原子或分子在三维空间周期性地重复排列，每个重复单位的化学组成相同、空间结构相同，若忽略晶体的表面效应，重复单位的周围环境也相同。这种周期性结构包括两个要素：一是周期性重复的内容，即重复单位，称为晶体的结构基元；二是周期重复的方式(重复周期的长度和方向)，用单位平移矢量表示。从晶体中无数个结构基元抽出来的无数个点，在三维空间按一定周期重复排列，构成一个点阵。

如果在晶体点阵中各点阵点的位置上，按统一方式安置结构基元，就得到晶体结构，可以简单地将晶体结构示意为

$$\text{晶体结构}=\text{点阵}+\text{结构基元}$$

空间点阵必可选择3个不相平行的单位矢量$\boldsymbol{a}$、$\boldsymbol{b}$、$\boldsymbol{c}$，将点阵划分成并置的平行六面体单位，称为点阵单位或称空间格子。矢量$\boldsymbol{a}$、$\boldsymbol{b}$、$\boldsymbol{c}$的长度a、b、c及其夹角α、β、γ称为点阵参数。

2. 晶体结构的对称性

晶体结构中可能存在的对称元素包括：对称中心；镜面；轴次为1,2,3,4,6的旋转轴、螺旋轴、反轴；滑移面等。

晶胞是晶体结构的基本重复单位。晶胞有两个要素：一是晶胞的大小、形状，由a、b、c三个晶轴及它们的夹角α、β、γ决定；二是晶胞的内容，由组成晶胞的原子或分子及它们在晶胞中的位置决定。

根据晶体的对称性，可将晶体分为立方晶系、六方晶系、四方晶系、三方晶系、正交晶系、单斜晶系、三斜晶系7个晶系。根据晶体点阵结构的对称性，将点阵点在空间的分布按正当单位形状的规定和带心型式进行分类，共有14种类型。将晶

体中可能存在的各种宏观对称元素通过一个公共点按一切可能性组合起来，总共有 32 种型式，称为 32 个点群。

在晶体点阵中任取一点阵点为坐标原点 O，取晶胞的三个边为坐标系的三个坐标轴(x,y,z)，以晶胞相应的三个边长 a、b、c 分别为 x、y、z 轴的单位长度。设有一平面点阵和 3 个坐标轴 x、y、z 相交，在 3 个坐标轴上的截数分别为 r、s、t(以 a、b、c 为单位的截距数目)。规定用截数的倒数之比 $(1/r):(1/s):(1/t)$ 作为平面点阵指标(hkl)，也称晶面指标。

3. 晶体对 X 射线的衍射

晶体的衍射方向与晶胞的大小和形状有关，布拉格(Bragg)方程是其基本方程之一。布拉格方程以平面点阵为出发点，对晶面间距为 d_{hkl} 的平面点阵的衍射方向为

$$2d_{hkl}\sin\theta_n = n\lambda$$

式中：n 为整数；λ 为波长；θ_n 为衍射角。上式可以写为

$$2d_{hkl}\sin\theta = \lambda$$

式中：hkl 称为衍射指标；d_{hkl} 为衍射面间距。

晶体对 X 射线在某方向上的衍射强度由衍射指标 hkl 及晶胞中原子的坐标参数 x、y、z 决定。衍射 hkl 的衍射强度 I_{hkl} 正比于结构因子 $|F_{hkl}|^2$，还与晶体对 X 射线的吸收、入射光强、温度等多种物理因素有关。

利用单晶体的 X 射线衍射测定晶体结构是常用的方法。多晶衍射法常用来鉴定粉末晶体和金属多晶体的成分和结构。

11.3　例题和习题解答

【例 11-1】 给出 O_2^+、O_2、O_2^-、O_2^{2-} 的键级、键长次序及磁性。

答

微粒	O_2^+		O_2		O_2^-		O_2^{2-}
键级	2.5		2.0		1.5		1.0
键长次序	O_2^+	<	O_2	<	O_2^-	<	O_2^{2-}
磁性	顺磁		顺磁		顺磁		反磁

【例 11-2】 用 HMO 法计算丁二烯分子的四个 π 分子轨道如下：

$$\psi_1 = 0.372\phi_1 + 0.602\phi_2 + 0.602\phi_3 + 0.372\phi_4$$

$$\psi_2 = 0.602\phi_1 + 0.372\phi_2 - 0.372\phi_3 - 0.602\phi_4$$

$$\psi_3 = 0.602\phi_1 - 0.372\phi_2 - 0.372\phi_3 + 0.6022\phi_4$$

$$\psi_4 = 0.372\phi_1 - 0.602\phi_2 + 0.602\phi_3 - 0.372\phi_4$$

计算其第一激发态的电荷密度、键级和自由价，作出相应的分子图。

解　$\rho_1 = \sum_k n_k c_{k1}^2 = 2 \times 0.372^2 + 0.602^2 + 0.602^2 = 1.00$

$$\rho_1 = \rho_2 = \rho_3 = \rho_4 = 1.00$$

$$P_{12} = 2 \times 0.372 \times 0.602 + 0.602 \times 0.372 - 0.602 \times 0.372 = 0.448$$

$$P_{23} = 2 \times 0.602 \times 0.602 - 0.372 \times 0.372 + 0.372 \times 0.372 = 0.725$$

$$P_{34} = 2 \times 0.602 \times 0.372 + 0.372 \times 0.602 - 0.372 \times 0.602 = 0.448$$

$$F_1 = F_4 = 1.732 - 0.448 = 1.284$$

$$F_2 = F_3 = 1.732 - 0.448 - 0.725 = 0.559$$

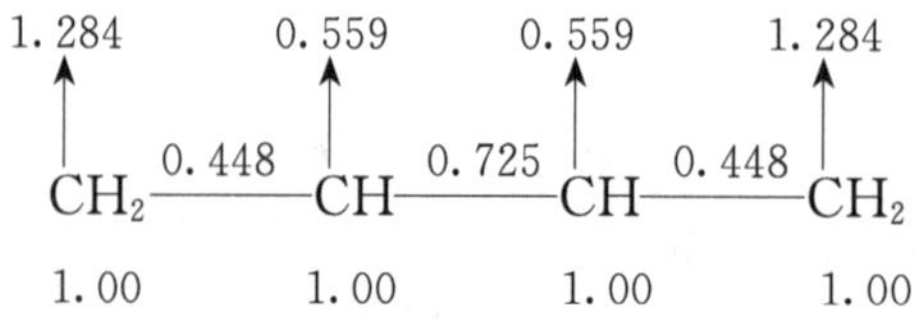

【例 11-3】　解释分裂能 Δ 按下列顺序增加的原因。

(1) $[CrCl_6]^{3-}$，$[Cr(NH_3)_6]^{3+}$，$[Cr(CN)_6]^{3-}$；

(2) $[Co(H_2O)_6]^{2+}$，$[Co(H_2O)_6]^{3+}$，$[Rh(H_2O)_6]^{3+}$。

答　(1) 配位化合物的中心离子同为 Cr^{3+}，都是正八面体，分裂能 Δ 值只随配位体不同而不同，按配位体分裂能大小次序为 $CN^- > NH_3 > Cl^-$，所以三种配位化合物分裂能 Δ 依次增加。

$$[CrCl_6]^{3-} < [Cr(NH_3)_6]^{3+} < [Cr(CN)_6]^{3-}$$

(2) 都是正八面体配位化合物，配位体都是水，只有中心离子的种类与价数不同。从价态上来说，Rh^{3+} 和 Co^{3+} 都是正三价大于 Co^{2+}，对于相同的配位体，高价数的中心离子比低价数的 Δ 值大。从周期来说，Rh^{3+}（第五周期）大于 Co^{3+}（第四周期），两者都是第Ⅷ族。对于相同配位体，同价数的同族元素的中心离子 Δ 值随着所处周期数的增大而增大，所以三种配位化合物的分裂能 Δ 值依次增加。

$$[Co(H_2O)_6]^{2+} < [Co(H_2O)_6]^{3+} < [Rh(H_2O)_6]^{3+}$$

【例 11-4】　金属铝属立方晶系，用 Cu Kα 射线摄取 333 衍射，$\theta = 81°17'$，由此计算晶胞参数。

解　立方晶系 d_{hkl} 和 a 的关系为

$$d_{hkl} = \frac{a}{(h^2 + k^2 + l^2)^{1/2}}$$

根据布拉格方程

$$2d_{hkl}\sin\theta = \lambda$$

$$d_{hkl}=\frac{\lambda}{2\sin\theta}=\frac{154.2}{2\sin 81°17'}=78.0(\text{pm})$$

$$a=d_{hkl}(3^2+3^2+3^2)^{\frac{1}{2}}=78.0\times 5.20=406(\text{pm})$$

【习题 11-1】 MO 理论的要点有哪些？对于多电子分子，分子体系波函数是不是分子轨道？

答 MO 理论的要点：分子中每个电子都在原子核与其他电子组成的平均势场中运动，第 i 个电子的运动状态用波函数 ψ_i 描述，ψ_i 称为分子中的单电子波函数，又称分子轨道；分子轨道可用原子轨道线性组合得到。由 n 个原子轨道组合可得到 n 个分子轨道，线性组合系数可用变分法或其他方法确定；两个原子轨道要有效地组合成分子轨道，必须满足对称性匹配、能级相近和轨道最大重叠三个条件；根据泡利不相容原理、能量最低原理和洪德规则，分子中的电子按能量顺序由低到高填入分子轨道。

根据分子轨道的定义，对于多电子分子，分子体系波函数不是分子轨道。

【习题 11-2】 什么是晶体衍射的两个要素？它们与晶体结构(如晶胞的两要素)有何对应关系？

答 晶体对 X 射线衍射的两个要素是衍射方向和衍射强度。晶体对 X 射线的衍射方向与晶胞的大小和形状有关。晶体对 X 射线在某衍射方向上的衍射强度由衍射指标 hkl 及晶胞中原子种类及其坐标参数 x、y、z 决定。

【习题 11-3】 Give the ground-state MO electronic configuration for each of following: (1) He_2^+, (2) Be_2, (3) C_2, (4) N_2. Which of species are paramagnetic?

答 (1) He_2^+　$(\sigma_{1s})^2(\sigma_{1s}^*)^1$　顺磁性

(2) Be_2　$(\sigma_{1s})^2(\sigma_{1s}^*)^2(\sigma_{2s})^2(\sigma_{2s}^*)^2$　反磁性

(3) C_2　$(1\sigma_g)^2(1\sigma_u)^2(2\sigma_g)^2(2\sigma_u)^2(1\pi_u)^4$　反磁性

(4) N_2　$(1\sigma_g)^2(1\sigma_u)^2(2\sigma_g)^2(2\sigma_u)^2(1\pi_u)^4(3\sigma_g)^2$　反磁性

【习题 11-4】 How many Na^+ and Cl^- ions are there per unit cell in the NaCl crystal?

答 NaCl 属于立方晶系，立方面心格子。每个晶胞中含有 4 个 Cl^- 和 4 个 Na^+。

11.4 练　习　题

11.4.1 选择题

1. 用线性变分法求出的分子基态能量比其基态真实能量，只可能________。

A. 更高或相等　　B. 更低　　C. 相等

2. N_2、O_2、F_2 的键长递增是因为________。

A. 核外电子数依次减少　　B. 键级依次增大

C. 净成键电子数依次减少

3. 氧的 O_2^+、O_2、O_2^-、O_2^{2-} 对应于下列哪种键级顺序________。

A. 2.5、2.0、1.5、1.0　　B. 1.0、1.5、2.0、2.5

C. 2.5、1.5、1.0、2.0

4. 共轭有机分子的哪种原子上易发生自由基反应________。

A. 电荷密度 ρ 较大者　　B. 原子的自由价 F 较大者

C. 任意原子

5. 按照配位场理论，在八面体场中没有高低自旋配合物之分的组态是________。

A. d^3　　B. d^4　　C. d^5

6. 晶体等于________。

A. 晶胞＋点阵　　B. 特征对称元素＋点阵

C. 结构基元＋点阵

7. 某晶面与晶轴 x、y、z 相截，截数分别是 4、2、1，其晶面指标为________。

A. (124)　　B. (421)　　C. (1/4,1/2,1)

8. 与结构基元相对应的是________。

A. 点阵点　　B. 素向量　　C. 复格子

9. 点阵是________。

A. 有规律排列的一组点

B. 按连接其中任意两点的向量平移而能复原的无限多个点

C. 只沿特定方向平移而能复原的有限数目的点

10. 空间点阵中，顶点、棱心、面心对格子的贡献分别为________。

A. 1/8,1/4,1/2　　B. 1,1,1　　C. 1,1/2,1/4

11.4.2　填空题

1. 原子轨道线性组合成分子轨道时，轨道数目________；轨道能级改变，能级低于原子轨道的称为________分子轨道，能级高于原子轨道的称为________分子轨道；等于原子轨道的称为________分子轨道。

2. 两个原子轨道有效地组合成分子轨道时，必须满足________；________；________三个条件。

3. 在人体中，NO 容易穿过生物膜，氧化外来物质，在受控制的小剂量情况下，是极有益的成分。请写出 NO 的价电子组态________，它的键级是________。

4. CsCl 晶体属立方晶系，简单立方格子。正当 CsCl 晶胞中含有________个结构基元；有________个 Cl^-；有________个 Cs^+。

5. 根据晶体的宏观对称性，可将晶体分为________个晶系；共有________个点阵型式，________个晶体学点群。

6. 分子内氢键对熔点、沸点的影响是________________；分子间氢键对熔点、沸点的影响是________________。

7. 氢键与范德华力的最大差别是________________。

8. 水和乙醚的表面能分别为 $72.8\times10^{-7}\,J\cdot cm^{-2}$ 和 $17.1\times10^{-7}\,J\cdot cm^{-2}$，产生差异的主要原因是________________。

9. 已知 $[Mn(CN)_6]^{3-}$ 的磁矩为 2.8 B.M.，根据配位场理论，该配位化合物中心离子的 d 电子分布为________；该化合物是________自旋化合物。

10. H_2^+ 的薛定谔方程（以原子单位表示）为________________。

参考答案

11.4.1　选择题

1. A　2. C　3. A　4. B　5. A　6. C　7. A　8. A　9. B　10. A

11.4.2　填空题

1. 不变　成键　反键　非键　2. 能量相近　轨道最大重叠　对称性匹配

3. $(1\sigma)^2(2\sigma)^2(1\pi)^4(3\sigma)^2(2\pi)^1$　2.5　4. 1　1　1　5. 7　14　32　6. 降低　升高

7. 氢键具有方向性和饱和性　8. 水分子间可形成氢键，乙醚分子间不能形成氢键

9. $(t_{2g})^4$　低　10. $\left(-\frac{1}{2}\nabla^2-\frac{1}{r_a}-\frac{1}{r_b}+\frac{1}{R}\right)\psi=E\psi$

第 12 章　光谱学简介

12.1　学 习 要 求

(1) 了解原子光谱、分子光谱和磁共振谱产生的基本原理。

(2) 掌握各种波谱与物质内部运动能量之间的关系。

(3) 了解各种波谱分别在研究化合物结构方面的作用。

(4) 了解各种波谱图的解析方法。

12.2　内 容 概 要

12.2.1　原子光谱

原子核外电子在不同能级之间跃迁而产生原子光谱(atomic spectrum),包括原子发射光谱、原子吸收光谱和原子荧光光谱等。原子光谱是由许多谱线组成的线状光谱。

原子的能级通常用光谱项符号 $n^{2S+1}L_J$ 表示,用两个光谱项符号表示外层电子在两个能级之间的跃迁或跃迁谱线。

元素的光谱线系常用能级图来表示,能级图包含了元素的各种光谱项及光谱项能量和可能产生的光谱线。根据量子力学原理,电子的跃迁不能在任意两个能级之间进行,必须遵循一定的光谱选律或光谱选择定则。

原子中处于激发态的外层电子从高能级向低能级跃迁,释放能量 ΔE 即可得到一条光谱线,其发射光谱的波长为 $\lambda=hc/\Delta E$。

元素原子由基态到第一激发态的跃迁产生的谱线最强,该谱线称为该元素的共振线或特征谱线。

1. 原子发射光谱

原子由激发态跃迁到基态或低能态时产生原子发射光谱。由于不同元素的原子能级的不同,按照一定的跃迁选律形成的每种元素的发射光谱都有自己的特征。

原子发射光谱的谱线强度受激发电位、跃迁概率、统计权重、光源温度及原子密度等因素影响,其关系为

$$I = K^0 N e^{-\frac{E_i}{kT}}$$

式中：E_i 为由基态激发到第 i 激发态所需要的能量（激发电位）；T 为光源的温度；K^0 为与跃迁概率、统计权重有关的原子线常数；N 为等离子体中该元素处于各种状态的原子总数；k 为玻耳兹曼常量。据此原子发射光谱可用于定量分析。

2. 原子吸收光谱

元素基态原子在蒸气状态吸收其共振辐射，外层电子由基态跃迁至激发态而产生原子吸收光谱。原子吸收光谱位于光谱的紫外-可见区。

一定温度下达到热平衡时，原子蒸气中包含的基态原子数 N_0 与激发态原子数 N_i 分布遵循麦克斯韦（Maxwell）-玻耳兹曼分布定律：

$$N_i = N_0 \frac{g_i}{g_0} e^{-\frac{E_i}{kT}}$$

通常原子吸收的原子化温度小于 3000K，大多数元素的最强共振线都低于 600nm，$N_i/N_0 < 10^{-3}$，即激发态远小于基态原子数，激发态原子数可以忽略。基态原子数 N_0 可以视为等于总原子数 N。

在实际工作中，使用与待测元素相同的纯金属或其纯化合物制成的空心阴极灯作为锐线光源。测定原子蒸气的吸收值，据朗伯-比尔定律有

$$A = k'c$$

式中：c 为待测元素浓度；k' 在仪器及实验条件选定时为常数。

12.2.2　分子光谱

1. 分子的内部运动与能级

分子内部运动形式主要包括电子相对原子核的运动、各原子核的相对振动或整个分子的转动等，运动能量是量子化的，其中每个电子能级包含若干振动能级，每个振动能级又包含若干转动能级。分子在这些不同能级之间的跃迁将吸收或释放特定的能量。物质吸收或放出电磁辐射的强度对频率所形成的关系图称为波谱。分子的不同运动形式的能级（energy level）间隔与波长的关系如下：

跃迁类型	能级间隔/eV	波长范围	波谱区域
转动能级	0.004～0.005	100μm～1cm	微波或远紫外区
振动能级	0.05～1	1～25μm	红外区
电子能级	1～20	100～1000nm	可见-紫外区
自旋能级	4×10^{-10}～4×10^{-6}	1000～2500MHz	射频区

2. 转动光谱

双原子分子视为刚性转子（rigid rotator），转动能级为

$$E_r(J)=\frac{h^2}{8\pi^2 I}J(J+1)\qquad J=0,1,2,\cdots$$

只有当能级跃迁伴随分子电偶极矩发生变化时，才能产生转动光谱(rotational spectra)。转动能级跃迁的选律：非极性分子($\mu=0$)，没有转动光谱；极性分子($\mu\neq0$)，$\Delta J=\pm1$。能级跃迁是从状态 J 到 $J+1$，吸收辐射能的波数为

$$\sigma=2B(J+1)\qquad J=0,1,2,\cdots$$

研究转动光谱可以求得转动惯量、核间距以及分子的对称性等。

3. 振动光谱

把双原子分子近似看作为一维谐振子，振动能级为

$$E_v=\left(v+\frac{1}{2}\right)hc\sigma_e\qquad v=0,1,2,\cdots$$

只有极性分子在振动过程中会发生偶极矩变化，才能吸收或发射电磁波，因而有红外振动光谱，而非极性分子则无振动光谱。

振动光谱选律：非极性分子($\mu=0$)，$\Delta v=0$，没有振动光谱；极性分子($\mu\neq0$)，$\Delta v=\pm1$。分子从振动能级 v 到 $v+1$ 跃迁吸收光子的波数为

$$\sigma=G(v+1)-G(v)=\sigma_e$$

非谐振子的振动能量公式为

$$E_v=\left(v+\frac{1}{2}\right)hc\sigma_e-\left(v+\frac{1}{2}\right)^2\chi hc\sigma_e$$

分子从能级 $v=0$ 跃迁到 $v=v$ 时吸收光子的波数为

$$\sigma=G(v)-G(0)=(\sigma_e-\chi\sigma_e)v-\chi\sigma_e v^2\qquad v=1,2,3,\cdots$$

按谐振子模型，极性双原子分子的振动光谱只有一条谱线，而非谐振子模型得到的振动光谱是由许多条谱线组成的谱带。

利用振动光谱的实验数据可以计算振动波数 σ_e 和非谐性常数 χ，进而可以求得键的力常数 k，同位素的质量和离解能等。

4. 电子光谱

物质分子在紫外、可见电磁辐射作用下，分子中价电子(外层电子)在电子能级间跃迁即产生电子光谱，也称为紫外-可见光吸收光谱(ultraviolet-visible absorption spectrum，UV-Vis)。

电子能级间跃迁的同时，总伴随有振动和转动能级间的跃迁，即电子光谱中总包含有振动能级和转动能级间跃迁产生的若干谱线而呈现宽谱带，为带状光谱。

产生电子光谱的价电子包括成键电子(π 和 σ 电子)、非键电子(n 电子)和反键电子(π^* 和 σ^* 电子)，其中 $\sigma\rightarrow\sigma^*$ 跃迁主要发生在真空紫外区(<200nm)；$\pi\rightarrow\pi^*$ 跃

迁吸收的波长较长，跃迁一般在 200nm 左右；$n \rightarrow \pi^*$ 跃迁一般在近紫外区（200～400nm），吸光强度较 $\pi \rightarrow \pi^*$ 跃迁小；$n \rightarrow \sigma^*$ 跃迁吸收波长为 150～250nm，在紫外区不易观察到这类跃迁。因此，$\pi \rightarrow \pi^*$ 和 $n \rightarrow \pi^*$ 两种跃迁是电子光谱研究的重点。

生色基也称发色基（团），是指分子中某一基团或体系，由于其存在能使分子产生吸收而出现谱带，这一基团或体系即为生色基。有机化合物分子中，这些生色基的结构特征大都是含有 π 电子，如羰基、羧基、酯基、硝基、偶氮基及芳香体系等。

助色基（团）本身在紫外-可见光区内没有吸收，但当它与生色基相连时，能使生色基的吸收谱带明显地向长波移动，而且吸收强度也相应地增加。助色基通常都含有 n 电子。由于 n 电子与 π 电子的 p-π 共轭效应，导致 $\pi \rightarrow \pi^*$ 跃迁能量降低，生色基的吸收波长向长波移动，颜色加深。常见的助色基有—OH、—Cl、—NH、—NO_2、—SH 等。电子光谱主要应用于共轭体系（共轭烯烃与不饱和羰基化合物）及芳香族化合物的定性和定量分析。

5. 拉曼光谱

当单色光通过一透明物质中时，大部分入射光将透过物质，少部分光被物质吸收，大约 $10^{-3} \sim 10^{-5}$ 的入射光被分子以不同的角度散射。散射又分为弹性散射和非弹性散射。若散射光的频率与入射光的频率相同，只是改变了方向，在光谱上称为瑞利（Rayleigh）散射；而散射光的频率和方向与入射光均不相同的散射称为非弹性散射。拉曼（Raman）光谱产生于物质对光子的非弹性散射。若散射光的波长比入射光的波长长，称为斯托克斯（Stokes）线；散射光的波长比入射光的波长短，则称为反斯托克斯（anti-Stokes）线。瑞利散射线强度最大，反斯托克斯线比斯托克斯线弱很多，一般很难观察到。

当分子的振动-转动引起分子以外电磁场方向的极化率发生变化时，就能产生拉曼散射，否则只有瑞利散射而无拉曼散射。除了球形对称分子如 CH_4、CCl_4 等外，无论是极性或非极性的双原子分子，都有转动拉曼活性。

转动拉曼光谱数据可以计算出分子的键长。根据振动拉曼光谱数据，也可得到振动波数 σ_e 和非线性常数 χ，进而计算出力常数 k 和离解能 D_0。

6. 核磁共振

原子核带有电荷，和电子一样有自旋运动，核自旋量子数 I 不为零的核称为磁性核，否则为非磁性核。磁性核在磁场中可产生核磁共振。最常见的核磁共振谱是 ^1H 核磁共振谱。质子 ^1H，$I=1/2$，$m_I=\pm\frac{1}{2}$，在外磁场的作用下，原来简并的两个不同取向的核磁矩分裂成（$2I+1$）个能级，能级间隔为 $g_N\mu_N B_0$。随着外磁场 B_0

的增加，能级间隔也随之增加。固定外磁场强度 B_0，调节频率 ν，或固定频率 ν 调节外磁场强度 B_0 以满足 $\nu=g_N\mu_N B_0/h=\gamma B_0/2\pi$，即可达到共振吸收。

化合物各种不同基团上的氢所吸收的共振频率稍有不同，受核周围化学环境（电子云效应屏蔽）的影响。通常采用四甲基硅烷（TMS）为标准物质，将不同化合物的氢与标准物质的氢核磁共振吸收相比较，可以得到各类氢的化学位移（chemical shift）。

当某一基团的氢与相邻的 n 个等价氢偶合时，其共振吸收峰分裂为$(n+1)$重峰，而与该基团的氢数无关，多重峰各峰的高度之比为二项式展开式的系数之比。若某基团的氢邻近有 m 和 n 个两类不同的氢，则吸收峰分裂为$(m+1)(n+1)$重峰。但若该氢核与邻近的这两类不同氢的偶合常数相等或成简单比例，则会发生峰的重叠而数目减少。

核磁共振在帮助推断化合物的结构方面非常有用，通过化学位移可以推断化学基团或质子种类，通过吸收峰的积分线相对高度可以确定各类氢的数目比，由自旋偶合还可以了解基团间的相互作用和相对位置等。

7. 顺磁共振

顺磁共振（EPR）是测量和研究含有未成对电子的顺磁性物质的现代分析方法。当分子（原子或离子）中含有未成对电子时，未成对电子的自旋运动产生磁场，使分子类似于一个小磁体，电子磁矩的空间取向是量子化的。在没有外磁场作用时，空间取向不同的电子磁矩具有相同的能量。

当外磁场强度为 B_0 时，电子磁矩与磁场相互作用，使原来简并的能级分裂成具有相同能量间隔的不同能级。当垂直于磁场 B_0 的方向对其中的样品施加电磁波时，如果其频率满足能级间隔值 $h\nu=g_e\mu_B B_0$，就能产生能量的共振吸收，使一部分低能级的电子受激发跃迁到高能级中，相应产生一个吸收峰。

未成对的电子与附近的磁性核存在相互作用，使它原来单一的顺磁共振谱线分裂成多重谱线，这些谱线称为超精细结构。谱线间距称为超精细结构常数，它反映了相互作用的大小。

顺磁共振与核磁共振的原理有许多相似之处。

12.3　例题和习题解答

【例 12-1】 已知 HCl 的振动光谱的基频、第一泛频和第二泛频波数分别为 2885.9cm^{-1}、5668.0cm^{-1} 和 8346.9cm^{-1}，计算 HCl 的力常数。

解　根据 $\sigma_{0\to1}=\sigma_e(1-2X)=2885.9\text{cm}^{-1}$，$\sigma_{0\to2}=2\sigma_e(1-3X)=5668.0\text{cm}^{-1}$，$\sigma_{0\to3}=3\sigma_e(1-4X)=9346.9\text{cm}^{-1}$，解得

$$\sigma_e = 2989.7\text{cm}^{-1} \qquad X = 0.01736$$

$$k = 4\pi^2 c^2 [m_H m_{Cl}/(m_H + m_{Cl})]\sigma_e^2 = 516.0\text{N}\cdot\text{m}^{-1}$$

【例 12-2】 红外光谱与拉曼光谱有哪些区别和联系？

答 拉曼光谱与红外光谱都与分子的振动和转动能级的跃迁有关，这两种光谱具有相同的对象范围，即它们的光谱都在红外区；这两种光谱数据都可以用来计算键长、键的力常数和离解能，可以推断化合物的结构等。但这两种光谱产生的原理不相同，红外光谱是吸收光谱，而拉曼光谱是散射光谱（经过吸收-发射过程）。能使分子的极化率发生改变的振-转运动都具有拉曼活性；而具有红外活性的振-转运动必须使分子的偶极矩发生改变。分子的有些跃迁没有红外活性，但有拉曼活性；有些跃迁过程中有红外活性，却没有拉曼活性。例如，有对称中心的分子，其对称振动都没有红外光谱，而有拉曼光谱；相反，其反对称振动有红外光谱，而无拉曼光谱。红外光谱与拉曼光谱具有互补性。

【习题 12-1】 简述分子内部运动和分子光谱的关系。

答 （略）

【习题 12-2】 已知分子吸收光子的频率波数分别为 $0.1\sim81\text{cm}^{-1}$、$400\sim1000\text{cm}^{-1}$和 $8000\sim160\,000\text{cm}^{-1}$，试求每一种光子的能量大小范围。

解 $E=h\nu=\dfrac{hc}{\lambda}=\dfrac{6.626\times10^{-34}\times3\times10^{8}}{\lambda}\times\dfrac{1}{1.602\times10^{-19}}(\text{eV})$

波数为 $0.1\sim81\text{cm}^{-1}$、$400\sim1000\text{cm}^{-1}$和 $8000\sim160\,000\text{cm}^{-1}$的光子的波长分别为 $10^5\sim125\text{nm}$、$25\sim10\text{nm}$、$1.25\sim0.0625\text{nm}$。

将波长值代入上式计算，相应的能量范围分别为 $1.24\times10^{-5}\sim1\times10^{-2}\text{eV}$、$5\times10^{-2}\sim0.124\text{eV}$、$1\sim20\text{eV}$。

【习题 12-3】 分子光谱与原子光谱的产生和形态上有何异同？

答 （略）

【习题 12-4】 简述原子发射光谱与原子吸收光谱形成的原理及应用。

答 （略）

12.4 练 习 题

12.4.1 填空题

1. 分子的内部运动通常指________、________、________等三种形式。

2. 测量化学位移的方法有________和________两种，最常用的标准物质是________，缩写为________。用该物质作标准定义的化学位移对绝大多数基团来说是________值。

3. 氢核附近如果有电负性较大的原子或基团，使氢核周围的电子云密度________，抗磁屏蔽作用________，化学位移________。

4. 电子自旋共振研究的对象是分子中具有________的一类化合物；甲基自由基含有三个质子，其电子自旋共振谱线分裂数是________，四条线的强度比是________。

5. 光谱分析的依据是每种元素都有其独特的________。

12.4.2 选择题

1. 根据所吸收电磁波的波长范围，分子的振动光谱在________。

A. 紫外可见区　B. 红外区　C. 远红外区　D. 微波区

2. 下列分子具有转动光谱的是________。

A. CO_2　B. CH_4　C. HCl　D. 苯

3. 当一种氢核附近有另一种两个等同氢核存在时，则该氢的核磁共振吸收峰分裂的峰数和峰的强度分别是________。

A. 2，1∶1　B. 3，1∶2∶1　C. 3，1∶1∶1　D. 4，1∶2∶2∶1

4. 二氧化碳分子的振动自由度为________。

A. 1　B. 2　C. 3　D. 4

5. 在太阳的光谱中有许多暗线，这表明________。

A. 太阳内部含有这些暗线所对应的元素

B. 太阳大气层中缺少这些暗线所对应的元素

C. 太阳大气层中含有这些暗线所对应的元素

D. 地球大气层中缺少这些暗线所对应的元素

12.4.3 计算题

1. Calculate the energy required to raise NO from its lowest rotational level to level with $J=4$.

2. Calculate, in units of $(h/8\pi^2 Ic)$, the Stokes and anti-Stokes Raman frequencies which will result from rotational transitions into a final state of quantum number $J=4$.

参考答案

12.4.1 填空题

1. 电子相对于原子核的运动　各原子核之间的相对振动　分子的转动　2. 扫频式　扫场式　四甲基硅烷　TMS　正　3. 降低　减少　增加　4. 未成对电子　4　1∶3∶3∶1　5. 特征谱线

12.4.2 选择题

1. B　2. C　3. B　4. B　5. C

12.4.3　计算题

1. NO 的转动惯量 I 为 $1.643\times10^{-46}\,\mathrm{kg\cdot m^2}$。

$$\Delta E_r=\frac{h^2}{8\pi^2 I}[J(J+1)-J'(J'+1)]\qquad J=4, J'=0$$

$$\Delta E_r=\frac{(6.626\times10^{-34})^2}{8\times(3.14)^2\times1.643\times10^{-46}}\times20\times6.02\times10^{23}=408(\mathrm{J\cdot mol^{-1}})$$

2. $\nu=\dfrac{\Delta E}{h}=\dfrac{h}{8\pi^2 I}[J(J+1)-J'(J'+1)]$

斯托克斯线 $\nu_s=\nu-\Delta E/h$，反斯托克斯线 $\nu_s=\nu+\Delta E/h$。

根据拉曼光谱的选律 $\Delta J=\pm2$，则

斯托克斯线　$\nu=\dfrac{h}{8\pi^2 I}[2(2+1)-4(4+1)]=-14\dfrac{h}{8\pi^2 I}$

反斯托克斯线　$\nu=\dfrac{h}{8\pi^2 I}[6(6+1)-4(4+1)]=+22\dfrac{h}{8\pi^2 I}$

模 拟 试 卷

物理化学模拟试卷(一)

一、选择题

1. 298K 及 101 325Pa 条件下,1mol 过冷水蒸气变成 1mol 的液态水,则 ΔG ________。

A. $\Delta G<0$　　B. $\Delta G>0$　　C. $\Delta G=0$　　D. 不一定

2. 某体系经历一个不可逆循环后,下列关系式中不能成立的是________。

A. $Q=0$　　B. $\Delta C_p=0$　　C. $\Delta U=0$　　D. $\Delta H=0$

3. 当某溶质溶于某溶剂形成浓度一定的溶液时,若采用不同的浓度表示方法,则下列描述溶质的各种说法中正确的是________。

A. 活度数据相同　　B. 浓度数据相同

C. 化学势相同　　D. 前 3 个都相同

4. 下列体系的状态性质中,不是强度性质的是________。

A. G　　B. U_m　　C. p　　D. T

5. 理想气体在绝热可逆膨胀过程中________。

A. 熵不变　　B. 热力学能增大　　C. 熵增大　　D. 温度不变

6. 1mol 的纯液体在正常沸点完全汽化时,该过程增大的量是________。

A. 汽化热　　B. 蒸气压　　C. 熵　　D. 温度

7. 下列各式哪个不受理想气体条件限制________。

A. $\Delta H=\Delta U+p\Delta V$　　B. $C_{p,m}=C_{V,m}+R$

C. $pV^{\gamma}=$常数　　D. $W=nRT\ln(V_2/V_1)$

8. $dG=-SdT+Vdp$ 适用的条件是________。

A. 只做体积功的单组分、单相体系　　B. 理想气体

C. 定温定压　　D. 封闭体系

9. $FeCl_3$ 和水形成 4 种化合物 $FeCl_3\cdot 6H_2O(s)$、$FeCl_3\cdot 7H_2O(s)$、$2FeCl_3\cdot 5H_2O(s)$ 和 $FeCl_3\cdot 8H_2O(s)$,该体系的组分数是________。

A. 2　　B. 4　　C. 5　　D. 3

10. 下列电极中,不属氧化-还原电极的是________。

A. $Pt(s),H_2|H^+$　　B. $Pt(s)|Tl^{3+},Tl^{+}$

C. $Pt(s)|Fe^{3+},Fe^{2+}$　　D. $Pt(s)|Sn^{4+},Sn^{2+}$

11. 大分子溶液分散质的粒子尺寸为________。

A. 大于 1μm　B. 小于 1nm　C. 等于 1mm　D. 1nm～1μm

12. 两亲分子作为表面活性剂是因为________。

A. 在界面上产生负吸附　B. 能形成胶束

C. 在界面上定向排列降低表面能　D. 使溶液的表面张力增大

13. 某分解反应转化率达 20%所需时间在 300K 时为 12.6min，340K 时为 3.2min，则该反应的活化能为________ $kJ\cdot mol^{-1}$。

A. 58.2　B. 15.0　C. 29.1　D. 42.5

14. 下列现象中属于溶胶光学性质的是________。

A. 唐南平衡　B. 丁铎尔效应　C. 电渗　D. 电泳

15. 反应 $A \longrightarrow B$ 在实验中测得反应物的 $\ln c_A$（c_A 为反应物 A 在 t 时刻的浓度）与时间 t 成直线关系，则该反应为________。

A. 二级反应　B. 三级反应　C. 零级反应　D. 一级反应

二、判断题

1. 在一定温度、压力下，$pV=nRT$，$(\partial U/\partial V)_T=0$ 的气体为理想气体。（　）

2. $H_2O(l,100℃,101\ 325Pa) \longrightarrow H_2O(g,100℃,101\ 325Pa)$的 $\Delta G<0$。（　）

3. 若一个过程是可逆过程，则该过程的每一步都是可逆过程。（　）

4. CO_2 的标准生成焓就是同温同压下石墨的标准燃烧热。（　）

5. $Ag(s)|AgNO_3(b')\|AgNO_3(b'')|Ag(s)$浓差电池，$b$ 较小的一端为负极。（　）

6. 273K，1mol 理想气体从 $p^\ominus$ 定温可逆膨胀到 $0.1p^\ominus$，该过程的 ΔG 为 $-5226J$。（　）

7. 已知 298K 时，反应 $N_2O_4(g) \rightleftharpoons 2NO_2(g)$的 $K^\ominus$ 为 0.1132，今在定温且 $N_2O_4(g)$及 $NO_2(g)$的分压各为 101 325Pa 时反应向右进行。（　）

8. 定温定压下，$\Delta G>0$ 的反应不能自发进行。（　）

9. 虽然 $Q_p=\Delta H$，$Q_V=\Delta U$，但 Q_p、Q_V 不是状态函数。（　）

10. 定温时，电解质溶液的浓度增大时，其摩尔电导率总是减小的。（　）

11. 溶胶是多组分多相体系。（　）

12. 比表面吉布斯自由能和表面张力是两个毫无关系的概念。（　）

13. 表面活性物质是指那些加入到溶液中可以降低溶液表面张力的物质。（　）

14. 溶胶和真溶液是均相体系。（　）

15. 若天空中的水滴要起变化，一定是较大水滴进行蒸发，水汽凝结在小水滴上，使大小不等的水滴相等。（　）

三、计算题

1. 40g 氦在 3 个标准压力下，从 25℃加热到 50℃，试求该过程的 ΔH、ΔU、Q 和 W，设氦为理想气体。

2. 计算 298K、101 325Pa 的 1mol 过冷水蒸气变成同温同压下的液态水的 ΔG。已知该温度下液态水的饱和蒸气压为 3168Pa，液态水的 $V_m=0.018\text{dm}^3\cdot\text{mol}^{-1}$。

3. 298K 时 $BaSO_4$ 饱和溶液的电导率为 $4.2\times10^{-4}\text{S}\cdot\text{m}^{-1}$，此时水的电导率为 $1.05\times10^{-4}\text{S}\cdot\text{m}^{-1}$。求 $BaSO_4$ 的溶解度和溶度积常数。已知 $\Lambda^{\infty}_{\text{m},\frac{1}{2}Ba^{2+}}=63.9\times10^{-4}\text{S}\cdot\text{m}^2\cdot\text{mol}^{-1}$，$\Lambda^{\infty}_{\text{m},\frac{1}{2}SO_4^{2-}}=80\times10^{-4}\text{S}\cdot\text{m}^2\cdot\text{mol}^{-1}$。

4. 溴乙烷的分解反应在 650K 时速率常数为 $2.14\times10^{-4}\text{s}^{-1}$，若经 10min 使反应完成 90%，应在什么温度下进行反应？已知 $E_a=229.3\text{kJ}\cdot\text{mol}^{-1}$。

物理化学模拟试卷(二)

一、填空题

1. 某反应 $2A+B\rightleftharpoons P$ 进行一定时间后，消耗 A 物质 1mol，其 $\Delta H=200\text{kJ}$，此时反应进度为________，反应的 $\Delta_r H_m=$________。

2. 某反应在 20℃时的速率常数为 0.01s^{-1}，该反应的级数为________，20℃时反应的半衰期为________。

3. 1mol 理想气体 300K 下，从 1dm^3 向真空膨胀至 10dm^3，该过程的 $\Delta S=$________，$\Delta S_{环}=$________，$\Delta S_{总}=$________，该过程是________(填“自发”,“可逆”或“非自发”)。

4. 在乳状液的制备中，PIT 是指________，若制备 O/W 乳状液，其制备温度应控制在________。

5. 用 KI 与过量的 $AgNO_3$ 制得 AgI 溶胶，其胶粒带________电，其胶团结构式为________，若用 NaCl、Na_2SO_4、Na_3PO_4 使其聚沉，其聚沉值从大到小的顺序为________。

二、回答下列问题

1. 如何确定简单反应的速率方程?

2. 在 0℃、$p^{\ominus}$下，将一小块冰投入到 10%的蔗糖水溶液中会发生什么现象?为什么?

3. 举例说明电导滴定的原理。

4. 简述高分子对溶胶稳定作用的机理。

三、计算题

1. 某一级反应在 300K 时的速率常数为 $2.0\times10^{-2}\text{s}^{-1}$，反应的活化能为 $10\text{kJ}\cdot\text{mol}^{-1}$。求(1)300K 下，使反应转化率达 90%所需时间;(2)若使反应

10min 内转化率为 90%，反应所需控制的温度。

2. 已知 298K 下

$$Ag_2O(s) \rightleftharpoons 2Ag(s) + \frac{1}{2}O_2(g)$$

	$Ag_2O(s)$	$Ag(s)$	$O_2(g)$
$\Delta_f H_m^{\ominus}/(kJ \cdot mol^{-1})$	−31.0		
$S_m^{\ominus}/(J \cdot mol^{-1} \cdot K^{-1})$	121.0	42.7	205.3

求(1)298K 下，反应的 $\Delta_r H_m^{\ominus}$、$\Delta_r S_m^{\ominus}$、$\Delta_r G_m^{\ominus}$和 $K^{\ominus}$；(2)298K 下，若空气中 $p_{O_2} = 0.21p^{\ominus}$，$Ag_2O(s)$在空气中能否稳定存在？(3)1000K 下，空气中 $p_{O_2} = 0.21p^{\ominus}$，$Ag_2O(s)$在空气中能否稳定存在？

3. 25℃下，测得电池 $Zn(s)|ZnO(s)|NaOH$(稀水溶液)$|H_2(g, p^{\ominus}), Pt(s)$的 $E = 0.420V$。求(1)电池反应 $Zn(s) + H_2O(l) \rightleftharpoons ZnO(s) + H_2(g)$的 $\Delta_r G_m^{\ominus}$和$K^{\ominus}$；(2)已知 25℃下 $\Delta_f G_{m,H_2O(l)}^{\ominus} = -2.37 \times 10^5 J \cdot mol^{-1}$，$\Delta_f G_{m,ZnO(s)}^{\ominus}$为多少？

物理化学模拟试卷(三)

一、选择题

1. 某一理想气体反抗恒定外压 $p^{\ominus}$ 绝热膨胀时，下列式子中正确的是________。

A. $W>0$　　B. $\Delta T=0$　　C. $\Delta U>0$　　D. $\Delta H<0$

2. 将处于 100℃、$p^{\ominus}$下的 1mol 水与 100℃的大热源接触并向真空容器中蒸发为 100℃、$p^{\ominus}$的水蒸气，对此相变化(水的汽化热为 $40.7kJ \cdot mol^{-1}$)________。

A. $\Delta U=0$　　B. $\Delta H=0$　　C. $\Delta S=0$　　D. $\Delta G=0$

3. 定温定压下，由两种纯液体(如对二甲苯与邻二甲苯)混合形成理想溶液时________。

A. $\Delta_{mix}V<0$　　B. $\Delta_{mix}H<0$　　C. $\Delta_{mix}S<0$　　D. $\Delta_{mix}G<0$

4. 冬天向城市路面上喷洒食盐水以使积雪融化，若欲使其凝固点(或熔点)降至−10℃，则 10^3kg 水中至少需加入 NaCl 的量为(水的凝固点降低常数 $K_f = 1.86K \cdot kg \cdot mol^{-1}$，NaCl 的相对分子质量为 58.5)________。

A. 2.69kg　　B. 5.38kg　　C. 157.3kg　　D. 314.5kg

5. 已知水的三相点温度为 273.16K，压力为 611Pa。若将已冻结的蔬菜放入不断抽气的高真空容器中，使蔬菜中的冰升华来生产干燥蔬菜，则容器中 T、p 的范围应是________。

A. $T>273.16K, p>611Pa$　　B. $T>273.16K, p<611Pa$

C. $T<273.16K, p<611Pa$　　D. $T<273.16K, p>611Pa$

6. 400K 时气相反应 $N_2 + 3H_2 \rightleftharpoons 2NH_3$ 的 $\Delta_r G_m^{\ominus} = -3.0kJ \cdot mol^{-1}$，则反应

$NH_3 \rightleftharpoons \frac{1}{2}N_2+\frac{3}{2}H_2$ 在 400K 时的 $K^{\ominus}$ 为________。

A. 2.465　　B. 1.0　　C. 0.637　　D. 0.406

7. 电解质溶液的摩尔电导率可以看成是正、负离子的摩尔电导率之和，这一规律适用于________。

A. 强电解质溶液　　B. 无限稀释电解质溶液

C. 弱电解质溶液　　D. 物质的量浓度为 1 的溶液

8. 在某 T、p 下，应用能斯特方程计算出电池的电动势 $E<0$，则表明该电池反应________。

A. 正向自发进行　　B. 逆向自发进行

C. 不能进行　　D. 不能确定反应方向

9. 若反应物 A 消耗掉 87.5%所用时间是消耗掉 50%所用时间的 3 倍，则该反应为________。

A. 零级反应　　B. 一级反应　　C. 二级反应　　D. 三级反应

10. 下列关于催化剂特征的叙述中错误的是________。

A. 催化剂参与反应，改变了反应机理，降低了反应的活化能

B. 催化剂不仅缩短了反应达到平衡所需的时间，而且改变了反应的平衡状态

C. 催化剂具有一定的选择性

D. 反应前后催化剂的某些物理性状可能会发生变化

11. 水平液面的附加压力为零，这是因为________。

A. 表面张力为零　　B. 曲率半径为零

C. 表面积太小　　D. 曲率半径无限大

12. 向水中加入醇或酸类有机物后，可以________水的表面张力，此类有机物分子在溶液表面发生________吸附。

A. 升高、正　　B. 升高、负　　C. 降低、正　　D. 降低、负

13. BET 吸附理论是对朗缪尔吸附理论的发展和完善，该理论及其吸附公式适用于固体表面对气体的________分子层________吸附。

A. 单、物理　　B. 多、物理　　C. 单、化学　　D. 多、化学

14. 某液体对毛细管壁的接触角大于 90°，则当毛细管插入该液体后，毛细管中________。

A. 液面呈凸形　　B. 液体能润湿毛细管壁

C. 液面上升　　D. 蒸气压小于该液体的饱和蒸气压

15. 实验室为了将不同蛋白质分离开来，通常可采用的方法是________。

A. 电泳　　B. 电渗

C. 用离心机进行沉降　　　　D. 用半透膜进行渗析

16. 用等体积的 0.05mol · dm^{-3} $AgNO_3$ 溶液和 0.1mol · dm^{-3} KCl 溶液混合制得 AgCl 溶胶，其胶粒的电泳方向为________。

A. 移向正极　　　　B. 移向负极

C. 不移动　　　　D. 不能确定移动方向

17. 对于上题中的 AgCl 溶胶，下列电解质中聚沉能力最强的是________。

A. NaCl　　B. Na_2SO_4　　C. Na_3PO_4　　D. $AlCl_3$

18. 高分子溶液的黏度随着温度的升高而________，随着其浓度的增大而________。

A. 增大、增大　　B. 增大、减小　　C. 减小、增大　　D. 减小、减小

19. 高分子溶液在离心力场中达到沉降平衡时________。

A. 其浓度各处均匀一致

B. 其溶质分子匀速下沉

C. 其溶质分子所受离心力＝扩散力

D. 其溶质分子所受离心力＝沉降阻力

20. 下列关于乳状液的叙述中正确的是________。

A. 乳状液属于胶体分散体系

B. 乳状液的类型取决于水、油两相的体积

C. 乳状液的类型主要由乳化剂的性质决定

D. 能被水稀释的乳状液属于 W/O 乳状液

二、填空题

1. 公式 $\Delta H=Q$ 适用于封闭体系中满足________且________条件的过程。

2. 在热力学中，熵判据(熵增加原理)对于一个变化过程的方向和限度的判断具有重要意义，它是指在________体系中________，________。

3. 在一定的 T、p 下，若物质 A 在 α 相和 β 相中的化学势满足 $\mu_A^\alpha>\mu_A^\beta$，则 A 在两相间的迁移方向是________；若 A 在两相中达到平衡，则 μ_A^α ________ μ_A^β。

4. 原电池 Ag(s)，AgBr(s) | Br^- (0.1mol · kg^{-1}) ‖ Ag^+ (0.1mol · kg^{-1}) | Ag(s)所代表的电池反应为________＝＝________；已知 298K 时该电池的标准电动势$E^\ominus=0.728V$，则该反应的平衡常数 $K^\ominus=$________。

5. 溶胶的丁铎尔效应是由________引起的；胶粒的布朗运动是________的结果。

6. 两种溶胶相互聚沉时需满足的条件是________及________。

7. 高分子溶液对溶胶的稳定性有影响，当高分子相对用量较多时对溶胶起________作用；用量少时则起________作用。

8. 乳化剂在乳状液的制备中起着重要作用，这种乳化作用主要表现在两个方

面：(1)________；(2)________。

9. 新制得的凝胶在放置过程中会有一部分液体分离出来，而凝胶本身体积缩小，这种现象称为________；不稳定凝胶的触变性是指________。

三、简答题

1. 可逆过程的特点是什么？在热力学中引入这一概念(过程)有何意义？

2. 高分子溶液具有较高黏度的原因有哪些？

3. 朗缪尔吸附理论的要点有哪些？并导出其吸附公式。

4. 什么是电动电势(ζ 电势)？外加电解质对 ζ 电势及溶胶的稳定性有何影响？

四、计算题

1. 1mol 氮气(视为理想气体)在 300K、1519.5kPa 下定温可逆膨胀至 101.3kPa。求(1)过程的 Q、W、ΔU、ΔH、ΔS 及 ΔG；(2)若向真空自由膨胀至 101.3kPa，上述各热力学量又为多少？

2. 已知 298K 时电池 Zn(s) | $ZnCl_2$(0.1mol · kg^{-1}) | AgCl(s)，Ag(s)的电动势 E=1.015V，其温度系数 $\left(\frac{\partial E}{\partial T}\right)_p=-4.29\times10^{-4}\,V\cdot K^{-1}$。(1)写出电极反应及电池反应；(2)计算电池反应的 $\Delta_r G_m$、$\Delta_r S_m$、$\Delta_r H_m$ 及此过程的可逆热效应 Q_R。

3. 已知组成鸡蛋的卵白蛋白的热变性作用为一级反应，其活化能 E_a 为 85 kJ · mol^{-1}。在海拔 500m 高处(大气压为 $0.94p^{\ominus}$)的沸水中煮熟一个鸡蛋需要 15min，在海拔 2km 高处(大气压为 $0.76p^{\ominus}$)的沸水中煮熟一个鸡蛋需要多长时间？

物理化学模拟试卷(四)

一、选择题

1. 关于焓，下述说法不正确的是________。

   A. $\Delta H=Q$ 适用于封闭体系等压只做体积功的过程

   B. 对于凝聚相，常压下的过程 $\Delta H\approx\Delta U$

   C. 对于任何体系等压只做体积功的过程 $\Delta H=\Delta U-W$

   D. 对理想气体的恒容过程 $\Delta H=\Delta U+V\Delta p$

2. 下列式子________与拉乌尔定律无关。

   A. $p_A=p_A^* x_B$　　B. $p=p_B^*+(p_B^*-p_A^*)x_B$

   C. $\mu_B=\mu_{B,T,p}^*+RT\ln x_B$　　D. $\mu_B=\mu_{B,T,p}^{\ominus}+RT\ln c_B/c^{\ominus}$

3. 理想气体反应 A(g)+3B(g)⟶2C(g)的 $\Delta_r G_m^{\ominus}=-3.0\,kJ\cdot mol^{-1}$，则反应 C(g)⟶$\frac{1}{2}$A(g)+$\frac{3}{2}$B(g)在 400K 时的 $K_p^{\ominus}$ 为________。

A. 2.46　　B. 0.64　　C. 1.0　　D. 1.57

4. 将某理想气体从温度 T_1 加热到 T_2，若此变化为非恒容过程，则其热力学能的变化 ΔU 应________。

A. $=0$　　B. $=C_V(T_2-T_1)$

C. 不存在　　D. 等于其他值

5. 恒温恒压下，化学反应达平衡，则必有________。

A. $\Delta_r G_m^\ominus=0$　　B. $\Delta_r H_m^\ominus=0$　　C. $\Delta_r S_m^\ominus=0$　　D. $\sum \nu_B\mu_B=0$

6. n mol 某理想气体在恒容下由 T_1 加热到 T_2，其熵变为 ΔS_1，相同量的该气体在恒压下由 T_1 加热到 T_2，其熵变为 ΔS_2，则 ΔS_1 与 ΔS_2 的关系________。

A. $\Delta S_1>\Delta S_2$　　B. $\Delta S_1=\Delta S_2$　　C. $\Delta S_1<\Delta S_2$　　D. $\Delta S_1=\Delta S_2=0$

7. 298K 时，$0.01\mathrm{mol\cdot kg^{-1}}$ 糖水的渗透压为 π_1，$0.01\mathrm{mol\cdot kg^{-1}}$ 食盐水的渗透压为 π_2，则 π_1 与 π_2 的关系为________。

A. $\pi_1>\pi_2$　　B. $\pi_1<\pi_2$　　C. $\pi_1=\pi_2$　　D. 无确定关系

8. 已知乙醇和水形成的最低共沸混合物中含水 4.43%。某酒厂酿制的白酒含乙醇 35%，欲用分馏法分离提纯，最终可得到________。

A. 纯水和纯乙醇　　B. 纯乙醇与共沸物

C. 纯水与共沸物　　D. 纯乙醇

9. 恒温恒压下，纯液体 A、B 混合成理想溶液时________。

A. $\Delta_{mix}V=0$　　B. $\Delta_{mix}H<0$　　C. $\Delta_{mix}S<0$　　D. $\Delta_{mix}G=0$

10. 对反应 A $\longrightarrow$ P，反应物消耗掉 3/4 所需时间是它消耗掉 1/2 所需时间的 3 倍，该反应为________。

A. 一级反应　　B. 二级反应　　C. 零级反应　　D. 不能确定

11. 离子淌度反映离子运动的特性，淌度值的大小与多种因素有关，但是它与________无关。

A. 溶液浓度　　B. 电势梯度　　C. 溶剂性质　　D. 温度

12. 表述温度对反应速率影响的阿伦尼乌斯公式适用于________。

A. 一切复杂反应

B. 一切气相中的反应

C. 基元反应

D. 具有明确反应级数和速率常数的所有反应

13. 乳状液的形成类型取决于________。

A. 媒剂的多少　B. 媒剂的性质　C. 媒质的性质　D. 乳化剂的性质

14. 将一毛细管插入水中，水面在毛细管内上升 5cm，若在 3cm 处将毛细管折断，这时________。

A. 水从上端溢出　　B. 水面呈凸面

C. 水面呈凹形弯月面　　D. 水面呈平面

15. 朗缪尔吸附定温式所基于的假设是________。

A. 理想的气体行为

B. 平整的固体表面

C. 吸附热为一常数，不随吸附过程变化

D. 吸附和解吸的活化能均为零

16. 已知 293K 时水-辛醇的界面张力为 0.009N · m^{-1}，水-汞的界面张力为 0.375N · m^{-1}，汞-辛醇的界面张力为 0.348N · m^{-1}。由以上数据可以断定________。

A. 水可以在汞-辛醇的界面上铺展

B. 辛醇水可以在汞的表面上铺展

C. 水不能在汞的表面上铺展

D. 辛醇可以在汞-水的界面上铺展

17. 当光照射胶体时，显示丁铎尔效应的光称为________。

A. 反射光　　B. 折射光　　C. 透射光　　D. 乳光

18. 将大分子电解质 NaR 的水溶液与纯水用半透膜隔开，达到平衡时，膜外水的 pH ________。

A. 大于 7　　B. 小于 7　　C. 等于 7　　D. 不能确定

19. 溶胶的沉降平衡是指________。

A. 各处浓度均匀一致　　B. 粒子恒速下沉

C. 粒子分布达平衡　　D. 粒子重力＝阻力

20. 一个电池反应确定的电池，E 值的正或负可用来说明________。

A. 电池是否可逆　　B. 电池反应自发进行的方向和限度

C. 电池反应自发进行的方向　　D. 电池反应是否达到平衡

二、填空题

1. 298K、101.325kPa 下，1mol 理想气体等温可逆膨胀为初态体积的 2 倍，则此过程 $W=$________，$\Delta H=$________，$\Delta G=$________。

2. 液滴越小，饱和蒸气压越________；液体中的气泡越小，气泡内的饱和蒸气压越________。

3. 溶胶的稳定性因素包括________、________和________。

4. 高分子溶液的黏度随外加切力增加而________，这种现象称为________。

5. 表面活性剂的 HLB 值越小，其________性越强，适用于制备________的乳状液。

6. 离子的迁移数与温度、浓度都有关，对 $BaCl_2$ 水溶液来说，随着溶液浓度的增大，$t_{Ba^{2+}}$应________，t_{Cl^-}应________。

7. 已知A、B两组分可构成理想溶液，且该溶液在101.325kPa下，沸点为373K。若两组分在373K的饱和蒸气压分别为800mmHg[1)]和600mmHg，则混合液的组成(x_A和x_B)为________，气相组成(y_A和y_B)为________。

8. 若A物质由α相向β相转移，则此时μ_A^α ________ μ_A^β；若A物质在α、β两相达平衡，则μ_A^α ________ μ_A^β。

9. 由式$\kappa=\dfrac{1}{R}\dfrac{l}{A}$和$\Lambda_m=\dfrac{\kappa}{c}$计算电导率和摩尔电导率，关键是通过实验测定________和________。

三、判断题

1. 电动电势是指胶粒表面与液体内部的电位差。 ( )
2. 弯曲液面的表面张力方向指向曲率中心。 ( )
3. 恒温下电解质溶液的浓度增大时，其电导率总是增大的，其摩尔电导率总是减小的。 ( )
4. 对于理想气体的状态变化过程，$\Delta S=Q/T$。 ( )
5. 平衡状态的自由能最低。 ( )
6. 电位离子吸附和离子交换吸附都是有选择性的。 ( )
7. 高分子溶液对溶胶均具有保护作用。 ( )
8. 生化标准电极电势是指氧化态和还原态物质活度均为1的条件下电极反应的电极电势。 ( )
9. 对峙反应的特征是$K_平=k_+/k_-$。 ( )
10. 高分子溶液在超离心力场中达到等速沉降时，粒子所受离心力=扩散力。 ( )

四、计算题

1. (1)1mol水在373K、101.325kPa下蒸发为同温同压下的水蒸气。求该过程的Q、W、ΔU、ΔG、ΔS。已知该温度下水的摩尔蒸发热为40.65kJ·mol^{-1}，蒸气可当作理想气体。(2)若373K、101.325kPa下的1mol水向真空蒸发为同温同压下的水蒸气，结果如何？

2. 电池 Zn(s)|Zn^{2+}(a=0.1)‖Cu^{2+}(a=0.01)|Cu(s)，已知298K时，$\varphi^\ominus_{Zn^{2+}/Zn}=-0.763V$，$\varphi^\ominus_{Cu^{2+}/Cu}=0.337V$。(1)写出电极反应和电池反应；(2)计算电池电动势(法拉第常量F=96 485C·mol^{-1})；(3)计算电池反应的自由能变；(4)计算电池反应的平衡常数。

3. 某药物的分解为一级反应，速率常数与温度的关系为

---

1) mmHg为非法定单位，1mmHg=1.333 22×10^{2}Pa，下同。

$$\ln k/\mathrm{h}^{-1}=-\frac{8938}{T}+20.400$$

求(1)303K 时的速率常数;(2)此药物分解 30%即无效,在 373K 保存,有效期为多少?(3)欲使有效期延长 2 年以上,保存温度不能超过多少?

4. 298K 时,在半透膜两边离子初始浓度分布如下:

膜内		膜外		
R^+	Cl^-	Na^+	Cl^-	
0.1	0.1	0.5	0.5	$(\mathrm{mol\cdot dm^{-3}})$

计算平衡后内、外离子浓度的分布情况及渗透压的值。

研究生入学考试物理化学模拟试卷(一)

一、选择题

1. 下列三种理想气体物质的量相等,若都从温度为 T 恒容加热到 T_2,则吸热量最少的气体是________。

A. 氦气　　B. 氢气　　C. 二氧化碳　　D. A 和 B

2. 下列关于标准摩尔生成热的描述中不正确的是________。

A. 生成反应的温度必须是 298.15K

B. 生成反应中的单质必须是稳定的相态单质

C. 稳定单质的标准摩尔生成热为零

D. 生成反应的压力必须为标准压力

3. 对不做非体积功的封闭体系,$\left(\frac{\partial G}{\partial p}\right)_T$ 的值________。

A. 大于零　　B. 等于零　　C. 小于零　　D. 不确定

4. 过饱和溶液中溶质的化学势比纯溶质的化学势________。

A. 高　　B. 低　　C. 相同　　D. 不确定

5. 由几种纯物质混合为理想溶液,过程中________。

A. $\Delta H=0$　　B. $\Delta S=0$

C. $\Delta G=0$　　D. ΔH、ΔS 和 ΔG 均不为零

6. 在标准压力下,I_2 在液态水和 CCl_4 中达到分配平衡(无固体碘存在),体系的自由度为________。

A. 1　　B. 2　　C. 3　　D. 0

7. 已知某气相反应 $2A \longrightarrow B$ 是放热的,当反应达到平衡时,要使平衡向右移动,可采用________。

A. 降温和增压　B. 降温和减压　C. 升温和增压　D. 升温和降压

8. 在温度、溶剂的种类一定的条件下,某强电解质稀溶液的摩尔电导率 Λ_m 随着电解质浓度的增加而________。

A. 变大　B. 变小　C. 不变　D. 无一定变化规律

9. 德拜-休克尔理论及其导出的关系式考虑到了诸多因素,但下列诸因素中未包括________。

A. 强电解质在稀溶液中完全电离

B. 每一个离子都被带相反电荷的离子所包围

C. 每一个离子都是溶剂化的

D. 实际溶液与理想溶液行为的偏差主要是离子间的静电引力所致

10. 下列电池中,电动势 E 与 Cl^- 的浓度无关的是________。

A. $Zn(s)|ZnCl_2(aq)|AgCl(s)|Ag(s)$

B. $Zn(s)|ZnCl_2(aq)|KCl(aq)|Cl_2(g)|Pt(s)$

C. $Ag(s)|AgCl(s)|KCl(aq)|Cl_2(g)|Pt(s)$

D. $Hg(s)|Hg_2Cl_2(s)|KCl(aq)\|AgNO_3(aq)|Ag(s)$

11. 化学反应的反应级数是个宏观的概念,是实验的结果,其值________。

A. 只能是正整数　B. 只能是整数

C. 只能是正数　D. 以上都不对

12. 放射性 ^{201}Pb 的半衰期为 8h,1g 放射性 ^{201}Pb 24h 后还剩下________。

A. $\frac{1}{2}$g　B. $\frac{1}{3}$g　C. $\frac{1}{4}$g　D. $\frac{1}{8}$g

13. 在 25℃,标准压力下,玻璃罩内有许多大小不等的小水珠,经一段时间后________。

A. 小水珠变大,大水珠变小

B. 大、小水珠变得一样大

C. 大水珠变得更大,小水珠变得更小

D. 水珠大小不变

14. 溶胶不能用热力学状态函数描述的原因是________。

A. 溶胶是微多相体系　B. 溶胶的胶粒带电

C. 溶胶是热力学不稳定体系　D. 溶胶的胶粒有布朗运动

二、填空题

1. 平衡态是指体系的状态________的情况。体系处于平衡态的三个条件分别是体系内必须达到________平衡、________平衡、________平衡。

2. 公式 $Q_V=\Delta U$, $Q_p=\Delta H$ 和 $pV^\gamma=$ 常数适用的条件分别是________、________和________。

3. 熵是________函数，在隔离体系中一切可能发生的宏观过程均向着体系的熵值________的方向进行，而绝不会发生熵值________的过程。

4. 只有体系的________性质才有偏摩尔量，偏摩尔量自身是体系的________性质。偏摩尔量的值与体系中各组分的浓度________关。

5. 将固体 NH_4Cl 放入一抽空的容器中，使之达到平衡：$NH_4Cl(s) \rightleftharpoons NH_3(g)+HCl(g)$。体系的组分数、相数和自由度数分别为________、________和________。

6. HCl 和 $La_2(SO_4)_3$ 溶液的浓度均为 $0.1mol \cdot kg^{-1}$，而它们的离子平均浓度分别是________和________。

7. 科尔劳乌施公式 $\Lambda_m=\Lambda_m^\infty-\beta\sqrt{c}$ 适用于____________溶液，其中 Λ_m^∞ 称为________。

8. 零级反应的半衰期公式为____________，零级反应的速率常数的单位是________。

9. 等体积 $0.030mol \cdot dm^{-3}$ KI 和 $0.060mol \cdot dm^{-3}$ 的 $AgNO_3$ 溶液混合制得溶胶，该溶胶的胶团结构是________，加入电解质 $CaCl_2$、$MgSO_4$、Na_2SO_4，它们的聚沉能力从大到小顺序为________。

10. 某气体在固体表面上吸附符合朗缪尔定温式，将 $1/\Gamma$ 对 $1/p$ 作图得一条直线，直线的截距和斜率分别是________和________。

三、判断题

1. 定温过程的 Q 不一定为零。 ( )

2. 隔离体系的内能是守恒的。 ( )

3. 100℃、101.325kPa 下的 1mol 水变为同温同压下的水蒸气，该过程的 $\Delta U=0$。 ( )

4. 在定温定压下，液体蒸发为其理想气体的过程 $\Delta H=0$。 ( )

5. $CaCO_3(s)$分解为 $CaO(s)$和 $CO_2(g)$的反应平衡体系，组分数为 2，自由度为 1。 ( )

6. NaCl 从水中结晶的过程，体系的熵增加。 ( )

7. 所有绝热过程的 Q 为零，ΔS 也必为零。 ( )

8. 不可逆过程就是过程发生后，体系不能再复原的过程。 ( )

9. 任何一个偏摩尔量均是温度、压力和组成的函数。 ( )

10. 朗缪尔定温吸附理论也适用于固体自溶液中的吸附。 ( )

11. 理想气体反应平衡常数 K_p 只是温度的函数。 ( )

12. 表达温度对反应速率影响的阿伦尼乌斯公式适用于具有明确反应级数和速率常数的所有反应。 ( )

13. 若反应的 $\Delta U=100kJ \cdot mol^{-1}$，则该反应的活化能必定大于或等于

$100kJ \cdot mol^{-1}$。 ( )

14. 如甲液体能在乙液体表面铺展，那么乙液体也一定能在甲液体表面铺展。 ( )

15. 由于在固体表面化学吸附需要活化能，因此温度越高达到平衡时的吸附量越大。 ( )

16. 若胶粒吸附带电，则胶粒带电多少取决于紧密层中被吸附离子的多少。 ( )

四、计算题

1. 将一内装 308.2K、101.3kPa 的 0.100mol 乙醚的微小玻璃泡放入308.2K、101.3kPa、$10.0dm^3$ 的恒温瓶中，其中充满了氮气。将小玻璃泡打碎后，乙醚完全汽化，与氮气形成理想混合气体。已知 308.2K 为乙醚的正常沸点，其蒸发热为 $25.10kJ \cdot mol^{-1}$。求(1)混合气体中乙醚的分压；(2)氮气的 ΔH、ΔS、ΔG；(3)乙醚的 ΔH、ΔS、ΔG。

2. 200℃时反应 $PCl_5(g) \rightleftharpoons PCl_3(g)+Cl_2(g)$的标准摩尔吉布斯自由能变化 $\Delta_r G_m^{\ominus}=4581.87J \cdot mol^{-1}$。试求 200℃、200kPa 下 $PCl_5(g)$的平衡转化率。

3. 25℃时，将浓度为 $15.81mol \cdot m^{-3}$ 的乙酸溶液注入电导池，测得电阻为 655Ω。已知电导池常数是 $13.7m^{-1}$，$\Lambda_{m,H^+}^{\infty}=349.82\times10^{-4} S \cdot m^2 \cdot mol^{-1}$，$\Lambda_{m,Ac^-}^{\infty}=40.9\times10^{-4}S \cdot m^2 \cdot mol^{-1}$。求乙酸溶液的电离度和电离常数。

4. 20℃将直径为 0.2mm 的毛细管插入苯中，20℃苯的表面张力为 $28.9\times10^{-3} N \cdot m^{-1}$，密度为 $879kg \cdot m^{-3}$。试求(1)苯在毛细管中上升的最大高度；(2)如使毛细管中液面不上升，使之与外围保持水平，应外加多大压力？

研究生入学考试物理化学模拟试卷(二)

一、选择题

1. 1mol 单原子分子理想气体从 273K 及 202.6kPa 的始态经 pT=常数的可逆途径压缩至 409.4kPa 的终态，则该过程的 ΔU 为________。

   A. 1702J　　B. −406.8J　　C. 406.8J　　D. −1702J

2. 在 110℃、101.325kPa 下 1mol 过热水蒸气凝结成水，则________。

   A. $\Delta S_{体}<0,\Delta S_{环}<0,\Delta S_{总}<0$　　B. $\Delta S_{体}<0,\Delta S_{环}>0,\Delta S_{总}>0$

   C. $\Delta S_{体}>0,\Delta S_{环}>0,\Delta S_{总}>0$　　D. $\Delta S_{体}<0,\Delta S_{环}>0,\Delta S_{总}<0$

3. 298K 时，石墨的标准摩尔生成焓________。

   A. 等于零　　B. 大于零　　C. 小于零　　D. 不能确定

4. 对于不做非体积功的封闭体系，$\left(\frac{\partial G}{\partial T}\right)_p$ 的值为________。

A. 等于零　B. 大于零　C. 小于零　D. 不确定

5. 在－10℃、一定大气压下，水的化学势 $\mu_{水}$ 与冰的化学势 $\mu_{冰}$ 相比，其大小为________。

A. $\mu_{水}=\mu_{冰}$　B. $\mu_{水}>\mu_{冰}$　C. $\mu_{水}<\mu_{冰}$　D. 无法确定

6. 在一个抽空的容器中，放有过量的 $NH_4I(s)$ 并发生下列反应：$NH_4I(s) \rightleftharpoons NH_3(g)+HI(g)$，$2HI(g) \rightleftharpoons H_2(g)+I_2(g)$，体系的相数 P、组分数 C 和自由度 f 分别为________。

A. 2、2、1　B. 2、1、2　C. 2、3、0　D. 2、1、1

7. 对恒沸混合物的描述，不正确的是________。

A. 平衡时，气相和液相的组成相同　B. 其沸点随外压的改变而改变

C. 与化合物一样，具有确定的组成　D. 其组成随外压的变化而变化

8. 在 300K，无限稀释的水溶液中，极限摩尔电导率 Λ_m^∞ 最大的是________。

A. Na^+　B. $\frac{1}{2}Mg^{2+}$　C. $\frac{1}{3}La^{3+}$　D. H^+

9. 电池在恒温恒压下可逆放电时，与环境交换的热量为________。

A. 零　B. ΔH　C. $T\Delta S$　D. $-nFE$

10. 设反应 $CaCO_3(s) \rightleftharpoons CaO(s)+CO_2(g)$ 已达平衡，在其他条件不变的情况下将 $CaCO_3$ 进一步粉碎，平衡________。

A. 向左移动　B. 向右移动　C. 不移动　D. 不能确定

11. 基元反应的反应级数________。

A. 总是小于反应分子数　B. 总是大于反应分子数

C. 总是等于反应分子数　D. 也可能与反应分子数不一致

12. 某复杂反应速率常数与其基元反应速率常数之间的关系为 $k=2k_1k_2\sqrt{\frac{k_3}{k_4}}$，则反应的表观活化能与基元反应活化能之间的关系为________。

A. $E=2E_1+E_2+\frac{1}{2}(E_3-E_4)$　B. $E=E_1+E_2+\frac{1}{2}(E_3-E_4)$

C. $E=E_1+E_2+E_3-E_4$　D. $E=2(E_1+E_2)+\frac{1}{2}(E_3-E_4)$

13. 下列不属于电动现象的是________。

A. 电导　B. 电泳　C. 沉降电势　D. 电渗

14. 对于有过量 KI 存在的 AgI 溶胶，下列聚沉能力最强的是________。

A. $K_3[Fe(CN)_6]$　B. $MgSO_4$

C. $FeCl_3$　D. $MgCl_2$

二、填空题

1. 化学反应热随反应温度不同而不同的原因是________；基尔霍夫公式可直

接使用的条件是________。

2. 一定量理想气体绝热下向真空膨胀，ΔS ________，ΔU ________，ΔH ________，Q ________，W ________。（填>0，<0或$=0$）

3. 光化学反应的反应速率一般只与________有关，与________无关，所以光化学反应是________级反应。

4. 化学反应 $2A+B \rightleftharpoons 3C$ 达平衡时，μ_A、μ_B、μ_C 间的关系应满足________。

5. 氯仿-丙酮双液系具有最高恒沸点，在 $p^\ominus$ 下，恒沸混合物含 21.5%丙酮、78.5%氯仿，现将含 18.5%氯仿的丙酮溶液进行分馏，馏出物为________，剩余物为________。

6. 已知 $Cu^{2+}+2e \longrightarrow Cu$ 的 $E_1^\ominus=0.337V$，$Cu^{+}+e \longrightarrow Cu$ 的 $E_2^\ominus=0.521V$，则 $Cu^{2+}+e \longrightarrow Cu^{+}$ 的 $E_3^\ominus=$__________。

7. 催化剂可提高反应速率的主要原因为________，但对反应平衡________。

8. 将物质 A 放入一反应器内，反应 3600s，消耗掉 75%，设反应分别为一级、二级、零级，则反应进行 7200s 时，对于各级反应，A 的剩余量分别为________、________和________。

9. 液体在固体表面的润湿程度以________衡量，当________时液体能润湿固体。

10. 溶胶的动力性质包括________、________、________。

三、判断题

1. $\Delta G>0$ 的反应不可能自发进行。（ ）

2. 体系经过一不可逆循环过程，其熵变为零。（ ）

3. 理想气体绝热过程功的计算式为 $W=nC_{V,m}(T_2-T_1)$，此式无论绝热过程是否可逆均适用。（ ）

4. 在溶剂中加入非挥发性溶质后，沸点升高了，该溶剂的化学势较未加溶质之前低。（ ）

5. $\Delta_r G_m^\ominus=-RT\ln K_a^\ominus$，而 $K_a^\ominus$ 是由平衡时体系的组成表示的，所以 $\Delta_r G_m^\ominus$ 表示平衡时产物与反应物的吉布斯自由能之差。（ ）

6. 稀溶液的沸点一定高于纯溶剂的沸点。（ ）

7. 若溶液中溶质服从亨利定律，则溶剂必服从拉乌尔定律。（ ）

8. 无限稀电解质溶液的摩尔电导率可以看成是正、负离子无限稀释摩尔电导率之和，这一规律只适用于强电解质。（ ）

9. 若某电极的电极电势恰好等于该温度下它的标准电极电势，则此电极必为标准电极。（ ）

10. 对于电池 $Ag(s)|AgNO_3(b_1)\|AgNO_3(b_2)|Ag(s)$，$b$ 较小的一端为负极。（ ）

11. 弯曲液面产生的附加压力的方向总是指向曲面的曲心。（ ）

12. 表面活性剂在溶液中的表面吸附量随浓度的增加而增加，当溶液达到饱和时，吸附量达最大值。 ( )

13. 比表面能就是单位表面上分子所具有的能量。 ( )

14. 溶胶粒子因带有相同符号的电荷而相互排斥，因而在一定时间内能稳定存在。 ( )

15. 若反应 A+B ⟶ P 的速率方程为 $r=kc_Ac_B$，则该反应是二级反应，但不一定是双分子反应。 ( )

四、计算题

1. 1mol 甲苯在其沸点 383.15K 时蒸发为气体，求该过程的 ΔH、Q、W、ΔU、ΔG 和 ΔS。已知该温度下甲苯的汽化热为 362kJ · kg^{-1}。

2. 已知 298K 时 AgCl(s)、Ag^+(aq)和 Cl^-(aq)的标准熵 $S_m^\ominus$分别为 96.11 J · mol^{-1} · K^{-1}、73.93J · mol^{-1} · K^{-1}和 55.2J · mol^{-1} · K^{-1}，标准摩尔生成焓 $\Delta_f H_m^\ominus$分别为 −127.03kJ · mol^{-1}、105.9kJ · mol^{-1} 和 −167.44kJ · mol^{-1}。求 298K 时 AgCl 的溶度积 K_{sp}。

3. 在 101.325kPa 下，将 9.0kg 水与 30.0kg 乙酸形成的溶液加热到 105℃，达到气、液两相平衡时，气相组成 $y_{乙酸}=0.417$，液相组成 $x_{乙酸}=0.544$。试求气、液两相的质量各为多少？

4. 反应物 A 和 B 混合后，二者浓度相同，1h 后 A 的转化率为 75%。若(1)反应对 A 为一级，对 B 为零级；(2)反应对 A 和 B 均为一级；(3)反应对 A 和 B 均为零级。试求 2h 后 A 还剩多少未反应？

5. 在 473K 时，测定氧在某催化剂上的吸附作用，当平衡压力为 101.325kPa 和 1013.25kPa 时，每千克催化剂吸附氧气的量(已换算成标准状态)分别为 2.5dm^3 和 4.2dm^3。设该吸附作用服从朗缪尔公式，计算当氧的吸附量为饱和值的一半时，平衡压力应为多少？

6. 298K 时，半透膜外是纯水，膜内为 0.1dm^3 含 0.5g 核糖核酸的水溶液和 0.2mol · dm^{-3}的 NaCl，平衡时产生 983Pa 的渗透压，该半透膜除核糖核酸外其他物质均能透过。试求该核糖核酸的相对分子质量。

研究生入学考试物理化学模拟试卷(三)

一、选择题

1. 理想气体从同一始态出发，分别经等温可逆和绝热可逆压缩至相同的终态体积 V_2，两过程的功分别为 W_1 和 W_2，则________。

A. $|W_1|>|W_2|$　B. $|W_1|=|W_2|$　C. $|W_1|<|W_2|$　D. 无法比较

2. 体系经不可逆过程，$\Delta S_{体}$________。

A. $=\Delta S_{环}$　　B. $>\Delta S_{环}$

C. $<\Delta S_{环}$　　D. 等于可逆过程 $\Delta S_{体}$

3. $dG=-SdT+Vdp$ 适用的过程是________。

A. -10℃,101.3kPa 下水凝固为冰

B. 理想气体向真空膨胀

C. $N_2(g)+3H_2(g) \rightleftharpoons 2NH_3(g)$未达平衡

D. 电解水制取氧

4. 1mol 液态苯在指定外压的沸点下全部蒸发为苯蒸气,此过程________。

A. $\Delta U>0,\Delta H>0,\Delta S>0,\Delta G=0$

B. $\Delta U<0,\Delta H<0,\Delta S<0,\Delta G=0$

C. $\Delta U=0,\Delta H=0,\Delta S>0,\Delta G=0$

D. $\Delta U=0,\Delta H=0,\Delta S=0,\Delta G=0$

5. 373K 时,$C_6H_6(g)+3H_2(g) \rightleftharpoons C_6H_{12}(g)$的 $\Delta_r H_m^\ominus=-192kJ\cdot mol^{-1}$,欲增加 C_6H_{12}产量,应________。

A. 升温加压　　B. 升温减压　　C. 降温加压　　D. 降温减压

6. 温度为 T 时,某反应 $\Delta_r H_m^\ominus<0,\Delta_r S_m^\ominus>0$,则________。

A. $K_p^\ominus>1$,温度升高,$K_p^\ominus$增大

B. $K_p^\ominus>1$,温度升高,$K_p^\ominus$减小

C. $K_p^\ominus<1$,温度升高,$K_p^\ominus$增大

D. $K_p^\ominus<1$,温度升高,$K_p^\ominus$减小

7. 在指定温度和标准压力下,苯与甲苯组成的溶液中苯的标准化学势________纯苯的标准化学势。

A. 大于　　B. 小于　　C. 等于　　D. 不能比较

8. 由 $CaCO_3(s)$、$CaO(s)$、$BaCO_3(s)$、$BaO(s)$及 $CO_2(g)$所构成的体系,其自由度为________。

A. 0　　B. 1　　C. 2　　D. 3

9. 25℃时,要使电池 $Na(Hg)(a_2)|Na^+(aq)|Na(Hg)(a_1)$成为自发电池,则必须________。

A. $a_1<a_2$　　B. $a_1=a_2$

C. $a_1>a_2$　　D. a_1 与 a_2 可任意取值

10. 水可以在固体上铺展,界面张力为 $\sigma_{g\text{-}l}$、$\sigma_{l\text{-}s}$和 $\sigma_{g\text{-}s}$间的关系是________。

A. $\sigma_{g\text{-}l}+\sigma_{g\text{-}s}>\sigma_{l\text{-}s}$　　B. $\sigma_{g\text{-}s}-\sigma_{g\text{-}l}>\sigma_{l\text{-}s}$

C. $\sigma_{g\text{-}l}+\sigma_{l\text{-}s}>\sigma_{g\text{-}s}$　　D. $\sigma_{g\text{-}l}-\sigma_{l\text{-}s}>\sigma_{g\text{-}s}$

11. 对于一个化学反应,________反应速率越快。

A. $\Delta G^\ominus$越负　　B. $\Delta H^\ominus$越负　　C. 活化能越大　　D. 活化能越小

12. 反应 A $\underset{k_{2,A}}{\overset{k_{1,B}}{\rightleftharpoons}}$ 2B，式中：$k_{1,B}$为用 B 表示的正反应速率常数；$k_{2,A}$为用 A 表示的逆反应速率常数。平衡常数 K 等于________。

A. $k_{1,B}/k_{2,A}$　　B. $k_{1,B}/(2k_{2,A})$　　C. $2k_{1,B}/k_{2,A}$　　D. $2k_{1,A}/k_{1,B}$

13. 测定大分子溶液中大分子化合物的平均相对分子质量，不宜采用________。

A. 光散射法　　B. 冰点降低法　　C. 黏度法　　D. 渗透压法

14. 在胶体体系中，ζ 电势________的状态称为等电状态。

A. 大于零　　B. 小于零

C. 等于零　　D. 等于外加电势差

二、填空题

1. C(石墨)、CO(g)与 CO_2(g)之间，________的标准摩尔生成焓正好等于________的标准摩尔燃烧焓；标准摩尔生成焓为零的是________；标准摩尔燃烧焓为零的是________。

2. 对于放热反应 A $\rightleftharpoons$ 2B＋C，提高转化率的方法有________、________、________和________。

3. 电化学中，电极反应的速率以________表示，电化学极化是指________的现象，极化可分为________，超电势是指________。

4. 完全互溶的双液系中，在 $x_B=0.6$ 处平衡蒸气压有最高值，则组成为 $x_B=0.4$ 的溶液在气、液平衡时，$x_{B,g}$、$x_{B,l}$、$x_{B,总}$ 的大小顺序为________，将 $x_B=0.4$ 的溶液进行精馏，塔顶将得到________。

5. 溶胶中，由胶粒的滑移面至溶液本体间的电势差称为________电势，该电势的值越大，溶胶越________。

6. 某反应物消耗掉 50%和 75%所需要的时间分别为 $t_{1/2}$ 和 $t_{3/4}$，若反应分别为一、二级反应，则 $t_{1/2}:t_{3/4}$ 分别为________和________。

7. 阿伦尼乌斯活化能是指__________。

8. 表面活性剂加入溶液中，引起表面张力的变化 $d\sigma/dc$ ________，所产生的吸附是________。

9. 两个充满浓度为 $0.0001 mol \cdot dm^{-3}$ KCl 溶液的容器之间有一个 AgCl 多孔塞，孔中充满了 KCl 溶液，在两边接上直流电源，这时________向________极移动，这是________现象。

10. 某平行反应 A ⟶ B(E_1)，A ⟶ C(E_2)，已知 $E_1>E_2$，若升高温度，有利于获得产物________。

三、判断题

1. 如果体系在变化过程中向环境放热，则该体系的热力学能必然减少。 (　　)

2. 一定量理想气体的熵只是温度的函数。 (　　)

3. 对于理想气体简单状态变化过程，不论是定压还是定容，公式 $\Delta H = \int C_p \mathrm{d}T$ 都适用。 (　　)

4. 重结晶制取 NaCl，析出的 NaCl 固体的化学势与母液中 NaCl 的化学势相等。 (　　)

5. 定温定压下 $\Delta_r G_m > 0$ 的反应一定不能进行。 (　　)

6. 对于理想气体反应，定温定容下添加惰性气体时平衡不移动。 (　　)

7. 由不同组分组成溶液时，体系的熵值总是增大的，而吉布斯自由能总是减小的。 (　　)

8. 电解质溶液中各离子的迁移数之和为 1。 (　　)

9. 对于电池 $Zn(s)|ZnSO_4(aq)\|AgNO_3(aq)|Ag(s)$，其中的盐桥可以用饱和 KCl 溶液。 (　　)

10. 浓度相同的 NaCl 和 HCl 两种溶液交界面不会产生液接电势。 (　　)

11. 液体表面张力的存在力图缩小液体的表面积。 (　　)

12. 溶液的表面过剩浓度只能是正值，不可能是负值。 (　　)

13. ζ 电势的绝对值总是大于热力学电势的绝对值。 (　　)

14. 在同一反应中，各物质的变化速率相同。 (　　)

15. 按光化学定律，一个光子只能活化一个分子，因此只能使一个分子发生反应。 (　　)

16. 温度升高使反应速率增加的原因是分子的碰撞率增加。 (　　)

四、计算题

1. 试计算 263.3K、101.3kPa 下，1.00mol $H_2O(l)$ 凝结为 $H_2O(s)$ 的 ΔG，并判断该过程是否自发。已知 263.2K 时 $H_2O(s)$ 和 $H_2O(l)$ 的饱和蒸气压分别为 552Pa 和 611Pa。

2. 298.15K、101.3kPa 下，溶液反应 $NADH + H^+ \rightleftharpoons NAD^+ + H_2$ 的 $\Delta_r G_m^\ominus = -21.83\mathrm{kJ \cdot mol^{-1}}$。求该反应的平衡常数 $K^\ominus$。

3. 已知电池 $Ag(s)|AgAc(s)|Cu(Ac)_2(0.1\mathrm{mol \cdot kg^{-1}})|Cu(s)$ 的电势 $E_{298.15K} = -0.372V$，$E_{308.15K} = -0.374V$，电池电动势的温度系数与温度无关。在 25℃时 $E^\ominus_{Ag^+/Ag} = 0.7994V$，$E^\ominus_{Cu^{2+}/Cu} = 0.345V$。(1)写出电极反应和电池反应；(2)求 25℃时，1F 电量通过电池时的 $\Delta_r S_m$、$\Delta_r H_m$ 和 $\Delta_r G_m$；(3)求 25℃时 AgAc 的溶度积 K_{sp}。

4. 乙烯酮可由高温下乙酸裂解制备，副产甲烷。

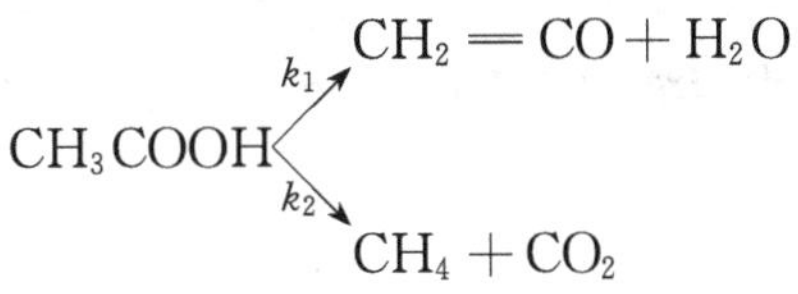

已知916℃时，$k_1=4.65s^{-1}$，$k_2=3.74s^{-1}$，反应0.5s。求(1)乙酸的转化率；(2)乙烯酮的最高产率；(3)提高乙烯酮的选择性应采取什么措施？

5. 373K时，水中若只有直径10^{-6}m的空气泡，使这样的水沸腾需过热多少度？已知373K时水的表面张力$\sigma=0.0589N\cdot m^{-1}$，水在101.3kPa下的摩尔汽化热$\Delta_{vap}H_m=40.65kJ\cdot mol^{-1}$，水的密度$=958.4kg\cdot m^{-3}$。

研究生入学考试物理化学模拟试卷(四)

一、选择题

1. 当体系向环境放热时，体系的焓________。

A. 升高　　B. 降低　　C. 不变　　D. 无法判断

2. 理想气体由状态1自由膨胀至状态2，作为该过程自发性判据的量是________。

A. ΔH　　B. ΔS　　C. ΔG　　D. ΔU

3. 功的计算公式为$W=nC_{V,m}(T_2-T_1)$，下列过程中不能用此公式的是________。

A. 理想气体的可逆绝热过程　　B. 理想气体的绝热恒外压过程

C. 实际气体的绝热过程　　D. 凝聚体系的绝热过程

4. 取H^+的标准摩尔生成焓为零，在此规定下，$H_2(g)$的标准摩尔生成焓________。

A. 等于零　　B. 大于零　　C. 小于零　　D. 不确定

5. 下列过程中体系的ΔG不为零的是________。

A. 水在0℃、常压下结冰

B. 水在正常沸点汽化

C. $NH_4Cl(s)\longrightarrow NH_3(g)+HCl(g)$在大气中进行

D. 100℃、101.325kPa下液态水向真空蒸发成同温同压下的气态水

6. 一定温度下，实际气体反应体系中不随组成及浓度变化的量是________。

A. $K_a^{\ominus}$　　B. $\Delta_r G_m$　　C. μ_B　　D. $\Delta_r G_m^{\ominus}$

7. 在一抽空的容器中放有过量的$NH_4HCO_3(s)$，并发生下列反应：$NH_4HCO_3(s)\longrightarrow NH_3(g)+H_2O(g)+CO_2(g)$，体系的相数$P$、组分数$C$及自由度$f$分别为________。

A. 2、1、1　　B. 2、2、2　　C. 2、1、2　　D. 2、2、1

8. 298K时，KNO_3水溶液的浓度由$1mol\cdot dm^{-3}$增大到$2mol\cdot dm^{-3}$，其摩尔电导率Λ_m将________。

A. 增大　　B. 减小　　C. 不变　　D. 不确定

9. 有一自发原电池，已知其温度系数为负值，则电池反应的 ΔH ________。

A. >0　　B. <0　　C. =0　　D. 无法判断

10. 在一个密闭的容器内放有大小不等的圆球形小水滴，经放置一段时间后，会出现________。

A. 小水滴变大，大小滴变小　　B. 小水滴变小，大水滴变大

C. 大、小水滴均保持原来的半径不变　　D. 水滴大小变化无规律

11. 对于反应 $A \longrightarrow B$，测得 A 的浓度与时间成直线关系，该反应为________。

A. 零级　　B. 一级　　C. 二级　　D. 不能确定

12. 在一个连串反应 $A \longrightarrow B \longrightarrow C$ 中，如果需要的是产物 B，则为得到最高产率应当________。

A. 增大反应物 A 的浓度　　B. 增大反应速率

C. 控制适当的反应温度　　D. 控制适当的反应时间

13. 大分子溶液与憎液溶胶在性质上最根本的区别是________。

A. 前者是均相体系，后者是多相体系

B. 前者是热力学稳定体系，后者是热力学不稳定体系

C. 前者黏度大，后者黏度小

D. 前者对电解质的稳定性较大，后者中加入少量电解质能引起聚沉

14. 不属于溶胶的动力学性质的是________。

A. 电泳　　B. 扩散　　C. 布朗运动　　D. 沉降平衡

二、填空题

1. 只有体系的________性质才具有偏摩尔量，而偏摩尔量自身是体系的________性质，偏摩尔量的值与体系各组分的浓度________。

2. 在某温度时，液体或固体物质与其本身的蒸气________，此时蒸气压称为该物质的饱和蒸气压，它的大小随温度的升高而________。

3. 对于稀溶液的反应，平衡常数可写为 $K^{\ominus}$，它与 $\Delta_r G_m^{\ominus}$ 间的关系为 $\Delta_r G_m^{\ominus}=$ ________。

4. 若 A、B 两组分可形成三种稳定的化合物，定压下将 A-B 的溶液冷却时最多可同时析出________个固相。

5. HCl、NaCl、KCl 和 KOH 四种溶液的浓度均为 $0.01\text{mol} \cdot \text{dm}^{-3}$，它们的摩尔电导率从大到小的顺序为____________。

6. 反应 $2A \longrightarrow 3B$，则 $-dc_A/dt$ 和 dc_B/dt 之间的关系是________。

7. $A_2 + B_2 \longrightarrow 2AB$ 的反应机理为 $A_2 \underset{k_{-1}}{\overset{k_1}{\rightleftharpoons}} 2A$(快)，$2A + B_2 \xrightarrow{k_2} 2AB$(慢)，该反应的速率方程 $dc_{AB}/dt=$ ________。

8. 电解质中能使溶胶聚沉的离子是与胶粒电荷________离子，此离子的价态越高，聚沉能力________，聚沉值________。

9. 朗缪尔吸附定温式为 $\Gamma=\Gamma_m \dfrac{bp}{1+bp}$，________对 $\dfrac{1}{p}$ 作图得一直线，其斜率为________。

10. 若某乳化剂分子大的一端亲水，小的一端亲油，此乳化剂有利于形成________型乳状液；反之则有利形成________型乳状液。

三、判断题

1. $dU=TdS-pdV$，理想气体向真空膨胀时，$dU=0$，$p_e dV=0$，所以 $dS=0$。（　）

2. 体系吸收热量，温度不一定升高。（　）

3. 298K 时，稳定态单质的标准摩尔熵为零。（　）

4. 100℃、101.3kPa 的水与 100℃ 大热源接触，向真空蒸发为 100℃、101.3kPa 的水汽的过程会自发进行，因此 $\Delta G<0$。（　）

5. 理想气体定温下的简单状态变化，不论过程是否可逆，熵的变化为 $\Delta S=nR\ln(V_2/V_1)$。（　）

6. 对于体系的热力学能 U，$(\partial U/\partial n_B)_{S,V,n_Z}$ 是体系中物质 i 的化学势。（　）

7. 若 A、B 两组分混合物中 A 为易挥发组分，则 $x_{A,g}>x_{A,l}$。（　）

8. 电离度公式 $\alpha=\Lambda_m/\Lambda_m^\infty$，对强电解质 $\alpha=1$，所以 $\Lambda_m=\Lambda_m^\infty$。（　）

9. 可逆电池中的化学反应都是在定温定压下进行的，$\Delta G=0$。（　）

10. 标准电极就是标准氢电极。（　）

11. 液体表面张力的方向总是与液面垂直。（　）

12. 朗缪尔等温吸附理论只适用于单分子层吸附。（　）

13. 有无丁铎尔效应是溶胶和分子分散体系的主要区别之一。（　）

14. 电解质对溶胶的聚沉值与反离子价数的 6 次方成反比。（　）

15. 若化学反应由一系列基元反应组成，则该化学反应的速率是各基元反应速率的代数和。（　）

四、计算题

1. 1.00mol 压力为 101.325kPa 的液体在其正常沸点 T_b 下向真空容器中蒸发，最终变为与始态同温同压的 1.00mol 蒸气。计算此过程的 Q、W、ΔU、ΔH、ΔS、ΔG。已知此液体在 60℃的饱和蒸气压为 50.663kPa，摩尔蒸发热为 $35.00\text{kJ}\cdot\text{mol}^{-1}$。

2. 某反应在 327℃和 347℃时的标准平衡常数 $K_1^\ominus$ 和 $K_2^\ominus$ 分别为 1×10^{-12} 和 5×10^{-12}。计算在此温度范围内反应的 $\Delta_r H_m^\ominus$ 和 $\Delta_r S_m^\ominus$。设反应的 $\Delta_r C_{p,m}=0$。

3. 在 300K、100kPa 下，将 0.01mol 的纯 B(l) 加入到 $x_B=0.40$ 的大量的 A-B 理想溶液中。求此过程吉布斯自由能的变化为多少？

4. 292.2K时，丁酸水溶液的表面张力可表示为$\sigma=\sigma_0-a\ln(1+bc)$，式中：$\sigma_0$为纯水的表面张力；$a$、$b$为常数。(1)求该溶液中丁酸的表面吸附量$\Gamma$与浓度$c$的关系式；(2)若$a=0.0131\text{N}\cdot\text{m}^{-1}$，$b=19.62\text{dm}^3\cdot\text{mol}^{-1}$，计算$c=0.200\ \text{mol}\cdot\text{dm}^{-3}$时丁酸的表面吸附量；(3)计算丁酸溶液的饱和吸附量Γ_∞。设此时表面层上丁酸为单分子层吸附，紧密排列。计算丁酸分子的截面积。

模拟试卷参考答案

物理化学模拟试卷(一)

一、选择题

1. A　2. A　3. C　4. A　5. A　6. C　7. A　8. A　9. A　10. A　11. D　12. C　13. C　14. B　15. D

二、判断题

1. 对　2. 错　3. 对　4. 对　5. 对　6. 对　7. 错　8. 错　9. 对　10. 对　11. 对　12. 错　13. 错　14. 错　15. 错

三、计算题

1. $\Delta H = Q_p = 5.20\times10^3\text{J}$, $\Delta U = 3.11\times10^3\text{J}$, $W = -2.08\text{kJ}$

2. $\Delta G = -8584\text{J}$

3. $s = 1.10\times10^{-5}\text{mol}\cdot\text{m}^{-3}$, $K_{sp} = 1.20\times10^{-10}$

4. $T = 697\text{K}$

物理化学模拟试卷(二)

一、填空题

1. 0.5mol　400kJ·mol^{-1}　2. 1　69.3s　3. 19.1J·K^{-1}　0　19.1J·K^{-1}　自发　4. 相转换温度比PIT低2～4℃　5. 正　$[(AgI)_m\cdot nAg^+\cdot(n-x)NO_3^-]^{x+}\cdot xNO_3^-$　$NaCl > Na_2SO_4 > Na_3PO_4$

二、回答下列问题

(略)

三、计算题

1. (1) $t = 115\text{s}$　(2) $T = 246\text{K}$

2. (1) $\Delta_r H_m^\ominus = 31.0\text{kJ}\cdot\text{mol}^{-1}$, $\Delta_r S_m^\ominus = 67.1\text{J}\cdot\text{mol}^{-1}\cdot\text{K}^{-1}$, $\Delta_r G_m^\ominus = 1.10\times10^4\text{J}\cdot\text{mol}^{-1}$,
   $K^\ominus = 0.0117$

   (2) Ag_2O在空气中能稳定存在

   (3) Ag_2O在空气中不能稳定存在

3. (1) $\Delta_r G_m^\ominus = -8.11\times10^5\text{J}\cdot\text{mol}^{-1}$, $K^\ominus = 1.64\times10^4$

   (2) $\Delta_f G_{m,ZnO}^\ominus = -3.18\times10^5\text{J}\cdot\text{mol}^{-1}$

物理化学模拟试卷(三)

一、选择题

1. D　2. D　3. D　4. C　5. C　6. C　7. B　8. B　9. B　10. B　11. D　12. C　13. B　14. A

15. A 16. A 17. D 18. C 19. C 20. C

二、填空题

1. 定压 只做体积功 2. 孤立 自发过程总是向着熵增加方向进行 直到熵增加至最大时达到平衡 3. 由 α 相向 β 相 = 4. $Ag^{+}(0.1mol \cdot kg^{-1})+Br^{-}(0.1mol \cdot kg^{-1})$ AgBr 2.05×10^{12} 5. 胶粒对光的散射 分散介质对胶粒不断撞击 6. 胶粒所带电性相反 电量相等 7. 稳定 絮凝 8. 降低水、油界面自由能 在水、油界面形成保护膜 9. 脱液收缩 在外力作用下，凝胶变为溶胶或高分子溶液，静置后又恢复成凝胶

三、简答题

（略）

四、计算题

1. (1) $\Delta U=0, \Delta H=0, W=-6.75kJ, Q=6.75kJ, \Delta S=22.5J \cdot K^{-1}, \Delta G=-6.75kJ$

(2) $Q=0, W=0$，ΔU、ΔH、ΔS、ΔG 的值与(1)相同

2. (1) 电极反应 $(-)Zn \longrightarrow Zn^{2+}+2e$

$(+)2AgCl+2e \longrightarrow 2Ag+2Cl^{-}$

电池反应 $Zn+2AgCl \longrightarrow 2Ag+ZnCl_2$

(2) $\Delta_r G_m=-196kJ \cdot mol^{-1}, \Delta_r S_m=-82.7J \cdot mol^{-1} \cdot K^{-1}, \Delta_r H_m=-221kJ \cdot mol^{-1}$,

$Q_R=-24.6kJ \cdot mol^{-1}$

3. $t_2=23min$

物理化学模拟试卷(四)

一、选择题

1. A 2. D 3. B 4. B 5. D 6. C 7. B 8. C 9. A 10. B 11. B 12. D 13. D 14. C 15. C 16. D 17. D 18. A 19. C 20. C

二、填空题

1. −1717J 0 −1717J 2. 大 小 3. 布朗运动 电保护 溶剂化保护 4. 减小 切稀作用 5. 亲油 W/O 6. 减小 增大 7. $x_A=0.8, x_B=0.2$ $y_A=0.842, y_B=0.158$ 8. > = 9. R l/A

三、判断题

1. 错 2. 错 3. 错 4. 错 5. 对 6. 错 7. 错 8. 错 9. 对 10. 错

四、计算题

1. (1) $Q_R=40.6kJ, W=-3.10kJ, \Delta U=37.5kJ, \Delta G=0, \Delta S=109J \cdot K^{-1}$

(2) ΔU、ΔH、ΔG、ΔS 值与(1)相同，$W=0, Q=\Delta U=37.5kJ$

2. (1) 电极反应 $(-)Zn \longrightarrow Zn^{2+}+2e$

$(+)Cu^{2+}+2e \longrightarrow Cu$

电池反应 $Zn+Cu^{2+} \longrightarrow Cu+Zn^{2+}$

(2) $E=E^{\ominus}-\frac{RT}{2F}\ln\frac{a_{Zn^{2+}}}{a_{Cu^{2+}}}=\varphi^{\ominus}_{Cu^{2+}/Cu}-\varphi^{\ominus}_{Zn^{2+}/Zn}-\frac{RT}{2F}\ln\frac{a_{Zn^{2+}}}{a_{Cu^{2+}}}=1.07V$

(3) $\Delta_r G_m=-207kJ$

(4) $K_a^{\ominus}=6.7\times10^{33}$

3. (1) $k_1=1.12\times10^{-4}h^{-1}$

(2) 此药的有效期为 4.4 个月

(3) 保存温度不能超过 13℃

4. 膜内离子

	Na^+	R^+	Cl^-
浓度/($mol \cdot dm^{-3}$)	0.227	0.1	0.327

膜外离子

	Na^+	Cl^-
浓度/($mol \cdot dm^{-3}$)	0.273	0.273

π=268kPa

研究生入学考试物理化学模拟试卷(一)

一、选择题

1. A 2. A 3. A 4. A 5. A 6. A 7. A 8. B 9. C 10. C 11. D 12. D 13. C 14. C

二、填空题

1. 不随时间改变 热 力 物质 2. 定容不做非体积功 定压不做非体积功 理想气体的绝热可逆过程 3. 状态 增大 减小 4. 广度 强度 有 5. 1 2 1 6. 0.1$mol \cdot kg^{-1}$ 0.255$mol \cdot kg^{-1}$ 7. 强电解质稀 无限稀溶液摩尔电导率 8. $t_{1/2}=\frac{a}{2k}$ $mol \cdot dm^{-3} \cdot s^{-1}$ 9. $[(AgI)_m \cdot nAg^+ \cdot (n-x)NO_3^-]^{x+} \cdot xNO_3^-$ $Na_2SO_4>MgSO_4>CaCl_2$ 10. $\frac{1}{\Gamma}$ $\frac{1}{\Gamma_m b}$

三、判断题

1. 对 2. 对 3. 错 4. 错 5. 对 6. 错 7. 错 8. 错 9. 对 10. 对 11. 对 12. 对 13. 对 14. 错 15. 错 16. 错

四、计算题

1. (1) $p_乙=256\times10^4$Pa

(2) $\Delta H=0,\Delta S=0,\Delta G=0$

(3) $\Delta H=2.51$kJ,$\Delta S=9.3J \cdot K^{-1}$,$\Delta G=-356$J

2. $\alpha=0.3674$

3. $\alpha=3.38\times10^{-2}$,$K_a=1.87\times10^{-5}$

4. (1) $h=0.0671$m

(2) $\Delta p=-560$Pa,外加压力应为 560Pa

研究生入学考试物理化学模拟试卷(二)

一、选择题

1. D 2. D 3. A 4. C 5. B 6. D 7. C 8. D 9. C 10. B 11. C 12. B 13. A 14. C

二、填空题

1. 产物热容之和与反应物热容之和不相等 在所使用的温度范围,各产物与反应物无相变化 2. >0 =0 =0 =0 =0 3. 入射光强度 反应物浓度 零 4. $2\mu_A+\mu_B=3\mu_C$ 5. 丙酮 恒沸混合物 6. 0.153V 7. 改变化学反应的机理,降低反应的活化能 无影响 8. 6.25% 14.3% 0 9. 接触角θ 当$\theta<90°$ 10. 布朗运动 扩散作用 沉降作用

三、判断题

1. 错 2. 对 3. 对 4. 对 5. 错 6. 错 7. 对 8. 错 9. 错 10. 对 11. 对 12. 错 13. 错 14. 对 15. 对

四、计算题

1. $Q=33.4\text{kJ}$，$\Delta H=Q=33.4\text{kJ}$，$W=-3.19\text{kJ}$，$\Delta U=30.2\text{kJ}$，$\Delta G=0$，$\Delta S=87.2\text{J}\cdot\text{K}^{-1}$

2. $K_{sp}=1.76\times10^{-10}$

3. $m_g=12.3\text{kg}$，$m_l=26.7\text{kg}$

4. (1) 6.25%

(2) 14.3%

(3) 不到2h，A已全部反应完

5. $p=83\text{kPa}$

6. $M=12.6\times10^3$

研究生入学考试物理化学模拟试卷(三)

一、选择题

1. A 2. D 3. B 4. A 5. C 6. B 7. C 8. A 9. C 10. B 11. D 12. B 13. B 14. C

二、填空题

1. $CO_2(g)$ C(石墨) C(石墨) $CO_2(g)$ 2. 降低温度 减小压力 加入惰性气体 从反应器中取出产物 3. 电流密度 电极电势偏离平衡电势 欧姆极化、浓差极化、电化学极化 有电流通过时的电极电势偏离平衡电势的值 4. $x_{B,g}>x_{B,总}>x_{B,l}$ $x_B=0.6$ 恒沸混合物 5. 电动电势 稳定 6. 1∶2 1∶3 7. 活化分子的平均能量与反应物分子平均能量之差 8. <0 正 9. 介质 负 电渗 10. B

三、判断题

1. 错 2. 错 3. 对 4. 对 5. 错 6. 对 7. 对 8. 对 9. 错 10. 错 11. 对 12. 错 13. 错 14. 错 15. 错 16. 错

四、计算题

1. $\Delta G=-222\text{J}$ 可自发进行

2. $\text{NADH}+\text{H}^+ \rightleftharpoons \text{NAD}^+ + \text{H}_2$

$$\Delta_r G_m^{\ominus\prime}=\Delta_r G_m^{\ominus}-RT\ln[\text{H}^+]$$

$$K_a^{\ominus\prime}=K_a^{\ominus}\times10^{-7}$$

$$\ln K_a^{\ominus}=-\frac{\Delta_r G_m^{\ominus}}{RT}=\frac{21.83\times10^3}{8.314\times298.15}=8.807$$

$$K_a^{\ominus}=6.68\times10^3,\ K_a^{\ominus\prime}=6.68\times10^{-4}$$

3. (1) 负极 $\text{Ag}+\text{Ac}^- \longrightarrow \text{AgAc(s)}+\text{e}$

正极 $\frac{1}{2}\text{Cu}^{2+}+\text{e}\longrightarrow\frac{1}{2}\text{Cu}$

电池反应 $\text{Ag}+\frac{1}{2}\text{Cu}^{2+}+\text{Ac}^- = \frac{1}{2}\text{Cu}+\text{AgAc(s)}$

(2) $$\left(\frac{\partial E}{\partial T}\right)_p=\frac{-0.374-(-0.372)}{308.15-298.15}=-2\times10^{-4}(\text{V}\cdot\text{K}^{-1})$$

$$\Delta_r S_m=nF\left(\frac{\partial E}{\partial T}\right)_p=-2\times10^{-4}\times96\,500=-19.3(\text{J}\cdot\text{mol}^{-1}\cdot\text{K}^{-1})$$

$$\Delta_r G_m=-nFE=0.372\times96\,500=35.9(\text{kJ}\cdot\text{mol}^{-1})$$

$\Delta_r H_m = \Delta_r G_m + T\Delta_r S_m = 35.9 + 298.15 \times (-19.31) \times 10^{-3} = 30.1(\text{kJ} \cdot \text{mol}^{-1})$

(3) $K_{sp} = 2.56 \times 10^{-3}$

4. (1) $\alpha = 98.5\%$

(2) 54.5%

(3) 降低温度,采用合适的催化剂

5. 过热 38K

研究生入学考试物理化学模拟试卷(四)

一、选择题

1. D 2. B 3. C 4. A 5. C 6. D 7. A 8. B 9. B 10. B 11. A 12. D 13. B 14. A

二、填空题

1. 容量 强度 有关 2. 达到平衡 增大 3. $-RT\ln K^\ominus$ 4. 2 5. HCl>KOH>KCl>NaCl 6. $-\frac{1}{2}\frac{dc_A}{dt} = \frac{1}{3}\frac{dc_B}{dt}$ 7. $kc_{A_2}c_{B_2}$ 8. 电性相反的 越强 越小 9. $\frac{1}{\Gamma}$ $\frac{1}{\Gamma_m b}$ 10. 水包油 油包水

三、判断题

1. 错 2. 对 3. 错 4. 错 5. 对 6. 对 7. 错 8. 错 9. 错 10. 错 11. 错 12. 对 13. 对 14. 对 15. 错

四、计算题

1. $W=0, \Delta H = 35.0\text{kJ}, \Delta U = 32.1\text{kJ}, \Delta S = 99.3\text{J} \cdot \text{K}^{-1}, \Delta G = 0, Q = 32.1\text{kJ}$

2. $\Delta_r H_m^\ominus = 249\text{kJ} \cdot \text{mol}^{-1}, \Delta_r S_m^\ominus = 185\text{J} \cdot \text{mol}^{-1} \cdot \text{K}^{-1}$

3. $\Delta_{mix} G = -23\text{J}$

4. (1) $\Gamma = -\frac{c}{RT}\frac{d\sigma}{dc} = \frac{abc}{RT(1+bc)}$

(2) $\Gamma = 4.30 \times 10^{-6} \text{mol} \cdot \text{m}^{-2}$

(3) $\Gamma_\infty = 5.39 \times 10^{-6} \text{mol} \cdot \text{m}^{-2}, A = 3.08 \times 10^{-19} \text{m}^2$